チョコレートを滅ぼした カビ・キノコの話

植物病理学入門

ニコラス・マネー：著　小川真：訳

築地書館

目次

第三章　コーヒーを奪う奴　70

第四章　チョコレート好きのキノコ　100

第七章　カビが作るジャガイモスープ　184

第八章　止まらない木の枯れ——未来に向けての菌とヒトのかかわり　210

はじめに

本書では、歴史上最も破滅的な被害をもたらした菌類による病気を取り上げてみた。それらは風景を一変させ、人類を死に追いやった、眼に見えないほど小さな胞子による樹木や作物の伝染病だった。アイルランドで起こったジャガイモの疫病による飢饉のことは誰でもよく知っているが、他の菌類による病気についてはさほど知られていない。しかし、同じように破滅的な結果をもたらしたことがあったのは事実である。

ここでは、よく知られている病気だけでなく、あまり知られていないものにも触れながら、その素晴らしい生物学的研究の成果に的を絞って紹介しようと思う。同時に、その研究に携わった科学者だけでなく、アメリカグリなどの樹木の枯死やコーヒーノキやカカオノキのような換金作物の病気によって、直接損害を被った人々についても述べることにした。

菌類の伝染病を扱った本は、おもしろくて興奮するような読み物ではないが、病気と闘った菌学者や植物病理学者の伝記には、人類のある種の楽観主義が見え隠れして、それなりに興味深いものがある（時にはやけくそ気味の奇行にも見えるが）。植物に感染する菌類に関する知識は、驚くほど短期間のうちに迷信の域から病気の本当の姿をとらえるところまで、いや、最近では生物に対する畏敬の念を抱かせるほどまで、飛躍的に進歩した。なお、菌類の伝染病を利用しようとした人間の過ちについては最後の章にまとめて紹介した。

この本の表題 "*The Triumph of the Fungi*" についても、少し触れておく必要がある。第二次世界大戦の二年目、一九四〇年に植物病理学者で技術者、さらに小説家でもあったアーネスト・C・ラージが "*The Advance of the Fungi*"（New York: Henry Holt and Company）という素晴らしい本を著した。その中で、ラージは堅い技術的な話をユーモアでやわらげながら、研究者たちに植物の病気を描いて見せてくれた。この著書は、二十世紀後半を通じて大学の農学部の研究室や政府の研究機関に働く多くの植物病理学者にとって、大切な教科書のひとつになっていた。

また、ジョン・ラムズボトムが一九五三年に出した "*Mushroom and Toadstool*"（London: Collins）も、同じようにおもしろく、菌類研究者を勇気付けてくれた著書だった。このラムズボトムの本は図らずも、私の最初の著書 "*Mr. Bloomfield's Orchard: The Mysterious World of Mushrooms, Molds, and Mycologists*"（New York: Oxford Univ. Press, 2002. 日本語版『ふしぎな生きものカビ・キノコ』〈築地書館、二〇〇七、小川真訳〉）のモデルになった。この二つの著書はほぼ半世紀隔たって出版されているが、いずれも菌類の成長やキノコの自然界における役割を取り上げたものである。

本書は、ラージの著書が出版されてから後、六五年の間に進展した菌類に関する知識を加味し、植物の病気に関する研究の歴史を振り返りながら、彼の著作を補おうとしたものである。おそらく、ラージもこの本の新しい表題に賛成してくれることだろう。

"*The Advance of the Fungi*"が出た一九四〇年以降も、菌類は進化し続け、人間が栽培するあらゆる作物に取り付き、胞子は行き着く先々で、新しい宿主を開拓している。菌類はこのたゆまざる歩みを通して、菌害は防げないものという定評を勝ちとってきた。菌類は植物に取り付く病原微生物の中の最たるもので、毎年作物に何十億ドルもの損害を与えている。驚くほど効果のある殺菌剤や次々と開発される抵抗性品種、さらには遺伝子組み換え技術などが試されているが、疫病やさび病、腐朽などは一向に収まっていない。科学的な研究が始まって以来、一世紀以上たつが、ジャガイモ疫病やクリ胴枯病、ニレ立枯病などは、依然として治らないままである。

我々人間にできることは、生物界で気ままに生きる菌類の活動を抑え込むために、莫大な経費を浪費して戦い続けることぐらいしかない。もう少し肯定的な見方をするなら、人類と菌類の多様なつながりが、自らの生存に必須だという事実を、生物学者たちが身にしみて理解したということぐらいだろう。間違いなく、我々人間は菌類がいない地球上では生きていけないのだ。

本書の記述のしかたは、病気の発生を歴史的に追ったものでも、人間がそれを知った歴史をたどったものでもない。物語は、二十世紀初頭に北米東海岸の森林風景を一変させたクリ胴枯病から始まる（第一章）。私たちの多くがまだ生まれていなかったころに起こった、巨大なアメリカグリの枯死の影響を想像しろというのは、無理な話かもしれない。ちなみに、二〇〇六年はこのクリ胴枯病が最初に記載されてから、ちょうど一〇〇年目に当たる。

第二章では、クリ胴枯病が発生してから数年後に、ニレの類を絶滅に追い込んだ破壊的な病害を紹介する。他のどの菌類による病気にも増して、このニレの病気はヨーロッパや北アメリカの村や町の風景をすっかり様変わりさせてしまったのである。

第三章、第四章、第五章では、熱帯の重要な換金作物であるコーヒーノキ、カカオノキ、ゴムノキの菌類病をそれぞれ紹介する。これらの病害はいずれも十九世紀のヨーロッパ人による大規模栽培事業がひき起こしたもので、単一種の作物を大規模に栽培（単一栽培）すると、菌類の攻撃に対してどれほど弱くなるか、よく理解できるはずである。

第六章、第七章では、ローマ時代に行われた作物の病気を鎮める神の祭りに始まり、十七世紀の植物の病気に関する科学的実験に至る研究の歴史、および植物病理学という研究領域の始まりについて触れようと思う。植物病理学の出発点となった病気は、ムギ類のさび病や黒穂病（第六章）、アイルランドの飢饉のもとになったジャガイモ疫病（第七章）などだった。

最後の第八章では、未来の生物界の調和をめぐって争う人類と菌類との競合の有様を描いてみた。菌類が植物と密接な関係を保っていたという証拠は、四億年前の化石に残されている。菌類の祖先の多くが初期の陸上植物と互いに協調関係を保っていたというのは確からしいが、多分、すでにシルル紀には、今とまったく同じように植物を攻撃していたことも事実である。もっとも、最近になって突然現われたナラ・カシ類の急性枯死のように、新しい病気の発生はめったにないことかもしれないが、将来、森林の健康や農業への菌類の影響を楽観視できる根拠もまったく見当たらない。私が微生物学の宝庫にわけ入って楽しむのと同じように、皆さんがこの本の内容を深く味わってくださることを願っている。

謝辞

私が植物病理学の講義をまともに受けたのは、ブリストル大学の学生のころで、先生はジュリー・フラッドだった。その講義はとても素晴らしかったので、私に植物病理学の知識が不足しているのは、フラッド先生のせいではない。教えを受けた多くの先達たち、マーシャル・ウォードやアントン・ド・バリー、マイルズ・バークリーなどは、いずれもずっと昔に亡くなった方々だが、シンシナティのロイド図書館に、多くの著作を残してくれた。私が、そこで埃まみれの原稿を引っ掻き回して調べものができるように。

ロイド図書館の資料を駆使しなければ、到底この本は完成しなかったと思う。改めて、過去四世紀にわたる植物病理学の文献調査を助けてくれたロイド図書館のマギー・ヘレンさんと図書館員の皆さんに心からお礼申し上げる。ロイド図書館で入手できなかったものについては、ニューヨークのアメリカ自然史博物館にお世話になった。特に、わかりにくい雑誌の記事を探してくれた学芸員のイングリッド・レノンさんに感謝する。また、ホルガー・ディージング（マーティン・ルーサー大学、ハリー・ウィッテンバーグ）、ソフィアン・カマウン（オハイオ州立大学）、写真を使わせてくれたディビッド・リッツォ（カリフォルニア大学）など、多くの同僚に感謝する。なお、マイアミ大学のウィラード・シャーマン・ターリル標本館の学芸員マイク・ビンセントは数多くの質問に答え、第二章に載せたニレのバークビートルのきれいな図を見つけてくれた。マイアミ大学のカロリン・カイファーもクリ胴枯病の研究者としていろいろな情報を提供し、生き残っているクリの木を見せるために、私をひどく揺れる小型機に乗せてウィスコンシンまで連れて行ってくれた。これらの方々の協力に心から感謝する。終わりに、編集者のダイアナ・デービスとピーター・プレスコット、ならびに私のいい加減な文章を削ってくれた匿名希望の校閲者に感謝する。

チョコレートを滅ぼしたカビ・キノコの話——植物病理学入門

第一章 風景を変えたカビ

樹皮にほんの小さな切り傷ができる。森の湿った空気の中を胞子が漂ってくる。しばらくすると、枝が膨らんで破れる。すると、樹液の流れが止まって、葉が萎れて落ちる。太陽の光を受け、水を吸い上げる力を失った巨大な樹冠は、白くなってそよ風にかさかさと揺れるだけ。こんなことが三〇億回も繰り返されると、五万年以上も北米東海岸の森林を支えてきた大きな木が一本残らず消え去ることになってしまった。これはアメリカグリ *Castanea dentata*（図1-1）に実際に起こったクリ胴枯病のことで、広大な風景を一変させるほどの病気だった。

図1-1　アメリカグリ *Castanea dentata* の葉と実。
F. A. Michaux, *The North American Sylva; or, A Description of the Forest Trees of the United States, Canada, and Nova Scotia. Considered Particularly With Respect to their Use in the Arts and their Introduction into Commerce. To Which is Added A Description of the European Forest Trees.* English Translation, vol. 3（Philadelphia: D. Rice and A. N. Hart, 1857）

ブロンクス動物園から始まったアメリカグリの枯れ

アメリカグリ（以下、一般的な事柄についてはクリともいう）の大量枯死の最初の記録は、一九〇四年にブロンクス動物園で枯れている木を見つけた林業技術者、ヘルマン・メルケルの報告までさかのぼる。その記録によると、組織が傷ついていることを示す筋が樹皮に現われ、その枝についている葉が萎れていたという。このクリ胴枯病はこの動物園から始まり、一九〇四年時点ではまばらに発生していたが、翌年の夏には周辺に広がった。メルケルの調査によれば、樹体の大きさに関わりなく同じ症状が現われ、ブロンクス動物園のアメリカグリの九八パーセントが、この病気にかかったそうである。

当時、彼は動物園内の罹病木の枝を伐って焼却処分する作業員を雇うのに、二〇〇〇ドルの経費を要求している。これは確かにかなり効果的な防除法だったらしい。というのも、園芸家はよく病気にかかった枝を切り取って、うまく果実を実らせているからである。さらに、ナイアガラ・

ガス散布機会社から、一七五ドルで一五〇ガロン入りのタンクがついた動力噴霧器を購入し、硫酸銅と石灰の混合液を木に散布した（図1-2）。この薬剤はボルドー液と呼ばれ、元来ブドウの疫病やうどんこ病などを抑えるのに使われたものだったが、いろんな果樹や作物の病気にもよく効くことがわかって、当時は殺菌剤の最たるものとされていた。

この仕事は三人がかりで噴霧器のタンクが空になるまで殺菌剤をまいても、一日にわずか、四本処理するのが精一杯だった。動物園の構内には何百本ものアメリカグリの大木があったのだから、

図1-2 1905年、ニューヨークのブロンクス動物園で感染したアメリカグリに薬剤を散布している。
H. W. Merkel, *Annual Report of the New York Zoological Society* 10, 97-103（1905）

大変労力のかかる作業だった。メルケルのチームは病気にかかった四〇〇本以上の木の枝を伐り取ったが、中にはすっかり枝を切り落とされて幹だけになったものも多かった。メルケルはこの処置の見通しについて、「春に成長が始まるまで、病気の進行を見てみなければ、なんともいえない。ただし、胞子が容易に風の流れに乗り、リスや鳥、昆虫などによって運ばれることを考慮すると、この地域の公園管理者が一致してことに当たらなければ、病気の蔓延を抑えることはできないと思われる」と慎重に述べている(1)。

クリ胴枯病菌の病原性のひどさはメルケルも驚くほどで、葉が一日で萎れ、枝も三週間以内にすべて枯れてしまうほどだった。一シーズンで樹冠から地際の間の葉がみんな真っ白になってしまい、大量の木がまるで雷に打たれたように衰弱してしまった。このような病気はそれまで例を見なかったという。

そのころ、ブロンクス川を挟んで動物園とつながっているニューヨーク植物園で、学芸員補として働いていた菌学者、ウィリアム・アルフォンソ・マリル博士が、この時点で、登場してくる。

メルケルは、それまでにも枯れた枝のサンプルをワシントンにある合衆国政府の農務省に送って、調査を依頼していた。しかし、枯死がますますひどくなり、おまけに政府の植物病理学者がさほど興味を示さないのにがっかりして、一九〇五年の夏にマリルを訪ねた。当時三五歳だったマリルはさっそく動物園に出向いて、感染した木の組織標本を採集した。すぐ近くで発生したこのアメリカグリの病気は、農務省の研究者の無関心も手伝って、マリルに専門家として登場する素晴らしいチャンスを与えてくれたのである。四〇年後、彼は自叙伝の中で、農務省の研究者たちが「自分たち

に逆らったはねかえりの若造」を決して許さなかったと書いている。(2)

一九〇六年に、彼は植物病理学上の古典とされる二通の論文を発表し、この新しい病気、クリ胴枯病の原因となった菌について記載した。(3) また、彼はこの病気がニュージャージーやメリーランド、コロンビア特別区（農務省の目と鼻の先）、バージニア各州でも見つかったという悲しいニュースを伝えている。他の研究者たちも、同時にアラバマ州やジョージア州での発生を報告したが、それはこの伝染病がブロンクスの動物園で発生してから一年もたたないうちに蔓延したからである。動物園が発生源とはとても考えられず、これほど早く広がった菌害の例も、それまでになかったので、この破滅的な伝染病がいつ、どこから始まったのか、依然として謎のままだった。

クリ胴枯病菌のこと

研究報告の中で、マリルは菌が胞子を作る様子を描き、菌はおそらく樹皮にできた傷からか、樹皮にある呼吸のための孔、すなわち皮目を通って感染するようだと述べた。また、病気にかかったアメリカグリの組織から病原菌をとり、試験管の寒天培地上で分離培養した。さらにこの菌が枯死の原因であることを確かめるため、ガラス室の中で若木に菌を感染させる接種試験を行った。確かに、若木はすぐ見慣れた病徴を表わし、感染後六週間目には新たに作られた胞子を飛ばしたという。

彼は最初からボルドー液の散布が、樹皮の中に隠れている菌にはまったく効かないことを知っていた。そのため、防除には何かもっと効果的な方法が必要だといっているが、この見方は実に的を射たものだった。マリルはこの菌に*Diaporthe parasitica sp. nov.*（sp. nov. は新種という意味）という名前をつけたが、後にこの種名は*Endothia parasitica*に変えられ、今ではクリフォネクトリア　パラシティカ *Cryphonectria parasitica*（クリ胴枯病菌）とされている（図1－3）。なお、この章ではこの新しい名前を使うことにする。

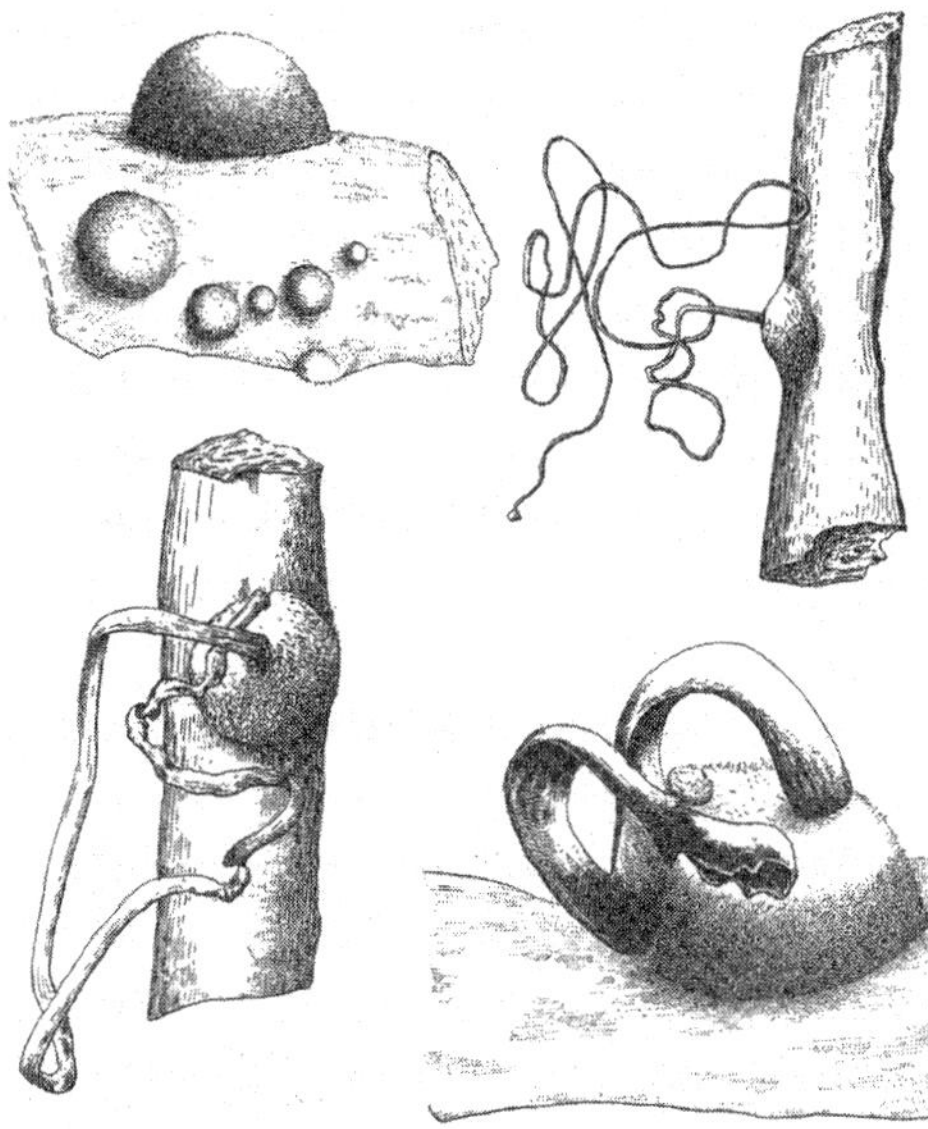

図1-3　クリ胴枯病菌、*Cryphonectria parasitica* が作る突起の上から粘性のある、つる状の分生子（無性胞子）が出る。
W. A. Murill, *Journal of the New York Botanical Garden* 7, 143-153 (1906)

クリ胴枯病菌はダイズやモモの潰瘍病（canker）やかんきつ類の枝枯れ（stem-end rot）、ブドウの苦腐れ病（bitter rot）、ハナミズキなどの病気の原因になる菌と同じ仲間に属している。この近縁種の中には、植物組織の内部で家畜に中毒をひき起こす毒素を作るものがある。カビがついて毒素がたまったルーピンを食べると、ヤギが中毒して呼吸が荒くなり、憂鬱になるという。はたして、ヤギがどんな状態になるのか、ウエブサイトで調べたところ、鼻息が荒くなって、昏睡状態に陥るそうである。

一九〇八年までにニューヨーク市が被った損害は数百万ドルにのぼったというが、マリルがいったように、薬剤散布の効果は上がらず、[4] メルケルたちが丁寧に行った枝打ちもほとんど役に立たなかった。クリが病気にかかったという報告が東海岸一帯から寄せられ、チンカピン（*Castanea pumila*）という近縁種もこのクリ胴枯病菌の餌食になった。メルケルは病気にかかった木をすぐ伐れば、材木がそれ以上腐るのを止められるといっていた。[5]

役に立っていたアメリカグリ

かつてのアメリカグリは途方もなく大きな木だった。南限に近い地方では、樹高二四メートルから三七メートルに達し、胸高直径は一・五メートルを超えていたので、東部のレッドウッド（セコイア）と呼ばれていた。十九世紀に測定された特段に大きい木の幹回りは一〇メートルを超えている。[6] 写真を見ると、大きな木のそばに立っている人間が小さく見えるが、樹高一一〇メートルを超えて聳え立つカリフォルニアのレッドウッドに比べれば、比較にならない程度の大きさである。ただし、アラバマ州からメイン州にかけて、アパラチア山脈を挟んだ幅五〇〇キロに及ぶ大広葉樹林帯の中では、このアメリカグリに勝る木はない。

アメリカグリがほとんど絶滅した影響は、いろいろなところに表われている。アメリカの開拓時代、クリ材は開拓者にとって、家を建てるための大切な材料だった。菌に弱い木の材が腐朽に強いというのも皮肉な話だが、実際その材は腐りにくく、丸太小屋はクリ材を組み合わせて作られ、屋根はクリのコケラ板で葺かれていた。何千マイルにも及ぶ柵はクリの杭で、鉄道の枕木もすべてクリの材だった。また、クリの木が枯れ始めた当時は、電信柱にも利用され、家具や棺桶などにも使われていた(7)。

成熟した広葉樹林では、成木四本のうち一本がアメリカグリだったという。十九世紀の末、東部の諸州で森林伐採が進んでいたころは、かえってアメリカグリが増えていたとされている。というのも、この木はかなり成長が早く、更新できる場所では他の樹種との競争に勝つことができるからである(8)。ヨーロッパから移民が来る前は、何百万本ものクリの木が茂り、人間の波が海岸伝いに押し寄せるのにつれて、また若い木が何百万本も育っていったというわけである。

材の価値のほかに、アメリカグリの樹皮は皮なめしに欠かせないものだった。ちり紙の製造と同様、皮なめしの技術も人間の生産活動の中ですでに忘れられてしまったもののひとつである。動物の皮革を靴やベルト、上着、イギリス貴族の下着、ソファーのカバーなどに加工するためには、なめして軟らかくしなければならない。動物の皮は、剥いですぐ乾かさないと腐ってしまう。もっとも、乾いたものは板のように硬くなるので、オートバイ乗りが着ると、板に挟まれたサンドイッチのように見えて、格好のいい皮ジャンパーにはなりそうもない。しかし、樹皮に含まれるタンニンで処理してコラーゲンの繊維を変化させると、皮がしなやかになり、布のように切ったり、縫ったりして役立てることができる。

タンニンは植物組織に含まれている複雑な化合物で、さまざまな働きをするが、中でもタンパク質と結合する性質が強い。紅茶の色は熱湯に葉を浸したときに出てくるタンニンの色である。クリの樹皮には大量のタンニンが含まれているので、皮なめし業界での需要が大きく、そのためにアメリカグリが伐採されたともいわれる。ダグラスファーの樹皮もタンニンのいい原料だが、十九世紀になって、この針葉樹林が乱伐されたため、クリの伐採量が増えたらしい。一九三〇年代には幸か不幸か、クリ胴枯病のおかげで何十万トンものタンニンが手に入ってタンニン業者は一時潤ったが、これがアメリカグリのタンニンによる皮なめしの終わりだった[9]。

ご存じのとおり、クリスマスが近づくとサンタクロースが現われるように、燃え盛る火の上でクリの実が焼かれて売られるようになる。最近、アメリカでもデラウェア州のデマーベラス農場のような特定の業者が、ハイブリッドの木にならせたクリの実を売り出しているが、露天商が売っている焼き栗の大半はヨーロッパから輸入されたものである。

森林で木の実がなくなると、野生生物の生態に大きな影響が表われる。かつて、クリの実は、野生のシチメンチョウやシカ、リス、クロクマなどの餌として、動物が太るのに欠かせないものだった。クリ胴枯病が流行した後はドングリがクリの代用品になったが、ナラ・カシ類の実は豊凶差が大きいため、年によって動物の行動が異常になるそうである。

大騒動になったクリ胴枯病対策

総体的に見て、いくつかの点でクリ胴枯病は北アメリカにとって決していいことではなかった。

それは一九一二年、ペンシルベニア州知事が招集したクリ胴枯病対策協議会の席上、代表たちが陳述した意見を見るとよくわかる[10]。

一九一一年、ペンシルベニア州議会はクリ胴枯病の蔓延の実態を解析し、最も効果的な防除法を開発するために、二七万五〇〇〇ドル（現在の五二〇万ドルに相当）の予算の計上を議決した。この経費は「クリ胴枯病対策委員会」が管理し、なんと皮肉なことに、その事務所はフィラデルフィアのブロード通りとクリの実（チェストナット）通りの交差点に立っているビルに置かれた。このころすでに、クリ胴枯病対策は深刻な政治問題になっていたのである。病原菌が現われるまでは、ペンシルベニア州のアメリカグリの材と実による収益は七〇〇〇万ドルと見積もられていたが、これは今日の一三億ドルに相当する[11]。

この菌はニュージャージー州を襲う一方、ペンシルベニア州東部の木にも感染し、アパラチア山脈を越えて西へと広がりだしていた[12]。なお、この伝染病はオハイオやウェストバージニア、ノースカロライナなどの諸州や中西部には達しなかったが、東部の森林の様子を知った人々は誰しも不安に駆られた。

クリ胴枯病対策協議会は、ペンシルベニア州知事、ジョン・K・テナーの科学よりも感情に訴える戦闘的な演説、「学界がこの病気の歴史や病理学的研究を完成させるのを待っていたのでは間に合わない。今や行動に移すべきときである」で始まった[13]。当時、アメリカ合衆国の研究者たちのほとんどは、もっぱら病原菌の性質について、「繁殖方法はどうか」とか、「胞子はどのようにして飛散するか」「この病気はどこからきたのか」「はたして防除は可能か」などという議論を延々と続けていたのである。

それはそれとして、この病気のことをよく知らない人々の憂鬱な気分は、ハーバード大学の植物学者、ウイリアム・ファーロウの論文によって吹き飛んでしまった。彼はマリルの新種の記載に異議を唱え、この菌は五〇年も前にヨーロッパで発見されており、いろいろな樹木に寄生するが、まったく損害を与えていないといったのである。マリルもこの会議に出席していたが、ファーロウの報告に対する彼の意見は速記者によってまったく記録されなかった。

一世紀近くたってわかったことだが、マリルの研究成果と結論には疑いの余地がない。ところが、他の高名な植物病理学者たちも、とんでもない過ちを犯していた。たとえば、植物病理学者のジョージ・クリントンはこの菌はアメリカの在来種で、気象条件によって急激に増殖するといい、クリ胴枯病は感染した木が孤立木なら、病気は自然に収まるともいった。

ほとんどの会議出席者がこの病気は退治できると信じていたらしい。病気を発見したブロンクス動物園の植物管理担当者、メルケルはこの会議で名声を博したが、「植物が好きだったから、たまたまここにいるのであって、スポットライトを浴びるのは、私の意図に反することだ」と謙虚に語っている。彼は菌の蔓延を防ぐために、一定地域内の罹病木や健全木をすべて伐採し、幅広い緩衝地帯を作るという委員会の方針に賛成して、「私は以前、樹木が昆虫や病気にやられて、人間が天然痘や狂犬病にかかったのと同じように危険だと気づいたら、直ちに森林から病害虫を取り除く方策を講じるべきだと主張したことがある」と言っている(14)。

しかし、マリルはこの意見に賛成しなかった。というのも、最初に病原菌を発見し、それがどのようにして伝播するかをよく知っていた彼は、クリの木がない地帯を作ってアパラチア山脈にいる菌を飢えさせるという作戦が無駄に終わることを、すでに見抜いていたからである。ニューヨーク州農業試験場からやってきたフレッド・スチュアートはマリルの意見に賛同し、正当な意見の代表者としても際立っていた。その会議の席上、彼は「私の見解は、この会議の思惑と、大きくずれているように思う。私が言わんとすることは、友達が一生懸命火をつけようと頑張っているところへ、水をぶっかけようとするようなものだ」と言ったのである[15]。

さらに、スチュアートは「クリ胴枯病対策委員会は成功の見込みについてほとんど考慮せず、莫大な費用がかかる巨大キャンペーンを実施しようとしている」と反論した。また、彼は連邦政府が行った罹病木を大規模に除伐する野外試験で、菌の移動が抑えられたかに見えたというが、対照区がない試験はほとんど意味がないと批判した。スチュアートの話が終わると、会場は静まり返ったそうである。

失敗に終わった防除対策

ペンシルベニア州林業局長、I・C・ウィリアムズはさらに強く、「わが州は二七万五〇〇〇ドルもの大金をどぶに捨てたようなものだ」と言った。しかし、この日は楽観主義が勝ちを占め、スチュアートらの批判的な意見は笑いものにされ、「今後この病気がどのように拡大するのか、よくわからないので、クリ胴枯病の猛威を抑える対策をとるべきではないという意見が出ている。しかし、それは反アメリカ的発言であり、合衆国のかなめ石とされるわがペンシルベニア州の精神にもとるものであり、エンパイヤー・ステート、すなわちニューヨーク州の、はたまたニューイングランド諸州の開拓者魂にもそぐわない意見である」と退けられてしまった[16]。

クリ胴枯病対策委員会は二〇〇人もの人を雇って、ペンシルベニア州西部の罹病したクリの木を調べて処置することにした。実施に当たって、たとえ持ち主が拒んでも、私有地のクリの木を強制的に処分する権限が、その隊員たちに与えられた。以後、この撲滅作戦は継続されたが、一方で、合衆国憲法に定める土地所有権の保障に関わる問題として、委員会の権限に対抗するおもしろい法律論争が湧き上がった。

その年の末には、委員会がまだ望みはあると報告し、感染した木にホルマリンを散布することを提案している[17]。また、大きな蒸留器のようなものを台車に載せたフィッツヘニー・ガップティルという名の奇妙な装置にもご執心だった。この機械を森の中に引っ張り込んで、木に殺菌剤のボルドー液をたっぷり振りかけようというわけである。一般人は薬剤散布が魔法のようにクリの病気を治してくれるものと、単純に信じ続けていた。大衆はだまされやすいもので、この病気についても、あるインチキ樹木医が色のついた液体を木の幹に注射し、土の表面にわけのわからない薬剤をまいて荒稼ぎをしたという[18]。なんだか、今アメリカで流行っている、家に生えるカビ退治のインチキ商法と一脈通じるものがある。

一九一三年六月、テナー知事はクリ胴枯病対策委員会の事業を続けるための予算案を拒否した[19]。コストがかかりすぎるうえに、罹病した木を処分しても、病気が止まらないことが明らかになって、ついにペンシルベニア州はこの菌に降参することになったのである。勝ち誇った菌はオハイオ州の州境を越えて、二〇～三〇年の間にアメリカグリの自生地全体に蔓延してしまった。ノースカロライナ州林務官、ジョン・ホームズはアパラチア山脈一帯からクリが消えたことを嘆いて、クリ胴枯病のことを「州を超えた国家的惨事」といっている(20)。

枯死に至るメカニズム

ブロンクス動物園にクリ胴枯病菌が現われてから二年のうちに、マリルはその生活環の主なステージを明らかにすることに成功した。問題の菌がどのようにして増殖し、伝播するかを正確に知ることが、病気の効果的な防除法の開発につながるというのは、当然のことである。一世紀たってもクリ胴枯病菌が人をだまし続けているからといって、マリルの立派な業績が損なわれるわけではない。

ここで、改めてクリ胴枯病菌、*Cryphonectria parasitica* の動きを見ておこう。この菌の胞子は樹皮にできた小さな傷から入ると、すぐ発芽し、細い糸状の菌糸が集まった、特徴のある菌糸体を作る。クリ胴枯病菌の場合は、この菌糸体が白いクモの巣状になり、樹皮とそれに接する内部の組織に扇状に広がる。

植物解剖学の簡単な説明を聞けば、菌が樹木を侵す過程が理解しやすいので、木の幹を内側から見ていくことにしよう。樹木というのは硬い円筒が何枚も重なった構造になっている（図1-4）。

材は樹木の内部にあって、幹の大半を占めている。幹の中心に近い古い部分は心材と呼ばれ、以前は水の通る道だったが、今は使われていない。幹に現われる年輪は、毎年若い組織が外側に作られていくためにできるのでその数を数えれば、木の年齢を知ることができる。一方、若い部分の材は辺材と呼ばれているが、中には導管や仮導管（木部）という水を送る細いパイプが通っており、このパイプが根から枝や葉の先端までずっとつながっていて、水や水に溶けたミネラルを吸い上げている。この辺材は毎年新しい年輪を作る形成層という大切な細胞の薄い層で包まれており、形成層はその外側に通導組織として働く篩管の筒を作る。篩管は導管と反対方向に、上から下へと水に溶けた糖類などを送る。糖類は光合成反応によって葉で作られるが、植物体全体を養うためには下方に移動しなければならない。幹の外側を包んでいる筒が樹皮で、これが篩部を守っている。

　水は上へ、糖類は下へという通常の動きも、春になって新芽が出るときには、冬の間根系に蓄えられていた糖類を使って木が成長し始めるので、一時的に動く方向が逆になる。だから、春になって金属製の蛇口を辺材に打ち込むと、いつもは辺材で水を送っている木部からメープルシロップが滴り落ちるというわけである。開拓者たちですら、誰もワッフルにクリの木のシロップをかけたりしなかったが、クリもサトウカエデと同じことをしているのである。

　これは、維管束植物が持っているきわめて巧妙なしかけで、その働きによって、移動できない樹木は筋肉一つ動かさずに何十メートルも液体を吸い上げ、その巨大な体を支えることができるのである。しかし、この素晴らしいしかけにも大きな欠陥がある。木部と篩部の水と糖類の動きが中断すると、致命的な状態に陥ってしまうのだ。だから、動物を殺すときのように、巨体を死に追いやるために力ずくで攻撃する必要はない。

　クリ胴枯病菌は形成層を殺して、絶対に生き残れないほどの傷を負わせる。菌はこの大切な成長組織の分裂細胞を破壊して、木部と篩部の働きを止めてしまう。幹の樹皮をリング状に剥ぎ取る、いわゆる環状剥皮をやると、葉はすぐ萎れて縮み、褐変して落葉する。この巻き枯らしというやり方は、木を殺すのに便利な方法で、大昔から行われてきた方法である。アメリカの開拓者たちは森を切り開く労を省くため、一丁の斧で巻き枯らしをやり、葉が落ちるとすぐ、作物を植えたという。

　環状剥皮すると一定の効果があるとしたのは、十七世紀のイタリアの科学者、マルチェロ・マルピーギである。彼が人体解剖によって、動脈血と静脈血が毛細血管を通って流れるのを発見したことでよく知られているが、一六七〇年代に“*Anatomes Plantarum*”という画期的な本を出版する以前、一〇年ほどの間、植物と格闘して

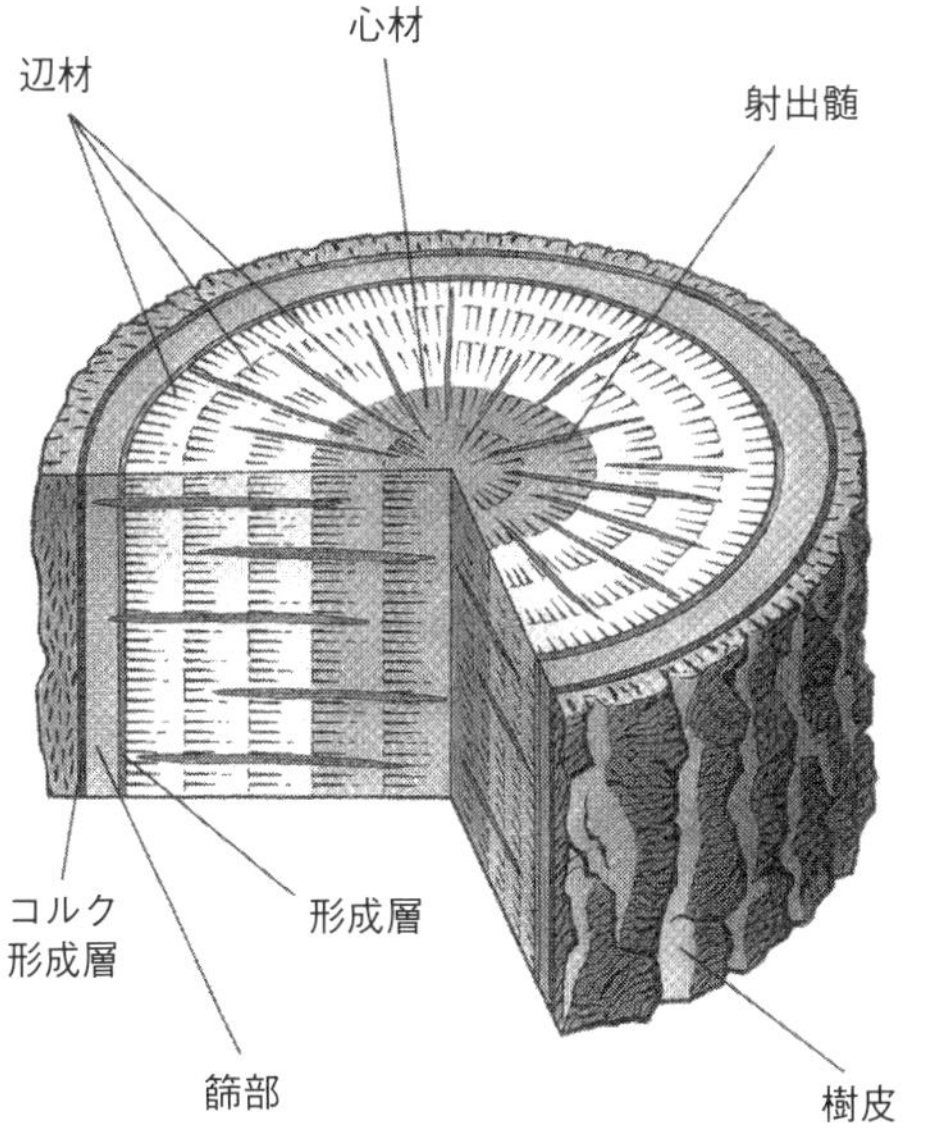

図1-4　樹幹組織の模式図。
R. E. Ennos, *Trees*（Washington, D.C; Smithsonian Institution Press, 20001）

いたという話はあまり知られていない。

マルピーギは若木の樹皮をリング状に剥いで、剥いだ位置の上は膨らみ、下は死ぬという事実を観察して、葉で作られた物質、すなわち糖類が樹皮を通って下に送られるという仮説を立てた。彼は篩部のことを知らなかったが、この組織が樹皮とつながっていることから、物事の本質を正しくとらえていたと思われる。剥皮してしばらくは、上の葉が落ちなかったというが、これはおそらく浅く切ったために形成層や木部がひどく傷つかなかったためだろう。クリ胴枯病菌はマルピーギ先生よりもずっと残酷らしい。

樹木の循環系に関する知識は、一般にはなじみが薄いと見えて、その働きについては、いまだにあいまいな話がまかり通っている。人類が植物に頼っていることを思うと、なんとも馬鹿げた話なのだが……。

教える立場からすると、特に植物と菌類との関係を説明する際、手にとれるものを使って学生たちに話すと効果があるので、植物の幹の説明にはいつも腕の話を持ち出すことにしている。仮定の実験だが、私は「君の腕のひじの上を紐で固く縛ってみろ」と言う。「腕の血管が膨らんできたら、指でそれをなぞってごらん。血液の逆流を防いでいる弁がわかるはずだ。睡眠薬があったら、たっぷり飲んで二、三時間寝込んでもいいが、朝まで紐を緩めないでそのままにしておくと、目が覚めるころには、縛った腕先が気持ち悪いほど変色しているはずだ。もし、その止血帯を長い間そのままにしておいたら、腕は壊疽になり、腐って落ちてしまうぞ」と話す。アメリカグリが胴枯病にかかったときも、これとまったく同じ状態に陥るのである。

形成層を食べるクリ胴枯病菌

クリ胴枯病菌は大の美食家で、形成層しか食べようとしない。この菌は寒天培地上では扇形のコロニーを作るが、木に感染すると、形成層をどろどろの塊に変えて辺材の孔をふさぎ、もろい相手を殺してしまう。[21]先に開拓者たちがこの材を使ったといったが、実際クリの材は大変腐りにくい。クリの材の奇妙な化学的性質のせいで、他の木に取り付いて材を腐らせるいろんなキノコが、不思議なことにクリの材だけは分解できないのである。

まだ今でも探す気になれば、古いアメリカグリの丸太を見つけることができるほどで、オハイオ州の自宅近くの森にも、大きな丸太が二本残っている。道をつけようと思って、倒木を切ったときに年輪を数えてみたら、一本は八〇年ほどだったが、もう一本は倒れたときすでに一〇〇年を超えていたらしい。おそらく、何十年も前に倒れたにちがいない。いや、それよりもっと前に死んでいたかもしれないので、見ただけでは何十年間腐らないままで残っているのかはっきりしない。

オハイオ州の森林ではブナが枯れると数年で腐ってしまうが、クリの木はまるで昨日倒れたかのように残っており、深い溝のある樹皮がいつまでも丸太に張り付いている。クリの木は春に水を運ぶ大きな導管を作るので、孔の多い材が輪状に並んでいる。鋸葉をつけた樹冠に向かって水を送っていた最後の日から一世紀たっても、朽木の中の管は年輪に沿って層になり、まるで管を束ねた笛のように見える。

クリ胴枯病にかかった枝の樹皮は、周りのオリーブ色がかった樹皮に比べて、少し光って見えるほどつやがある。形成層が死ぬと、ある部分では枝の表面が幾分しぼみ、別のところでは膨らんでひびが入って割れる。通常、菌が感染した場所は潰瘍と呼ばれている。[22] おそらく三週間にも満たない短期間のうちに、菌は針の頭ほどの大きさの突起（pustule）から分生子と呼ばれている胞子を作り始める。この突起は、一九〇五年のメルケルの報告によれば「はじめ黄褐色から次第に琥珀色に変わる」という。[23] 分生子はそれぞれ一核を持っており、その染色体は樹皮の下に広がっている菌糸体のものと同じである。これは無性生殖によってできたもので、いわゆるクローン個体だ。突起には分生子殻という部屋があり、乾くとねじれたつるになる粘質物とオレンジ色の胞子の塊を出す（図1-3）。驚いたことに、この分生子殻からは一〇〇万を超える感染力のある胞子が生み出されている。

鳥が胞子を運ぶ

胞子はどのようにして飛び散るのだろう。まず、雨滴がこの顕微鏡サイズの厄介者の塊を近くへ弾き飛ばすが、一月に三キロのスピードで移動し、半世紀の間にアメリカ大陸を横断するには、当然何か他の運び屋が必要だと考えられた。[24]

そこで、キツツキが容疑者として浮上してきた。マリルはクリ胴枯病を扱った最初の論文の中で、胞子の飛散には鳥が関わっている可能性が高いと述べていた。ところが、この病気にかかった木を残すと、本当に鳥の足や羽に胞子が附着するかどうか、調査のために鳥を撃ってみようと植物学者たちが決心し、このアイデアを実行に移すまでに、数年かかった[25]。

研究者たちは手っ取り早く、ペンシルベニア州にいるキツツキ、ハシボソキツツキ、シルスイキツツキ、ユキヒメドリ、キバシリ、ゴジウカラなど、三六羽の鳥をしとめた[26]。彼らは鳥の死骸を洗って、その水から菌を分離し、鉛玉にやられる前に鳥がクリ胴枯病菌の胞子を運んでいたことを突き止めた。たとえば、セジロコゲラのつがいはそれぞれ五〇万個もの胞子を運んでいたのである。

研究者たちの調査結果によれば、最も理にかなった戦略は北アメリカの森林に生息する鳥を皆殺しにすることだった。しかし、実のところ、論文にそんなことが書かれていたわけではなく、論文の主な内容は菌の成長に関する詳細な研究成果だった。鳥と鳥類愛好家と菌には幸せなことだったが、クリの木にとっては不幸なことに、胞子は依然として昆虫などの動物たちによって、木から木へと運ばれ続けた。さらに、この菌が風によって飛びやすい違ったタイプの胞子を作るので、クリ胴枯病はますます広範囲に伝染することになった。ゲームセット、またもや菌の勝ちである。

風に乗る胞子

クリ胴枯病菌の風に乗る胞子は、適合性のある相手と交配するとできる有性胞子である。この菌のひとつの系統（仮に雄とする）の分生子が、樹皮の中にいるもうひとつの系統（雌）と結合すれば、有性生殖が完了する。少なくとも、実験的には異なる系統から出た一対の分生子が、まったく

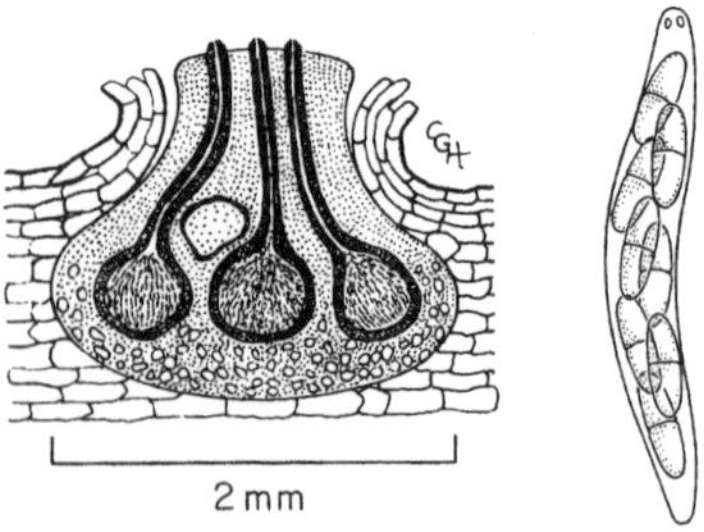

図1-5　クリ胴枯病菌、*Cryphonectria parasitica*の子嚢殻。
その首が樹皮を破って外へ出る。子嚢殻には図の右に示すような多数の子嚢が入っており、子嚢はそれぞれ8個の子嚢胞子を放出する。
R. T. Hanlin, *Illustrated Genera of Ascomycetes* (St. Paul, MN: APS Press, 1990)

別の第三の系統のコロニーを生み出すのである[27]。雌の系統がすぐ一つか二つの雄の系統と融合すると、雌がいる木の感染箇所から新しいタイプの子実体（子嚢果）が出てくる。

では顕微鏡でその様子を見てみよう。感染している樹皮の一部をとって、切片を作り、スライドグラスに載せて検鏡すると、樹皮の表面の下に少し張り出した卵形のものが見える。これは子嚢殻という子実体の部分で、それぞれの子嚢殻からは外側に向かって細くて黒い煙突のようなものが出ており、胞子はここを通って飛び出す（図1-5）。一群の胞子は子実体の底のほうにある子嚢という袋の中で作られる。成熟すると、子嚢は子嚢殻を離れて煙突を通って搾り出され、先端の口から外へ出ていく。そして、子嚢が空気銃のように働き、潰瘍の上で八個の胞子を一塊にして噴き出し、顕微鏡サイズの小さな物体、胞子は雲になって風に乗るというわけである。

かつて「エイリアン」というSF映画の中で、宇宙人が自分たちの子供を育てるために宇宙飛行士の体を使うという話があった。その中で鋭い歯を持ったヘビのような怪物が宿主になった犠牲者の胸から飛び出してくる場面があったのを思い出した。Tシャツを着た汗まみれの俳優は出てこないが、この菌はクリの木でまったく同じことをやっているのだ。どんな寄生生物でも新しい犠牲者を見つけて取り付こうとすれば、元の宿主の組織から脱出しなければならないのだから、菌と怪物が似ていても不思議ではない。寄生生物は連続殺人を犯すという終わりなき生き方以外、生き残る道がなく、その破壊的性質から殺戮か、自殺かという行為に走らざるをえないのである。もちろん、その生き方は共生や腐生といったほかの生き方に比べて進化のうえで、決して有利だったとはいえないのだが……。

アメリカグリがこれほど広い地域で、速く、しかも徹底的に枯死した背景には、比較的短期間に昆虫や鳥によって運ばれる分生子と、長期にわたって働く子嚢胞子の組み合わせがあったためと思われる。一つの郡で罹病した木を伐採すれば、その地方では一時的に病気の蔓延が止まったかもしれない。しかし、空中を飛ぶ感染力の強い胞子は、やすやすと何マイルも旅して、クリ胴枯病がない地域にも漂っていき、健全な森林に病気を定着させることになったのである。

病原菌の故郷

クリ胴枯病菌の生活史やその防除法の研究のほかに、この強い病原菌が一体どこから来たのか考えてみると、おもしろい問題がたくさん浮上してくる。最初、多くの植物病理学者たちは、この菌は外国から来たにちがいないと考えた。もうひとつの説は、この病気は永い間アメリカ大陸に潜在していたが、見過ごされていたか、もしくは新たに毒性の強い系統が進化したか、そのいずれかだというものだった。

しかし、この病気がひき起こす壊滅的な被害から見て、過去に林業家たちが見落としていたとは到底考えられない。また、新しい樹木の病原菌がこれほど急速に蔓延したという前例がないことから、病原性の強いものが進化して出てきたという説も、外来説に比べて説得力に欠けていた。

エンドチア　ラディカリス *Endothia radicalis* というこの菌の近縁種が南ヨーロッパにいることは知られていたが、これはクリの枝につく普通の菌で、有害ではなかった。実際、枝ではよく繁殖するが、木全体を殺すほど毒性は強くないという。さらに、ヨーロッパの種ははっきりした特徴を備えており、アメリカグリの胴枯病の原因になった菌とはまったく異なるものだった。そのため、研究者たちの目は、クリが同じ病気にかかっているが、木は枯死していないという報告が出ていた中国と日本に向けられることになった。

一九一三年当時、フランク・マイヤーはアメリカ合衆国農務省、外国産種子および植物輸入調査官として働いていた[28]。ちょうど中国北部を旅行していたとき、連邦政府の上司だったディヴィッド・フェアチャイルドから中国のクリの病害を調査してほしいという手紙を受け取った。その二、三カ月後、フェアチャイルド宛に出した彼の手紙が科学雑誌「サイエンス」に載っている。その文章は今ならさしずめ学術雑誌から削られてしまいそうなものだが、当時の気楽な雰囲気をよく伝えている。「私は今、北京の東北にある古い荒れ果てた町の宿で椅子に腰掛けてこれを書いている……、ここ数日、病気にかかったクリの樹皮を採集するのに忙しかった。この中国のクリにつく菌は、見たところ北アメリカで猛威を振るっているものと同じらしい」と書いている[29]。（私も「今日の午後、深い眠りから覚めると、ふと素晴らしいアイデアが浮かんできた」と、次に投稿する論文に書いてみようかな。）

マイヤーは「この菌はアメリカのものとまったく同じ病徴を表わし、中国のクリ、*Castanea mollissima*（アマグリ）の枝をすっかり枯らしてしまうが、木は生き残る」と続けている。彼は植物病理学を専攻したわけではないが、その観察眼は申し分のないものだった。また、このとき、罹病した木の樹皮のサンプルを一箱のクリの実と一緒に、アメリカ農務省に送り、おそらくアマグリにはクリ胴枯病に対する免疫があるのだろうと伝えている。

ワシントンDCの植物病理学者たちはマイヤーが送った標本から菌を分離培養し、アジアとアメリカで感染している菌が同じものであることを確認した。次いで、この培養した菌をアメリカグリに感染させて、その病原性を確認する実験を行った。菌を接種された木はどれも一週間のうちにクリ胴枯病の病徴を表わしたという。

この大切な一連の実験は、一八八〇年代に発表された、微生物学者ロバート・コッホの論理に従ったもので、これは今も感染症研究の重要な三原則として生き続けている。特定の病気の原因を突き止めるために、研究者はまず罹病組織から病原体を取り出して分離し、純粋培養によって育てなければならない。次いで、確かに病原体と思われるものが増殖したら、これを健全な宿主に接種し、発病させる。さらに、コッホの論理を完成させるためには、その病原体が実験的に罹病させた生物から再検出されなければならない。もし、このすべての条件が満たされれば、因果関係が立証されたことになるというわけである。

ちなみに、人間の病気の場合は、マウスかサルなど、不幸な動物が接種の対象になるが、研究者は動物が病気にかかるまで、じっと座って待つ。もし、すべてうまくいったら、現われる病徴はもとのものと同じになるはずである。実験に使われたサルは檻の中で震えながら、恐ろしい死を迎えるが、微生物学者たちは男女を問わず、昇進を夢見て、コーヒーをいただくという次第。

一九八〇年代にエイズウイルスについて、人体の免疫機能障害とウイルスとの関係を研究していた研究者たちは、コッホの原則を満たすことができなかったために、頭を悩ませることになった。実験動物が不適当だったために、ウイルスを接種しても、エイズの症状が現われなかったので、立証できなかったのである。しかし、たまたまエイズウイルスに接触して発症した看護師や、輸血によってエイズウイルスに感染した患者のケースを調べて、初めて問題が解決したという。

日本にもいたクリ胴枯病菌

一九一五年のこと、マイヤーは中国からの帰途、疲労から神経を患い、ヨーロッパで起こった戦争のニュースを聞いて憂鬱になり、日本に立ち寄って静養することになった。そのとき、上司のフェアチャイルドが、ヨーロッパの高名な植物病理学者、ヨハンナ・ウェステルジークから日本でもこの病気を見たという情報をもらい、マイヤーに日光でクリ胴枯病を探してほしいと言ってきた。マイヤーは日光の近くの山でクリ胴枯病にかかった木を発見し、さらに数日後には横浜で野生と栽培のクリの双方にこの菌がついているのを見つけた。(30) 菌による感染はかなり広がっていたが、「ここでは、この病気もさほどひどくない」と書いている。日本のクリはアメリカでは考えられないほど、強い抵抗力を持っていたらしい。

クリ胴枯病が出てから一世紀たって、ニューヘブンにあるコネチカット州農業試験場のサンドラ・アナグノスタキスが、この病気の伝染経路をたどるおもしろい仕事をしている[31]。日本産のクリは一八七六年、ブロンクス動物園からほんの数マイル離れたフラッシング区の苗木業者の手を経て輸入された。このとき輸入された元の木は生き残り、今も育っている。また、十九世紀に種子や苗木が輸入され、一八八〇年代にはアメリカ種と日本種の雑種がダイレクトメールでカタログ販売されていたともいう。

二十世紀にかかるころには、日本産のクリが東海岸にかなり植えられており、一方、中国産のものは一九〇〇年になってからアメリカに入ってきたので、日本産のものが初期の大発生の元凶だとする意見には反論もある[32]。ただし、ブロンクス動物園で病気が発見される数年前に、デラウェアやバージニア、ペンシルベニアなどの各州でも見つかっていたという噂があるので、十九世紀の末ごろ日本産のクリについてきたという考えも捨てきれない。

話を先へ進める前に、横浜で採集したところで止まっていたマイヤーのその後の運命について、少し触れておきたい。アメリカへ帰って数カ月たつと、マイヤーは自分の意思で四回目の植物調査のために中国へ出かけていった。一九一八年、この四二歳の探検家の姿は長江をさかのぼる船の上から忽然と消え、二日後にその膨らんだ遺体が発見された。彼がどうして船縁から落ちたのか、検証できなかったが、うつ病の過去と手紙の暗い内容から、おそらく飛び込み自殺したものとされた。

彼はアジアに滞在していた間、アメリカに導入できると判断した品種を含む、二五〇〇種類の植物を採集した。その中には、果樹や緑化樹、乾燥耐性のあるニレ（これは一九三〇年代の砂嵐の後、土壌の風蝕を防ぐために植えられた）、ハクサイ、アルファルファ、タケ、バラ類、耐病性のホウレンソウ、マイヤー・レモン（これは冷凍濃縮ジュース用として使われている）、ダイズ類などが含まれていた。マイヤーはダイズの四二品種を集めただけでなく、豆腐というぶよぶよの食品がアメリカ市場に受け入れられる何十年も前に、アジアの豆腐産業に強い関心を示していた。

萌芽で生き残るアメリカグリ

ブロンクス動物園にクリ胴枯病が現われてから一世紀たって、アメリカグリが優占していた森林はカエデとナラやカシに覆われた森林に変わってしまった。団地やウォールマートなどのスーパーマーケットを建てるために、森林が伐り開かれ、道路が敷かれたが、アメリカの東半分では次第に農耕地が森林に還り、緑の樹冠がまた広がりだしている。その中に、見たところ元気そうなアメリカグリの小さな集団が、以前クリの生えていた場所に、また点々と育ち始めている。これらの若木は菌に対する抵抗性を獲得している可能性が高いので、研究者の関心の的になっているが、残念ながら、生き残ったのは生来菌に対する抵抗力を持っていたためというより、むしろ成育条件が違ったか、運命のいたずらのせいだったように思われる。

クリ胴枯病が通り過ぎた跡に、またアメリカグリを植えて、農家が木の周りの地表をきれいに掃除している場所では、病気にかからず元気に育っている。たとえは悪いかもしれないが、エボラ出血熱が流行した後、その土地にあなたが帰ってきたとしよう。もし死体がきれいに片付けられていれば、あなたにも生き残れるチャンスがあるはずなのだ。

しかし、生き残ったアメリカグリの場合も、伝染病がすっかり姿を消してしまったわけではないので、大木に育つ前にまた襲われることになるだろう。クリ胴枯病菌は地上に出ている生きた細胞は殺すが、地下にある根は残してくれる。そのおかげで傷められた木は春になると、枯れた幹の根元から萌芽し、葉を展開してまた茂ることができる[33]。ただし、この萌芽枝もやはり、また菌に襲われる。このようにして、かつて素晴らしい大木だったクリが、病害と再生を繰り返し、今では貧弱な低木になりさがっている。

アメリカグリとその胴枯病菌は、プロメテウスとその内臓をつつくワシとの関係にも似ている。もし、あなたが「コップ半分で足りる」（腹八分目）という考えに賛同できる人なら、一世紀後にはクリと菌の遺伝子が長い時間をかけて変異し、双方が調和を保てるようになると思うだろう。しかし、どちらかというと、私は短気なほうで「コップが空っぽなら、砕いて踏みつけてやれ」という一派に属しているので、気がもめる。もっとも、これは脳死状態の人の生命維持装置の扱いに関する問題ほど、深刻なものではない。一九一二年にペンシルベニア州で開かれた会議の席上、デラウェア州の農業局長だったウェズリー・ウエッブは「病気を退治する唯一の方法はあらゆる木を殺してしまうことだ」と言ったそうだが、クリ胴枯病菌はこれに近いことをやってのけたといえる。

十九世紀の被害地の外側にアメリカグリを植えるのが、菌の害を避ける最上の方法であることは、すでに実証済みである。事実、ウィスコンシン州のウェストセーラムにある六〇エーカーの土地には二五〇〇本の大きなクリの木が育っているが、これは一八〇〇年代の終わりごろの分布域の外側に植林されており、およそ一〇〇年間、クリ胴枯病を免れてきた。もっとも、一九八七年に病気が発見されてからは、この植林地も菌を研究する科学者たちの生きた実験室になっている。ただし、クリ胴枯病を封じ込めようとする懸命な努力にもかかわらず、このウィスコンシン州の林も、残念ながら、いずれはクリの墓場になる運命をたどることだろう。

ミシシッピー川の西側にある西部諸州では、宿主になる樹木が少なく、ロッキー山脈やシエラネバダ山脈に物理的にさえぎられているためか、健全な木が今でも残っている。ただし、この木がいつまでもつのかは誰にもわからない。

原爆を作ったロスアラモスの研究所も敗北

楽観主義者たちは、いつもアメリカグリの輝かしい将来を信じてきた。一九七〇年代には、ロスアラモスの国立研究所でクリの種子に放射線を照射して育てた苗を、国内各地に配布して植える実験が行われた。これはガンマー線照射によって染色体に突然変異を起こさせ、耐病性の高い変異体が生まれることを見込んだものだった。

オハイオ州のボブ・エバンズは自分の所有地に植えることを申し出て、この実験に参加した。もし、あなたがアメリカグリの自然分布域内に住んでいるなら、ボブ・エバンズという名を耳にしたことがあるだろう。高速道路沿いに赤い大きな字で、一九州に五八七のレストランを開いていると書いている、あの広告がそれである。一九四八年以来、ボブ・エバンズは豚肉を朝食の定番に変えてしまい、巨万の富を築いた。ボブは他の多くの養豚業者と違って、献身的な環境保護論者で、アメリカ野生動物保護連盟から三度も表彰されている人物である。

私は二〇〇四年の夏、オハイオ州のリオグランデにある三〇年生のアメリカグリの木を見るために彼の所有地を訪ねた。クリの木はボブの生家の周りを取り囲む牧歌的な農場の土手の上に植えられていた。農場の管理人、レイ・マッキニスが私をトラックに乗せて、クリが生えている土手を見せようとしてくれたが、大雨のために道路がすっかりぬかるんで、動きがとれなくなってしまった。彼は私に歩いて木を見に行くようにといって、さっさと昼食をとりに行ってしまった。私はたかってくる無数の蚊やアブに刺されないように、絶えず追い払いながら、惨めな気分でとぼとぼと轍の跡をたどり、ここの名前を「西ナイルウイルス土手」という名前に変えるべきだと思いながら歩いていった。すると、健全な木立の間に、植えられたアメリカグリの列があるらしく、紛れもない大きなぎざぎざのある葉が曇った眼鏡のレンズを通して見えてきた。木はどれもクリ胴枯病にすっかりやられ、萌芽した枝はみんなほとんど棒のようだった。私は数枚写真を撮って、菌に感染した樹皮のサンプルを集め、ほうほうの体で文明社会へ復帰した。

その午後、ボブが自分で車を運転して、周辺を案内してくれた。オハイオ州のこの地域、ガリア郡の景色はことのほか素晴らしく、手入れの行き届いた農地と森林が南のウェイン州立公園とつながって、雄大な眺めを形作っている。彼はロスアラモスから来た苗を植えた場所へも連れて行ってくれたが、どの木にも病気が出ていた。放射線照射でも、この菌をはねつけるほど強い突然変異体を作り出すことはできなかったのである。

バイテクも敗退か

放射線照射は巨木を元に戻そうとした、いくつかの無駄な試みのひとつだった。その中には、ニューヨーク州立大学シラキュース校で行われた、クリとカエルの雑種を作って、クリ胴枯病に強い系統を生み出そうという奇抜な研究も混じっていた。ただし、これはさほど、おかしな思いつきでもない。シラキュースの研究者たちは、水かきのような根を持った木を作ろうとしたのではなく、菌の感染を抑える働きのある動物の遺伝子をクリの木に入れようとしたのだ[34]。

菌を抑えるために、カエルの遺伝子をクリの木の中で発現させるのは、ヘヤードライヤーで原子核を壊すのよりも難しいということなんか、気にしない。クリ胴枯病菌がカエルなどの動物にも感染するかどうか、それすら問題ではない[35]。研究者が予算獲得のために、いい加減なことを平気で、もっともらしく述べ立てるのも、最近は当たり前なのだ。(私は菌の遺伝子をカエルに入れて発現させようと、二年ばかり苦労したが、どうにもならなかった。むしろ何もしないで、静かに温室の中にいたほうがよかったように思う。)

その後、この病気に対するより賢明な研究がヨーロッパで始まった。アメリカでの大流行から二、三年のうちに、クリ胴枯病は大西洋を越えてヨーロッパに伝染した。ヨーロッパのクリはアメリカグリとは別種の *Castanea sativa*、セイヨウグリで、樹体はずっと小さいが、実をよくつけるので、大切な樹種である。[36] クリ胴枯病は、一九三八年に初めてジェノバに現われ、スペインからフランス、スイス、ギリシャ、さらにトルコへと広がった。

植物病理学者のアントニオ・ビラーギイは、イタリアでいち早くこの病気に取り組んだ研究者の一人だったが、ヘルマン・メルケルが半世紀近く前にブロンクス動物園で苦労した経験から学んで、罹病木の伐採を奨励した。セイヨウグリはアメリカグリよりも永い間病気に耐えて生き残ったが、きわめて惨めな状態が続いた。ところが、一九五〇年代に入ると、菌にひどく侵されていたイタリアのセイヨウグリが回復の兆しを見せ始めた。[37] 潰瘍は治り、菌は樹皮の外側だけにつくようになり、通導組織の障害も減った。

一九六〇年代になると、フランスの菌学者、ジャン・グラントがヨーロッパのクリ胴枯病菌を木から分離培養し、アメリカの系統ほど病原性が強くないことを見つけた。[38] この弱毒性の系統の発見は、後にきわめて意義のある一連の研究につながった。

すでにできている潰瘍にこの弱毒性の菌を接種すると、症状が軽くなったが、これはおそらく、病原性の強い系統が弱毒性の系統に接触して抑えられたためと思われた。その後の研究で、この弱毒性の系統が、RNAの二重螺旋に抗菌性遺伝子を取り込んでいるウイルス、いわゆるハイポウイルスを運んでいることが明らかになった。病原性の強い系統と弱い系統が潰瘍の中で融合すると、攻撃力の弱い雑種ができるというわけである。アメリカグリにこの弱毒性の系統を接種したところ、潰瘍の成長が止まり、これは一九〇四年以来初めて現われた希望の星だということになった。[39]

ところが、処理していない枝に新しい潰瘍が現われ、木を枯らしてしまったために、研究者たちの興奮はたちまちのうちに失望へと変わってしまった。ひとつの問題は、そのウイルスが無性胞子である分生子に移ってしまったことだった。このことは、大した害を与えない元気なコロニーが、いつも木を攻撃して殺してしまうほど強い毒性を持った胞子を作っており、しかもその胞子が風で運ばれるということを意味している[40]。

アメリカグリへのこだわり

現在、すべての望みは、これまで多くの病害抵抗性作物を作ってきた実績のある、伝統的な育種技術にかかっている。中国産のアマグリはリンゴの木以上の大きさには育たず、かつてアメリカの森林を形作ったほどの高木にはならない。しかし、うまい具合に、フランク・マイヤーが発見したようにクリ胴枯病菌にかなり強い抵抗性を示すことが知られている。これをアメリカグリとかけ合わせると、出てくる雑種系統は多少は病害抵抗性を示し、多分大木になってくれそうに思われた。育種事業は時間のかかる仕事である。クリ胴枯病菌抵抗性を失わずにアマグリの性質を減らしていくために、何度もアメリカグリとの戻し交雑が繰り返された。今は、九〇パーセント以上アメリカグリとされる新品種の耐病性が試される段階にきている。

この事業は、バーモント州のベニントンに本部がある「アメリカグリ財団」の支援を受け、多くの研究者やボランティアの手によって進められている[41]。マイアミ大学の同僚、カロリン・カイファーは雑種の抵抗性を試験しているグループのリーダーで、学生と一緒に何千本もの苗をオハイオ州に植え、その回復力を検定するために培養した病原菌の接種試験を続けている。絶滅に追いやられたアメリカグリは二度と再びアメリカの広葉樹林に戻ってこないかもしれないが、おそらく雑種のどれかが、いずれかすかにアジアの香りがする森林を作ってくれることになるだろう。

なぜ、それほどアメリカグリにこだわるのかと尋ねる人がいる。とにかく、それが枯れてしまった跡には、どこでもちゃんと他の木が茂っているのだから、無駄なことのように思えるのだろう。それに答えられる人は少ないが、アメリカグリは少なくとも野生生物の多様性保全という点では価値がある。

カイファーは耐病性を持ったクリなら、アパラチア山脈に点在する、鉱山開発で裸になった荒廃地でも育つことができるという。また、アメリカグリはクルミや他のドングリをつける木よりも早く、二、三年で実をつけ、それが動物の素晴らしい餌になるので、荒地に命を吹き込む助けになるともいう。さらに、腐りにくい材はベランダや屋根の葺き板など、建築にも役立つはずである。ところが、驚いたことに、おおかたの林業関係者は、スモーキーマウンテンなどでは早く成長するクリを抑えて、今のところナラ類が繁殖しているからという理由で、この意見に反対している。どうも彼らはアメリカグリなんかどうでもよいと思っているようなのだが……。

北アメリカに広がった菌による森林の壊滅的な被害は、もっぱらアジア起源の菌、すなわちクリ胴枯病菌、*Cryphonectria parasitica* によってもたらされたものとされている。ヨーロッパから新大陸へやってきた移住者たちが性病や天然痘、インフルエンザなどの嫌な病気を持ち込み、抵抗力のない原住民にうつし、その社会を破滅に追いやったのと同じように、病原体となる菌もその故郷から離れると、植民地の無抵抗な餌食に襲いかかり、それを殺して繁殖することができる。クリ胴枯病菌の場合も、人間の手を経ずにやってきたとは到底思えないのだ。

しかし、この物語にはもう少し付け加えておくことがある。アメリカグリの伐り口に腰掛けている木こりたちの小さな姿を見てほしい（図1-6）。これは、今まさに伐り倒されようとしている巨木の死刑執行直前の姿を写したもので、クリ胴枯病が蔓延する何年も前、十九世紀に撮られた写真である。実のところ、アメリカグリの天然林はこの菌が現われるずっと以前に、ほとんどその姿を消していたともいわれている。

クリ胴枯病菌に殺されたアメリカグリの大半は比較的若い木で、ヨーロッパ人が西へ向かって開拓の歩を進めるのにつれて、激しくなった生物的ホロコーストの跡に再生した二次林の構成樹種だったらしい[42]。先に述べたように、アメリカグリは伐採や火入れ跡地などに入って、他の広葉樹を抑えて繁殖する樹種、いわゆる先駆樹種のひとつである。場合によっては、人間の荒らした跡がクリの純林になり、それがクリ胴枯病菌に襲われる結果になったといえなくもない。また、若木は遺伝的多様性に乏しく、古代から続いてきた天然林に生えていたものほど病気に強くなかった可能性が高い。

この一斉単純林の樹齢構成も、複雑な生物社会を再構築するのには不向きだったのだろう。

人間が荒らした大陸では、アメリカグリが絶滅するのも避けられない宿命だったのかもしれない。この現象は人と菌との関わりの中で現われた、生物学的破滅の最悪の例かもしれない。このほかにも、さまざまな興味深い例があるので、ひとつずつ紹介していこう。

図1-6　アメリカグリの巨木の根元、伐り口に座っている木こりたち。
写真はアメリカグリ財団の提供による。

第二章　ニレとの別れ

　空港でひっかからなければ、オハイオ州にあるわが家から、引退した両親が住んでいる家のあるイギリスの小さな村まで、わずか一四時間でたどり着ける。住宅価格は高騰し、農民よりも退職者や通勤者が増えて、住民の構成は変化したが、一八〇〇年以来、人口は三〇〇人のままである。[1] 村の中心に新しい家が数軒建ち、牛小屋はなくなったが、相変わらず農場に囲まれ、中世の雰囲気を残している。テムズ川の向こう側に立つと、何マイルも先から教会の黒い尖塔が見える風景も、今もって変わらない。

　心地よい庭で紅茶を飲み、虫の音や時を告げる教会の鐘の響きに耳を傾けていると、この穏やかな風景に菌が情け容赦のない攻撃を仕掛けたことなど、忘れてしまいそうになる。この本を書く分には好都合だが、村の歴史をひもとくと、ここも木が全滅した場所のひとつだったことがわかる。ドレイトン村の見事なニレも、有名なオランダニレ立枯病にやられて、一本残らず姿を消してしまったのである。

猛威を振るうニレ立枯病

古くから村に住んでいる人は、村中どこでも道路沿いにニレが植えられていたので、大木のせいで昔は教会や小学校の校舎が小さく見えたものだという。オランダニレ立枯病菌、オフィオストーマ　ウルミ *Ophiostoma ulmi*（以下、ニレ立枯病菌という）の犠牲になって、最後のニレがこの村から姿を消したのは一九七〇年のことだった。

イギリスの田舎でニレが枯れることなど、取るに足らない出来事だったらしい。ドレイトン・セント・レオナード村の誰もが気にもしなかったのか、なぜ学校の上に木が倒れてくるまで処分しようとしなかったのか、不思議な話だ。村人たちはため息をつき、肩をすぼめて暮らしに追われていたのだろう。ところが、ドレイトン村に現われたのと同じ菌の活動範囲は、どんどん広がり、ヨーロッパ全土から北アメリカに移り、クリ胴枯病と歴史上「最悪の菌害賞」を競い合うほどにまでなってしまった。

大雑把にいって、ニレ立枯病菌はクリ胴枯病菌ほど、多くの木を殺していないが、それは単にニレの本数がアメリカグリほど多くないからというだけの話である。ところが、この病原菌は北半球で樹木に感染し続け、二十一世紀までに犠牲になった木の本数は一億本を超えるといわれている。クリ胴枯病菌の宿主範囲はアメリカグリと二、三の近縁種に限られているが、ニレ立枯病菌はニレ属（*Ulmus*）のほとんどすべての樹種に感染し、枯死させてしまう。

ニレ属には多くの種が含まれているが、西ヨーロッパでは、オウシュウニレ *Ulmus procera*（English elm）とセイヨウハルニレ（エルム）*Ulmus glabra*（wych elm）が最も重要な被害樹種だった（図2-1）。オウシュウニレは記録によると、樹高四六メートル、胸高直径二メートルに達する大木で、アメリカグリをしのぐほどだった。エッセイストのジョン・エブリンがいうように、この「威厳に満ちた巨木」はイギリスの風景を代表する樹木で、どこの垣根にも見られたという。セイヨウハルニレはオウシュウニレに比べると、やや小さく、枝を広げてドーム状の樹冠を作る特徴がある。

このほか、葉の縁が滑らかな *Ulmus minor* などの地方種や自然に出てくるいろいろなニレの雑種、植林された栽培樹種なども、この菌に痛めつけられた。大西洋の向こう、北米大陸では、ごくありふれた樹種だったアメリカニレ *Ulmus Americana* も、ほとんど抵抗できなかった。アメリカニレの分布域はアメリカグリの天然分布域と重なっているが、サウスダコタ、ノースダコタ、ネブラスカ、カンザス、オクラホマなどの諸州からテキサス州東北部にかけて分布し、アメリカグリより西のほうでもよく成長する。その幅広い宿主範囲と分布域の広さがあいまって、この病気は単一樹種を相手として南西方向へ拡大したクリ胴枯病菌よりも、はるかに大きな被害をもたらすことになった（以下、特に種名が特定されない場合はニレという）。

ことの発端を見ると、十九世紀にイギリスやヨーロッパ本土の町の公園にあったオウシュウニレが病気にやられて枯死したが、研究者の中には今でもそれがオランダニレだったと思い込んでいる向きがある[2]。もし、この枯死がニレ立枯病の始まりだったとしたら、病原体はクリ胴枯病の場合のようにアジアから持ち込まれたというより、むしろヨーロッパに潜伏していた菌だった可能性が高い。確実な記録によると、ニレ立枯病の最初の流行は第一次世界大戦の終わりごろ、ヨーロッパ北西部で発生したとされる[3]。オランダニレ立枯病（Dutch elm disease）という病名は、病気がオラ

図2-1　オウシュウニレ、*Ulmus procera* の葉、花、実。F. A. Michaux, *The North American Sylva; or, A Description of the Forest Trees of the United States, Canada, and Nova Scotia. Considered Particularly With Respect to their Use in the Arts and their Introduction into Commerce. To Which is Added A Description of the European Forest Trees.* English translation, vol. 3（Philadelphia: D. Rice and A. N. Hart, 1857）

ンダで発見されたことに由来する。

活躍したオランダの女性研究者たち

ニレ立枯病の初期の研究の際立った特徴は、女性研究者たちが先頭に立ったことだった。[4] ニレ立枯病は、当時ワーゲニンゲンにあった植物病理学研究所の研究員、ダイナ・シュピーレンブルグによって、「ニレの原因不明の病気」として報告された。感染の初期症状は、葉が黄変し、梢端が萎れて垂れるので、すぐそれとわかる。次いで菌の感染が広がり、衰弱した通導組織の閉塞が進むと、水分の補給が止まって、ついに死に至る。

この病気をひき起こす病原菌を同定したのは、バーンにあったウィリー・コメリン・ショルテン植物病理学研究所で、ヨハンナ・ウェステルジーク（図2-2）の指導を受けて研究していた大学院生、マリー・シュワルツだった。ウェステルジークのもう一人の学生、クリスティン・ビスマンがこの菌の生活環の有性世代を明らかにし、他の若いオランダ人女性たちが病気の発生に関する多くの事実を調べ、初めて処置法を試みる実験を行った。

一方、クリ胴枯病の物語に登場する主な人物は、病気を発見した林務官のヘルマン・メルケル、菌を同定したウィリアム・マリルや一九一二年にペンシルベニアで開かれたクリ胴枯病対策協議会の出席者たちなど、いずれも男性ばかりだった。後に述べるように、この流行病の研究では、オランダ人の女性研究者たちが重要な役割を果たしたのである。

シュピーレンブルグの報告以後、学界でこの問題への関心が高まり、中には思い違いもあったが、病気の原因についてさまざまな説が出された。フランスでは、干ばつが原因だと主張し、あるものはヨーロッパ戦線に配備された毒ガスのせいだと称した。また、本当の犯人が捕まるまでは、いろんな菌が槍玉に上がり、ドイツの研究者はニレの組織から細菌が検出されたと報告した。もっとも、その後細菌が分離された例はない。

不幸な女性たち

病気の原因になる菌を分離するために、マリー・シュワルツは罹病した木の材から小さな断片を切り取り、その表面を滅菌水で洗って殺菌し、サクランボの抽出液を加えた寒天培地の上に置いた。サクランボの抽出液は酸性が強いので、これを使えば細菌や酵母の成長が抑えられ、どんなに成長の遅いカビでも材から分離できると

図2-2　オランダでニレ立枯病の研究チームを率いたヨハンナ・ウェステルジーク。
G. C. Ainsworth, *Introduction to the History of Mycology*（Cambridge, UK: Cambridge University Press, 1976）

いう利点がある。二、三日すると、木片の周りに白いコロニーがリング状に広がり、頭に粘っこい小さな胞子の塊をつけた茎が立ち上がってきた。シュワルツは「虫眼鏡でもはっきり見えるほどの小さな胞子の塊が現われ、白い菌糸体の上でしずくのようにピカピカ光っていた」と書いている。(5)これが、彼女の命名したニレ立枯病菌、グラフィウム　ウルミ *Graphium ulmi* の不完全世代である。彼女は自分が確実に病原性のある菌を分離したかどうか確かめるために、クリ胴枯病菌の研究者たちがとったのと同じ原則に従って、その培養菌糸を健全なニレに接種してみた。ニレ立枯病菌を接種した木の材は、自然状態で菌が感染したときと同じように、見事に暗褐色になった。この瞬間、シュワルツは枯死の原因の特定に成功したのである。

さて、ここで女性問題が出てくる。後から考えれば、二四歳の学生がニレ立枯病菌を同定したのは明白な事実だが、一九二〇年当時は、ほとんど誰も信用しなかった。「学生、まして若い女の子(金髪のお下げ髪を振りながら、木靴ダンスを踊っている貧相で小さな女の子)が、どうやってこの難問を解いたのかね。そんなことはありえないよ」といった調子だった。ただ、ほかに説得力のある説明が見つからなかったので、シュワルツを批判する声も、そう大きくならなかったらしい。卒業後、シュワルツは当時オランダの植民地だった生まれ故郷のインドネシアに帰り、その後も植物の病気を研究していたという。

一方、病気のほうはヨーロッパ中に広がり、ニレ立枯病は完全に汎世界的流行病になっていった。なお、汎世界的流行病(パンデミック)という用語は、地域的流行病(エンデミック)に比べて地理的に広い範囲に流行した場合に使われているが、はっきりした定義はない。

シュワルツの発見は、効果的な防除対策にはつながらなかったが、研究者たちが若い女性の仕事を無視したため、問題の本質に迫るのが遅れたというのは事実である。ウェステルジークはクリスティン・ビスマンにシュワルツの仕事を引き継ぐように命じたが、そのころ彼女はユリの根の腐敗病に関する研究で学位を取得したばかりだった。ウェステルジークは、*Graphium ulmi* が原因とする考えを支持する側とそれを退けようとする側の対立を解くには、ほかに方法がないと思ったらしい。

ビスマンはさっそくこの菌が病気の原因であることを確かめ、さらに実験的に感染させた場合、初夏に接種したときだけ、葉や芽が萎れる病徴が現われることを実証した。(6) シュワルツはニレ立枯病の一連の症状を再現させていなかったので、これは大変重要な成果だった。また、ビスマンはこの菌の有性世代を見つけ、この菌がクリ胴枯病菌のものによく似た子嚢殻を作ることを確かめた。これで否定的な意見もなりを潜め、毒ガスでも、わけのわからない細菌でもないことになったが、菌の名前はオフィオストーマ　ウルミ *Ophiostoma ulmi* に変えられた。

一方、マリー・シュワルツは研究生活から退いて一九二六年に結婚し、二人の男の子をもうけた。インドネシアに移ったため、その後はニレ立枯病の論争に加わることもなかった。ただ、一九三一年にオランダを訪れた際、元の同僚たちがベルギーで開かれる学会に彼女を招待し、その席上クリスティン・ビスマンが論争に終止符を打つ見事な実験結果を報告したという。その後、この二人の女性は悲劇的な運命をたどることになる。

太平洋戦争が始まると、シュワルツは日本軍の捕虜収容所に入れられ、その間に夫を亡くした。戦後、子供たちを連れてバーンに戻って暮らし、研究生活に復帰し、黒い色素を持つカビの研究に後半生を捧げた。

ビスマンはアメリカに移り、一九三〇年にアメリカ合衆国で初めてニレ立枯病菌を同定することになる。当時、クリーブランド州の林務官が葉の萎れているニレを見つけ、伐り倒して菌が感染した材に黒い筋があるのを発見した。[7] ちょうどそのときビスマンがハーバード大学のアーノルド標本館を訪れていると聞いて、彼は問題のものを同定してもらおうと、菌に感染した枝を彼女に送った。[8] その後、ヨーロッパに戻ったビスマンは樹病学の専門家としての地歩を固め、ニレの耐病性品種の選抜育種を手がけていたが、一九三五年、アムステルダムの病院で癌の手術を受けている最中に亡くなった。イギリスのことわざに「ニレのように男らしい」とあるが、これはまったく当てにならない。むしろ、「ニレは女のように強い」といったほうが当たっているように思うのだが。

たちの悪いニレ立枯病

まっ平らなオランダ平野一帯がこの病気の猛威にさらされた。オランダでは一〇〇万本を超える育種されたニレの雑種、オランダニレ*Ulmus x hollandica*が道路や堤防沿いに植えられていたが、そのうちの七〇万本ほどが菌によって枯死した。

ただし、オランダがこの病害研究の中心になったのは、ヨハンナ・ウェステルジークの指導力によるところが大きい。それぞれの国には専門家集団がいたはずだが、結局、第一次世界大戦の終わりごろまでに、ニレの仲間はベルギーからフランス、ドイツに至る広い地域でほとんど姿を消してしまったのである。

イギリスでは、一九二七年にハートフォードシャーのトットリッジ村のゴルフ場で初めて発生が確認された[9]。一九三〇年にはイギリス南部一帯に蔓延し、この最初の大流行でニレの一〇～二〇パーセントが死滅したといわれている。

ヨーロッパを席巻した病原体の蔓延の速さは、この病気の大きな特徴としてしばしば取り上げられているが、それは、この特殊な菌が持っている強い毒性と菌の習性を混同しているからである。無数の顕微鏡サイズの胞子を作る性質と、その高い移動性があいまって、わずか一、二年のうちにヨーロッパ大陸全土に広がることを可能にしたと見たほうがよい。

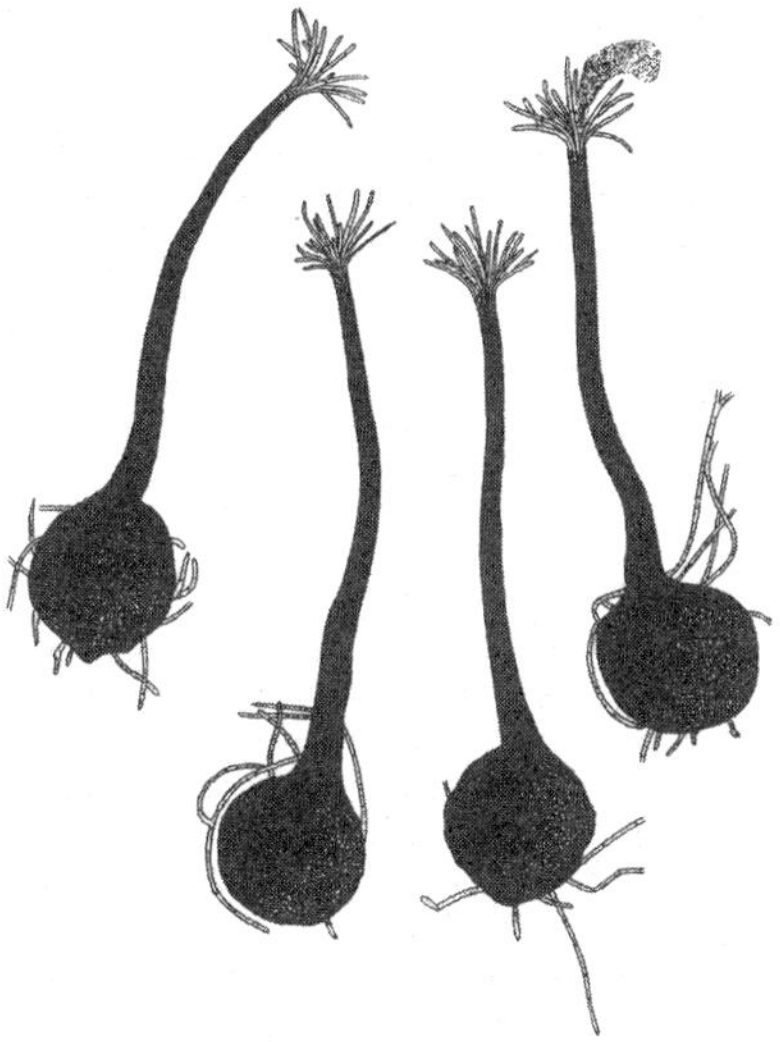

図2-3　甲虫の通路の中にできた胞子を放出するニレ立枯病菌、*Ophiostoma ulmi*の子実体、子嚢殻。C. J. Buisman, *Tijdschrift over plantenziekten* 38 (1932)

前の章で、クリ胴枯病が北米大陸で蔓延したときの速さを紹介したが、その場合は胞子が、たまたま罹病した木に止まった鳥や昆虫によって運ばれるだけでなく、風でも運ばれることが知られていた。ところが、ニレ立枯病菌はもっとたちが悪い菌らしい。この菌はクリ胴枯病菌と同様、タイプの異なる二種類の胞子、すなわち無性生殖による分生子と有性生殖による子嚢胞子を作る。ニレ立枯病菌はこの二種類の胞子で木から木へと伝染していくが、クリ胴枯病菌と違って、風で運ばれることはない。

シュワルツが記載したとおり、無性の分生子は数ミリの茎の先端にある粘っこい小さな塊の中で作られる。有性の子嚢胞子は菌の子実体、いわゆる子嚢殻（図2-3）の長い首を通って放出されるだけでなく、くっついたまま中に残ることもある。粘っこい胞子は風による分散に不向きで、風に吹き飛ばされるには、むしろ障害になると思われるが、不思議なことに感染したニレの材の内部に子嚢殻を作っている。

菌の運び屋、ニレキクイムシ

胞子が木から木へ伝染する方法は、クリスティン・ビスマンのもとで研究していたオランダ人学生、このときは男子学生だったが、J・J・フランセンによって一九三四年に発見された。彼はニレに穴を作るキクイムシの一種によって、菌が運ばれることを明らかにした。この菌はキクイムシが掘った穴の壁に胞子を作るので、昆虫が病気にかかった木から飛び出すときには、体が感染力の強い胞子に覆われているというわけである。

虫眼鏡で拡大しなければよく見えないが、成虫はとてもかわいい生き物である（図2-4）。大きいほうのニレキクイムシ、*Scolytus scolytus* は体長五ミリメートルほどで、小さいほうのニレキクイムシの一種、*Scolytus multistriatus* はその半分程度である。いずれも剛毛が生えた黒い体に胞子をつけて運ぶ。

感染力の強い胞子をつけたニレキクイムシがニレの木の股から出る臭いをかぎつけてあたりを飛び回るのだから、木にとっては迷惑な話である。ニレの木の股というのは、大きな幹から枝が出ている付け根の部分のことで、この臭いはバニリンを含む化学物質の混合物とされている。嗅いでみると、少し甘いバニラチョコレートの臭いとシリングアルデヒドの青草に似た臭いがする。[10] 私がコーヒー豆を煎ったときの、あのいい臭いにひきつけられるように、この虫も誘惑に逆らえないらしい。

ニレキクイムシは健全な木の股や小枝から侵入する。雌は樹皮をかんで穴を開けて辺材に達し、ニレの組織に通り道を作る。雄は雌が出すフェロモンに惹かれてやってくる。交尾が終わると、受精した雌は上向きに枝穴を掘り、およそ七〇個の白い卵を交互に産み付ける。卵が孵ると、幼虫は組織をかんで、母親が掘った穴に対して直角に自分のトンネルを掘る。そのため、ニレキクイムシのものと容易に判別できる、見事なトンネルのような通路が出来上がる。こうなると、間違いなく木はニレ立枯病にかかってしまう。ニレキクイムシに運ばれた菌は湿った通路で繁殖し、周りの壁に菌糸を伸ばす。幼虫が変態して蛹から成虫になると、体に胞子をつけたまま樹

図2-4　ニレキクイムシ、*Scolytus scolytus*。
写生画はトーマス・J・コッブによる。オハイオ州オックスフォード、マイアミ大学、ウィリアム・シャーマン・タリル標本館提供。

皮を破って飛び出す。イギリスではこのようにしてニレ立枯病が広がったというが、一九三〇年にクリスティン・ビスマンが同定した菌はどうしてアメリカのオハイオ州までやってきたのだろう。

オランダでニレ立枯病の伝播する様子が明らかになると、すぐヨーロッパからアメリカへ伝染する恐れが出てきた。そこで、庭園樹など、ヨーロッパから輸入される苗木はアメリカの港ですべて植物検疫を受けることになった。しかし不幸なことに、検査官たちは「木を見て、虫を見なかった」らしい。

病気の伝染経路

病気が見つかった苗木は送り返されたが、胞子を運ぶニレキクイムシは、カルパチアのニレとして有名な、家具用の節のある木材、いわゆるバールに乗ってやってきた。バールはいろんな樹種の古い木にできる大きなコブ状の塊で、薄く削って合板にするが、その鳥の目のような渦巻き模様がきれいなために、キャビネット製造業者が珍重する木材である。材木はホーボーケンやボルチモア、ノーフォークなどの港に陸揚げされ、鉄道や平底舟でシンシナティやルイビルなど中西部にある家具製造団地に運ばれた[11]。

オハイオ州で見つかった罹病木は、一九二六年から一九三〇年の間に到着した一〇〇個の船荷の一つについていたニレキクイムシから感染したものと思われる。バールの材とニレ立枯病との関係は、一九三三年に船で運ばれてフランスからニューヨークに着いた材木に*Ophiostoma*属の菌を運んでいるニレキクイムシが発見されたことで、実証された。また、バールの材と家具製造業とニレ立枯病とのつながりは、一九三四年に木材が陸揚げされたバージニア州、ノーフォークの波止場近くや、インディアナポリスの合板工場の近くにあるニレに病気が出たことで、さらに確かになった。植物防疫に関する行政指導によってニレ材の輸入が制限され、多少効果があったかに見えたが、すでに、それまでに病害は驚くべき勢いで広がっていた。調査の結果、木材を運んでいた鉄道線路沿いに、何千キロにもわたって菌と昆虫が見つかったのである。

菌の運び屋のひとつ、*Scolytus multistriatus* は病気が広がるずっと以前に、ヨーロッパからアメリカに渡ってきていたという記録がある。この虫は、メルケルがブロンクス動物園でクリ胴枯病を見つけた一九〇四年に、マサチューセッツ州で発見されていたが、樹皮をかじるだけで加害してはいなかった。ニレ立枯病が現われる以前に、オハイオ州の東リバプールとインディアナ州のエヴァンズビルの間を流れるオハイオ川の景色のいい地域に生えている木は、何年もの間このヨーロッパ産キクイムシにやられていたという。おそらく、虫に食われた樹皮をつけたバール材が、何年もこの地域にキクイムシをばらまいていたのだろう。外来の運び屋がしっかり定住したのに加えて、菌のほうはキクイムシのアメリカ在来種、*Hylurgopinus rufipes* の仲間に同盟者を見つけたらしい。こうして植物界の大虐殺が始まったのである。

この病気は一九三〇年にクリーブランドとシンシナティで初めて発生し、一九三一年には症状のひどいニレが四本、クリーブランドで見つかった。先にヨーロッパで流行したニレ立枯病の蔓延状態を見聞きし、三〇年間クリ胴枯病と戦ってきた経験から推して、アメリカの林業関係者たちはニレを救う努力が無駄に終わることを悟っていた。一九三二年にオハイオ州で病気にかかっていない木が見つかったが、それもつかの間のことだった[12]。大流行がオハイオ州を席巻すると、今度はニレの立ち枯れがニューヨーク市とその郊外に点々と現われ、一九三三年には被害木が数百本に達した。それは実に「勝負あった」という有様だった。

一九四二年には三万一〇〇〇平方キロの地域から六万五〇〇〇本が消えたのだから、一平方キロ当たり二本枯死したことになる[13]。クリ胴枯病の場合に比べると、この発生率はさほどでもないように聞こえるが、病気の犠牲になったニレの仲間はいずれも町の街路樹や公園に憩いの場を作っていた大切な木だった。クリ胴枯病による被害はすさまじいものだったが、市民に心理的衝撃を与えたという点では、ニレ立枯病のほうがもっと深刻だった。もちろん、森林の中でも何百万本ものニレ類が枯死したが、ニレ立枯病の悪名は都市域の環境を破壊したことから、史上最悪の病害として鳴りひびいている。

消えた合衆国憲法のニレ

私は今朝、シンシナティのニレ通りを散歩して、六〇年前に枯死した堂々たる並木の姿を心に描いてみようと思った。ところが、現在ニレ通りに植えられているのは、議事堂前の貧相な中国産のニレ、アキニレ *Ulmus parvifolia* だけである。イギリスのドレイトン・セント・レオナード村同様、アメリカにもニレにまつわる悲しい物語がたくさん残っている。

一八一六年、インディアナ州のコリドンに代表者たちが集まり、巨大なニレの木の下で、神聖なアメリカ合衆国憲法草案を起草したので、この木は「合衆国憲法のニレ」として有名だった。ところが、一世紀の後に病気にかかって枯死したため、樹冠が除かれ、その代わりに八角形の天蓋が置かれている。この記念碑は、まるで馬鹿でっかいビーチパラソルのように見える。

病原菌を運ぶ昆虫が広がるのを止めようとして、一九三〇年に連邦政府は罹病木をすべて伐採してしまう撲滅作戦を立てた。クリ胴枯病対策委員会の失敗がすぐ浮かんでくるのだが……。この計画に携わった植物病理学者の中には、かつてクリ胴枯病対策で主導的役割を演じた人たちも加わっていた。

連邦政府農務省の樹病学研究所長、ヘイブン・メットカーフはアジア起源のクリの病原菌を研究していたが、ニレ立枯病の実情を調査するためヨーロッパを訪れ、いずれこの病気が北アメリカにやってくると予側していた。農務省のもう一人の研究者、カーティス・メイはニュージャージー州のモリスタウンにある禁酒法時代の潜り酒場に実験室を作って、ニレ立枯病の研究を始めた。メイとその仲間は酒場で菌を分離培養したそうだが、しょっちゅう酔っ払いの幽霊にからまれたことだろう。

病害撲滅作戦のための連邦政府予算も、第二次世界大戦中は途切れたが、それまでに病気はカナダのケベック州の北まで広がっていた。ちょうどこのころ、ニレ立枯病の流行に加えて、ニレにとってもうひとつの致命的な病気、ニレ黄化病（elm yellows または elm phloem necrosis）が西へ向かって広がりだしていた。

この病気の原因は、細菌に近いモリキュートというあまり見かけない微生物だった（真正細菌のモリキューテス群で、マイコプラズマ属などを含む）。モリキュートはニレにつく白い筋のあるバッタの一種、いわゆる媒介昆虫に運ばれ、樹皮に侵入して篩部を破壊し、ニレ立枯病に似た一連の症状を発現させて木を枯らしてしまう。

ニレ黄化病には、はっきりしたいくつかの特徴があるので、比較的診断しやすい。ナイフで樹皮を剥ぐと、明るい黄色の罹病組織が見え、切り取った樹皮を嗅ぐと、トウリョクジュ（シラタマノキの一種で甘い香りのする油をとる木）からとった口臭防止剤のような臭いがするので、誰でも容易に判別できる。この臭いのもとは罹病組織から分泌されるメチルサルシネートである。

ニレ黄化病の場合は、一定の地域に点々と発生するが、それはモリキュートがさほど広範囲に広がらず、決まった場所で増殖するためだという。ところが、ペンシルベニア州の西のほうでは、モリキュートで枯れた木の材が今も使われており、そこが一九四〇年代にやってきたキクイムシ類の格好の繁殖地になっているので、ニレの将来は、ますます暗いものに思える。

ニレが枯れて裸になった町

オハイオ州のオックスフォードにあるマイアミ大学のキャンパスは、以前ニレ立枯病ですっかりやられてしまった。オックスフォードの町は、移住してきた白人が先住民のマイアミ族をその狩猟地から、無理やりシンシナティへ追い払って永久追放した後、原生林を伐り開いて作った町である。

インディアンがいなくなると、大規模な森林伐採が始まり、すでに十九世紀の末ごろには元の森林の面影さえ残っていなかったという。開拓者たちは森林をすっかり裸地に変え、エデンの園の素晴らしい風景を写真のネガフィルムのようにしてしまったのだ。

一八〇九年に大学が設立されると、キャンパスには植物があったほうがよいということになった。当時、すでに一〇〇年以上の歴史を持つニューヘブンのエール大学は「ニレの町」として知られていたが、ハーバード大学やプリンストン大学には、ほとんど木がなかった。確かに、何キロ四方も焼けこげた伐り株に囲まれた赤レンガの校舎では、あまりにも殺風景で、いい加減な教師しか来てくれなかったのかもしれない。

こんな状態にけりをつけようと、地元の歯医者、ジョージ・W・キーリーが残っていた森からナラ、ニレ、カエデなどの苗木をとってきて、オックスフォードの町じゅうに植えつけた(14)。その成果は見事なもので、二十世紀の半ばごろまでは大学のキャンパスも一八〇〇本のニレの緑に覆われ、町の街路もニレの並木で飾られていた。ところが、キクイムシの類がやってくるやいなや、一八〇〇本の枯れ木の処分に振り回されることになった。

都市計画を立てる者にとって、ニレは理想的な緑化樹だった。南北戦争の後でウルバーナにイリノイ大学が設立された際、理事会は木のない草原に木を植えることを決議した。理事の一人が「アメリカニレは噴水のように高く大きく育つ木だ」と言ったそうだが、一九五一年にニレ立枯病がウルバーナにやってくると、一〇年の間に二〇〇〇本ものニレが枯れたという。幸いにも、ここには、他の木も植えられていたので何とかなったが、北西方向へ約三〇〇キロ離れたイリノイ州のモーリーンの都市計画担当者は審美眼に欠けていたのか、ニレだけを植えていた。そのため、リチャード・ウォーコミルが書いているように「町はすっかり裸になってしまった[15]」。

ニレが枯れるわけ

林業の専門家たちはニレの仲間やその雑種の中でも、アメリカニレがニレ立枯病菌に最もかかりやすい樹種だと認めている。ちょっと調べても、なぜニレの仲間の間で感受性が異なるのかよくわからないが、同じように他の病原菌の宿主特異性についても、樹木の場合はあいまいなことが多い。たとえば、なぜニレ立枯病菌はカエデ類に感染しないのだろう。北米大陸やヨーロッパにはカエデの類（ヨーロッパではシカモアと呼ばれている木）がたくさんあって、樹皮や材にはたっぷりカロリーが詰まっているはずだが、そうはならない[16]。その理由は、樹木と病原菌との多様な生物学的関わりの中にあるらしい。

ニレとカエデの材では細胞の配列が異なっており、組織の化学的特性も違っている。ニレ立枯病菌は、進化の過程でニレの材だけを分解する酵素を作り出し、おそらくこの酵素はカエデに含まれる化学物質には効かなかったのだろう。あらゆる植物同様、ニレも菌との化学戦の軍拡競争を進めて、菌の蔓延を抑える一連の抗菌物質を作ってきたはずである。進化の過程では、今のところ菌のほうに分があるように見える。一方、ニレの防御装置は、多分、他の微生物に効果があるらしく、クリ胴枯病菌はニレを襲わない。さらに、胞子の運び屋として活躍する昆虫が、どの菌をどの樹木につけるのか決めるのに重要な役割を果たしていることも確かである。

ニレ立枯病菌はクリ胴枯病菌と同じように、通導組織を破壊して木を枯らすが、クリ胴枯病菌よりも水を運ぶ導管に深く入り、そこを詰まらせて暗褐色にし、材を傷つける[17]。これはたとえ話だが、動脈硬化と同じで、硬くなった血管から出る垢のようなものが脳に回ってくると、致命的になるようなものである。ニレの塞栓症の場合は、菌が太い導管の中で出芽酵母の細胞を作り、これが液体に乗って運ばれる。出芽酵母は樹体を回っているうちに、新しい感染場所を見つけ、導管の壁に張り付いて水の流れを止めてしまう。

どんなパイプでも、細いものよりは太いもののほうが水を通しやすいが、その効率のよさが裏目に出ることがある。太い管を流れている銀色の水の柱は突然止まりやすい。水のことを折れやすい棒のように考えるのは、少し無理かもしれないが、水の分子は互いに引き合って離れようとせず、水の柱は常につながって動いている。この途切れることのない水のつながりが、根から吸った水を葉の先端まで、さらには樹体全体に行き渡らせることができる理由のひとつになっている。水を引っ張り上げる際、細い管の中に生じる張力は驚くほど強く、もしこの引っ張り強さが水分子間の凝集力を超えると、水の柱がバラバラに切れてしまう。この空洞化現象が起こると、葉への水の供給が断たれてしまうが、特に太い管の空洞化は、ニレ立枯病で葉や芽が萎れる主要な原因になっている。

数年前から、植物病理学者たちはニレ立枯病菌が分泌しているセラトウルミンという化学物質に強い関心を持ち始めた。研究結果によると、セラトウルミンは疎水性タンパク質、ハイドロフォビンの一種で、毒素として働き、直接水の輸送を妨げるので、導管の働きが止まることとうまく合致した。しかし、この説は遺伝学的研究によってひっくり返され、十分満足のいくものではなくなった。というのも、カナダの研究者たちはセラトウルミンを生産しない突然変異体を作ることには成功したが、不幸なことに、この突然変異体の菌がニレを殺す性質を残していたからである[18]。

ニレ立枯病に見られる導管閉塞は、菌に感染した木が作り出すチロースという粘質物によるとされているが、これはクリ胴枯病の萎れ症状が現われる場合と同じである。導管閉塞は侵入した菌を管の中に閉じ込めてしまうのには有利だが、菌が樹体内で広がると、この防御装置が水の供給を抑えるほうに働くので、感染した木はますます危険な状態に陥ってしまうことになる[19]。

ヨーロッパを襲った二度目の大流行

ニレ立枯病が合衆国東部で猛威をふるっていた一九三〇年から一九六〇年にかけて、ヨーロッパ全体では回復傾向に向かっていたようだった。感染した何百万本ものニレは枯死したが、残ったものは新たに成長し始め、回復するものも見られた。当時、イギリスではニレ立枯病は「地域的な流行病になり、さほど心配することはない」といわれるほどになった[20]。

ところが、一九六〇年代の終わりごろになると、イギリス南部から新たな大流行の報告が届くようになった。前に比べて、今回の大流行はもっとすさまじいものだった。最初の流行では、ニレの一〇〜二〇パーセントがやられる程度だったが、二度目は一本も残らない有様になった。イギリス南部では、ドレイトン・セント・レオナード村の巨木やニレの仲間を含む一一〇〇万本がやられ、イギリスのニレのおよそ半数が一〇年の間に倒されてしまった[21]。

木の感受性が高くなったのは、大気汚染の影響だともいわれたが、調べてみると、ニレがニレ立枯病菌の新しい系統に侵されているせいだということがわかった。この菌はひどく攻撃的になっていたようである。イギリスに病気が再来したため、次世代の植物病理学者による果敢な挑戦が始まった。英国森林局樹病研究所のジョン・ギッブズとクライブ・ブレイジャーの調査から、この菌はカナダから輸入されたロックエルムの丸太についてやってきたことが判明した[22]。ロックエルム *Ulmus thomasii* の材は木目がまっすぐで、材質が硬く、船材として使われている。トロントから着いた船荷を検査したところ、この菌と運び屋になるアメリカのキクイムシ、*Hylurgopinus* が見つかったことで、謎が解けたというわけである。

ヨーロッパにおけるニレ立枯病の二度目の猛烈な大流行は、菌の病原性がさらに強い系統、または変種が現われたためだった[23]。それに比べると、第一次世界大戦中にヨーロッパを席巻した流行病の原因になった菌は、オランダの風景を変えてしまう程度だったが、今ではさほど「攻撃的でないグループ」に属す菌とされている。

二十世紀に入ると、病原性が強くなった二つの系統が現われた。はじめユーラシア型として発達したものが、一九四〇年代に北米大陸へ移動したのかもしれない。過去三〇年間、この病気の権威者であるクライブ・ブレイジャーは、ユーラシア型の菌がきわめて感受性の高いアメリカニレに感染して変異し、より攻撃的になったと考えている[24]。本当かどうかはさておき、北米にいたニレ立枯病菌の強い系統が、一九六〇年代にヨーロッパに伝染し、イギリスで上等の餌にありついた。病原菌の系統学的研究はまだ終わっていないが、キクイムシと人間の商業活動が絡んで、きわめて変異しやすい病原菌を北半球にまき散らしたことは確かだろう。

病原菌はどこから来たのか

大西洋を渡り、大陸を横断したことは、この流行病のきわめて興味深い特徴のひとつだが、ニレ立枯病菌は一体どこから来たのだろう。クリ胴枯病菌の場合同様、ニレ立枯病菌も中国起源だとするおもしろい話がある。ヒマラヤあたりがこの菌の生まれ故郷だといわれたこともあるが、最近の研究結果はこの説にかなり否定的である。アジアのどこかから来た可能性は高いが、大陸をまたいでやってきた話の中には、おかしな説も混じっている。

しばらく、乱暴な話に付き合っていただこう。二十世紀になって、ニレ立枯病がヨーロッパにやってきたことにまつわる馬鹿げた話の最たるものは、一九三四年に出たエドウィン・バトラーの「柳行李」説だ[25]。第一次世界大戦の間、何千人もの中国人労働者が戦場で働くために雇われ、キクイムシがついた篭を持ってヨーロッパに渡り、オランダを通るときに病気をまき散らしたというのだから驚きだ。一九七八年に出されたホースフォールとカウリングの論文から引用すると、「彼らは中国ニレの丈夫な細い枝で作った編み篭に乏しい持ち物を入れて移動した。その木切れに樹皮が残っていて、キクイムシを運び、菌がオランダで逃げ出したのだろう」と言っているのだ[26]。

もちろん、「事実は小説よりも奇なり」というが、「柳行李」説はまともな説が流布するのに役立った。ジョン・ギッブズは一九八〇年に著した研究成果の紹介の中で、「柳行李では水が洩れてしまう」と、ユーモアたっぷりにこの説を退けている[27]。

事実、イギリスは一九一七年から一八年にかけて、一〇万人の中国人労働者をヨーロッパの西部戦線へ送り、塹壕掘りをさせたという人もいるが、おもには連合軍の背後で働かせている。彼らの持ち物にくっついていたさまざまな生き物のことはさておき、この膨大な数の人の移動とニレ立枯病の発生が時を同じくしていたという点は重視しなければならない。もし、労働者たちが戦争前、つまり流行病の発生以前に来ていたとしたら危ない。私は中国人のせいにしたいほうだが、この場合はどうやら無実のようである。

ある研究グループの見解によると、ニレ立枯病菌は何千年もの間ヨーロッパ大陸にいて、時々狭い範囲で爆発的に流行していたという。確かに、アイルランドの泥炭層の花粉分析結果を見ると、紀元前三一〇〇年ごろにニレの花粉が激減している[28]。それ以前の沈殿物の中にはニレの花粉が多く、樹木の花粉の五分の一を占めていたのに、その一、二センチ上の層では一パーセントに減っているという。なお、ニレの花粉の減少は、同時期の北西ヨーロッパの花粉分析結果からも知られている。農業の進歩によって森林が破壊された場合も、同じようになると思われるが、おそらく、この大規模な変化は壊滅的な病気の流行によるものだろう。

その後行われたアイルランドでの花粉分析結果を見ると、紀元前三一〇〇年からしばらくたってニレの花粉がまた現われ、紀元前二四〇〇年に再び消えていることから、病気発生説が当たっているように思える。ちなみに、紀元前二四〇〇年というのは、農業を始めた新石器時代人がアイルランドの森林を完全に破壊して、木のない沼沢地に変えてしまった時期に当たる。ただし、五〇〇〇年前にニレが病原菌に襲われたという確実な証拠がないので、ニレ立枯病の過去を示す花粉分析結果の評価は限定つきである。

十九世紀の大流行の証拠は、もっとはっきりしている。一八二三年にデンドロファイラス（植物愛好家）という筆名の人物が、ロンドンのセント・ジェームス公園で枯れたニレのことを、"*Philosophical Magazine and Journal*"におもしろおかしく書いている[29]。いわく、「人間がやったのかと思えるほど乱暴に『ロンドンの肺（ニレ）』の樹皮が剥がれ落ちたので、敵を見張るために夜通し寝ずの番をする監視人が雇われた」という。また、デンドロファイラス氏はヴィクトリア朝時代の人々に、この破壊は兵隊の銃剣のせいではなく、小さなキクイムシによるものだとも伝えている。

何人かの著者たちは、この話のほかに十八〜十九世紀に木が枯れた話やニレの枯れ木を描いたルネサンスのころの絵を証拠として取り上げ、ニレ立枯病は古くからヨーロッパにあったと主張している[30]。また、中には菌に関係なく、干ばつやキクイムシで枯れると主張している人もいる。

効果の上がらない治療法

アメリカの市や町では、何とかしてニレを元気にしようと、大変な努力が払われた。庭園樹や緑化樹として、アメリカニレに勝るものはなかったのである。サウスダコタ州のある薬屋はわけのわからない薬剤を、古代の薬と称してニレの幹に注射する治療法を提案した。ミネソタ州、セント・ポール市で採用しようとしたが、この処置の見積もり金額が一〇〇万ドルにもなるため、また成功したという証拠もなかったので、市当局は後払いすることに決めたそうである。

ちなみに、植物病理学者のディヴィッド・フレンチが似たようなインチキ話を集めて紹介している[31]。フロリダ州のある花屋と花粉アレルギーの専門家が、樹木の導管の通りをよくする鼻づまり治療薬を開発した。また、ある歯医者は木を元気にし、抵抗力を増進させるミネラル入りの薬を考え出した。同工異曲だが、何人かの山師たちはニレには海藻やわけのわからない魚からとった活力増進剤が効くと称した。ところが、そのうち音楽を流して音波で刺激すると効果があるという説や、さらには木立の中にピラミッドを建てようという、とんでもない案まで飛び出した。エジプトのギザへ行って、枯れないニレの木でも見たのだろうか。ニレ立枯病菌がピラミッドに恐れおののくとでもいうのだろうか。

知識が増えるにつれて、理にかなった、しかしほとんど効果のない多くの試みが提案されるようになった。そのひとつ、菌類の成長を阻害する細菌を使った生物防除は賢明な方法だが、残念ながらほとんど効果がない。昆虫のフェロモンを使ってキクイムシを引き寄せ、捕らえる方法も聞こえはよいが、キクイムシの数を減らすのにはほとんど役立たない。

一九五〇年代にはＤＤＴがキクイムシ退治に広く使われたが、病気の拡大を抑えるに足るほど、大量の薬剤を散布することは不可能だった。そのうち、一九六二年にレイチェル・カーソンの『沈黙の春』が出版され、ニレにDDTを散布したミシガン州立大学の構内からコマドリが消えてしまったという事実が公になった。この殺虫剤は一九七二年、合衆国環境保護局の決定によって使用禁止となった。

圧力をかけて殺虫剤や殺菌剤を樹幹に注入する方法はいくぶんましで、注入後二、三年は効力があるという[32]。この種の手間のかかる処置は、残ったニレを守るためにワシントンのナショナルモールの周辺で行われており、そのおかげか、ペンシルベニア州立大学やウィスコンシン大学のキャンパスではニレが病気にかからず、なんとか生き残っている。

しかし、いわゆる殺菌剤による全身療法はきわめて高くつくやり方である。たとえば、ミネソタ州の公園緑地管理局では、病気の発見と枯死木の除去を積極的に奨励しているが、薬剤の樹幹注入には予算を拠出していない。合衆国全体で、都市域に残っているニレの価値は二一〇億ドルと推定されているが、この病気の効果的な治療法の開発も、きわめて高くつくという[33]。

抵抗性品種を植える

最も望みがあるのは、自然状態で菌に対する抵抗力をある程度獲得したニレの系統を探すことである。たとえば、この国ではあまり住みたくないニューアークのような都市に近い文化の中心、ニュージャージー州にある学問の殿堂、プリンストン大学に行ってみよう。アインシュタインがいつもしていたように、大学のキャンパスに向かってワシントン通りをドライブしてみる。アインシュタインは一九三三年、ちょうどニレ立枯病菌がニュージャージー州で発見されたころにプリンストン大学に赴任してきたが、ワシントン通りにニレが植えられたのもそのころだという。植えられてから今年で七二年になるが、ニレはアインシュタインの死後、約半世紀も生き延びたことになる。

ワシントン通りは緑に映え、枯れ木は見当たらない。遺伝子解析によると、ワシントン通りに植えられているニレは、プリンストン墓地に生えているニレの大木の子孫とされている。[34] この墓地はできてから二五〇年たつが、ニレの木はそれ以前から生えていたらしい。同じ木からとった苗木がプリンストンのニレと呼ばれて、今も町に緑を戻す運動の先頭に立っている。たとえば、シンシナティでは町の美化運動の一環として、このニレが市の公園管理課の手でマーティン・ルーサー・キング大通りに植えられている。プリンストンのニレはほんのわずか病気に強いというだけだが、もし胞子の攻撃や自動車の排気ガスを逃れて三〇年も生き延びられるのなら、十分植えてみる価値がある。このほか、「バレーフォージ」や「ニューハーモニー」などの変種や「リバティー」のような雑種にも期待が寄せられている。

二十世紀にニレ立枯病菌が来襲したほかの場所でも、プリンストンのニレのような木が見つかっている。ただし、いずれも遺伝的性質が強くて生き残ったというには根拠薄弱である。オハイオ州のウッドサイド墓地にも一本あるが、これはアメリカニレの孤立木で、他のものは先の大流行のときにすべて枯死してしまったという。ただ、プリンストンのニレ同様、この木は一八九一年の財産目録に載っており、大流行の前からあったことは確からしい。それでも、この木に耐病性があるとは思えない。その理由を話しておこう。

墓地を造成したとき、このニレの周りにボートを浮かべる小さな池を掘り、マイアミ運河から水を引いた。一般にニレの木の根は土の中で互いにつながっており、木が互いに水やミネラルを分け合っているので、ニレキクイムシの急激な襲来に加えて、ニレ立枯病菌が根を伝って木から木へと伝染する可能性が高い。時に、この根を介した伝染が、キクイムシによる伝播よりも深刻な害を与えることがあるのも事実である。だから、この孤立木が病気を免れたのは、その周りに池があったからではないだろうか。

オハイオ運河が閉鎖されてから何年かして池は埋め立てられ、今はその痕跡もない。私はこの立派な木の下に立つと、ラドヤード・キップリングの「カシとトネリコとサンザシを讃えて」という詩を思い出す。この章で引用したニレに関する多くの著書には、この詩が必ずといっていいほど引用されている。

ニレは男を嫌い、風が収まるのを待ち、
日陰を求めて近づくものの上に枝を落とす

迷信深いわけではないが、風に揺れるニレの大枝や太陽の光をさえぎる巨大な樹冠が胞子を運ぶキクイムシから逃れることを祈って、私はその場をそっと立ち去った。

ローマ人が持ってきたオウシュウニレ

今も、ニレ立枯病は北半球から南半球へと広がり続けている。カナダのマニトバ州やサスカチワン州でも、ニレは緑化樹として大切な木だが、ここも一九七〇年代、八〇年代と二度にわたって襲われたため、市では病気の確認調査と枯死木の除去を積極的に進めている。アルバータ州はカナダで最も大きなニレの林を持っているが、一九九八年に初めて被害が見つかった。また、ニュージーランドでも街路樹や庭園樹としてニレが植えられているが、一九八九年にこの病気の発生が確認されたため、罹病した木の伐採と枯れ木の処分が精力的に行われている。オーストラリアでもイギリスからの移住者たちが町の周辺にオウシュウニレを植えたが、ここだけはまだ病気を免れている。

後でわかったことだが、どこのニレ通りでも街路樹がバタバタと枯れていったが、これはかつて「クリ通り」と呼ばれた所でも同じで、ドミノ倒しのように逃れようのない災厄だった。遺伝的に同じニレを町の中に密植するやり方は、世界中を飛び回っている胞子に餌を与えているようなものだった。後に述べるように、穀類を大規模に単一栽培すると、病気に襲われやすくなるのと同じような現象がここにも見られる。この現象の類似性は、イギリスのオウシュウニレの起源を見るとよくわかる。

遺伝学的研究によると、この樹種は在来種ではなく、ローマ人がブドウの支柱として持ち込んだものがもとになっているという(35)。西暦五〇年ごろ、ルキウス・ユニウス・モデラトゥス・コルメラはブドウの支柱にするために、ニレを育てる圃場を作る方法について述べている(36)。この木はイタリア在来のニレの変種で、すべてのオウシュウニレはこの変種の単一のクローンから出たと考えられている。その結果、何百万本もの遺伝的に均質な樹木が病原性の強いニレ立枯病菌の系統にやられてしまうことになったのである。

ただし、菌に対する二〇〇〇年前のローマからの贈り物がもたらした思いがけない結果、つまりニレの遺伝的性質だけで、病原菌の完全勝利を説明するのは難しい。イギリスではオックスフォードシャーのような狭い地域でも、さまざまなオウシュウニレの近縁種や変種が育っているが、どの成木も例外なくニレ立枯病菌にやられている。コムギの特定の系統を攻撃するさび病菌と違って、この菌は相手の遺伝子に小うるさい注文をつけず、ニレの材を好んで食べる癖を持っている。要するに、こいつは見境のない暗殺者なのだ。

二〇〇五年、この章をほとんど書き上げたころ、ドレイトン・セント・レオナード村を訪ねてみた。オックスフォードシャーに着いた日の午後、土地の境界に植えられたニレが枯れて、まるで箒のようになっていたのには驚いた（図2-5）。これまで私は菌にすっかり入れ込んできたので、木が枯れることとは、この地球がひそかに破滅へ向かっている事実の表われだとは思ってもみなかった。

一九七〇年代に大木が枯死した後、病原菌をうまくかわした吸枝が地下から芽吹き、再度の感染で倒れる前、一九八〇年代には幹が一〇メートルほどの高さにまで成長した。この一時的な回復は、先にクリ胴枯病のときに述べた抗菌性微生物と同様、弱毒性のRNAウイルスによった可能性が高い[37]。垣根の枯れたニレの根元は箒のように萌芽した吸枝に囲まれていて、わずかに生き残ったオハイオ州のクリの様子によく似ていた。

ドレイトン村のニレは、教会の裏にあるキャサリン・ウィール酒場の向かいに、ネコの日除けに

図2-5　オックスフォードシャーの通りに沿って立つ、萌芽枝に囲まれた死んだニレの木立。

なるぐらいの哀れな状態で、それでもまだ生き続けている。これは悲劇というより、むしろ哀しい生き様である。私の少年時代はトマス・ヒューズの小説『トム・ブラウンの学校生活』と違って退屈で、大きな木も覚えていないが、マシュー・アーノルドの次の詩の一節は、なぜか懐かしいニレに囲まれた風景と時を思い出させてくれる。おそらく、村を緑に染めていた大木のある失楽園、イギリスの印象が私の潜在意識の中に残っているのだろう。

冷たく、さびしく暮れる秋の宵
湿った黄色い枯れ葉が地面に散り
ニレが夕闇の中に薄れゆく
遊びつかれた子らの声も消え
静寂が訪れる(38)

第三章　コーヒーを奪う奴

ちょっとしたコーヒーへの愛着が、いつ依存症に変わってしまったのか、自分でもよくわからないが、今や私は、間違いなく典型的なカフェイン中毒患者である。夜、二階へ上がって、ベッドに入ろうと決心するために、必ず一杯のエスプレッソを飲む。この一日の締めくくりをしないと、私には服を着たまま、ドスンと倒れたところで眠り込んでしまう癖がある。苦く芳しい一杯を飲むと、口の中がすっきりして、楽に服を脱ぐことができて、十も数えないうちに寝付いてしまう。

このコーヒーノキ（アラビアコーヒーノキ）*Caffea arabica*という植物への私の依存症は、これにつくコーヒーのさび病菌（コーヒー葉さび病菌）、ヘミレイア　バスタトリックス*Hemileia vastatrix*のそれといい勝負だ。もっとも、私は豆が好きだが、コーヒー葉さび病菌はもっぱら葉を食べている（図3-1）。私たちは消費と競争という点でつながっているのだ。

人類の祖先ルーシーとコーヒー豆

コーヒー豆を食べると元気が出ることを見つけたのは、カルディというアビシニアの羊飼いの男だったそうだが、彼はヤギ（他人からの預かりもの）たちが赤い実を食べて元気になったのを見て気づいたといわれている。もっとも、私は空飛ぶ絨毯と同じぐらい、この話を信用していないが……。

もっと確かなのは、今もアフリカで見られるように、大昔から動物の脂肪とコーヒー豆の粉を練り合わせて、旅行する時のおやつにしていたらしいことだ[1]。今日のピーナッツチョコレートやナッツチョコレートは、この脂肪入り豆の名残かもしれない。

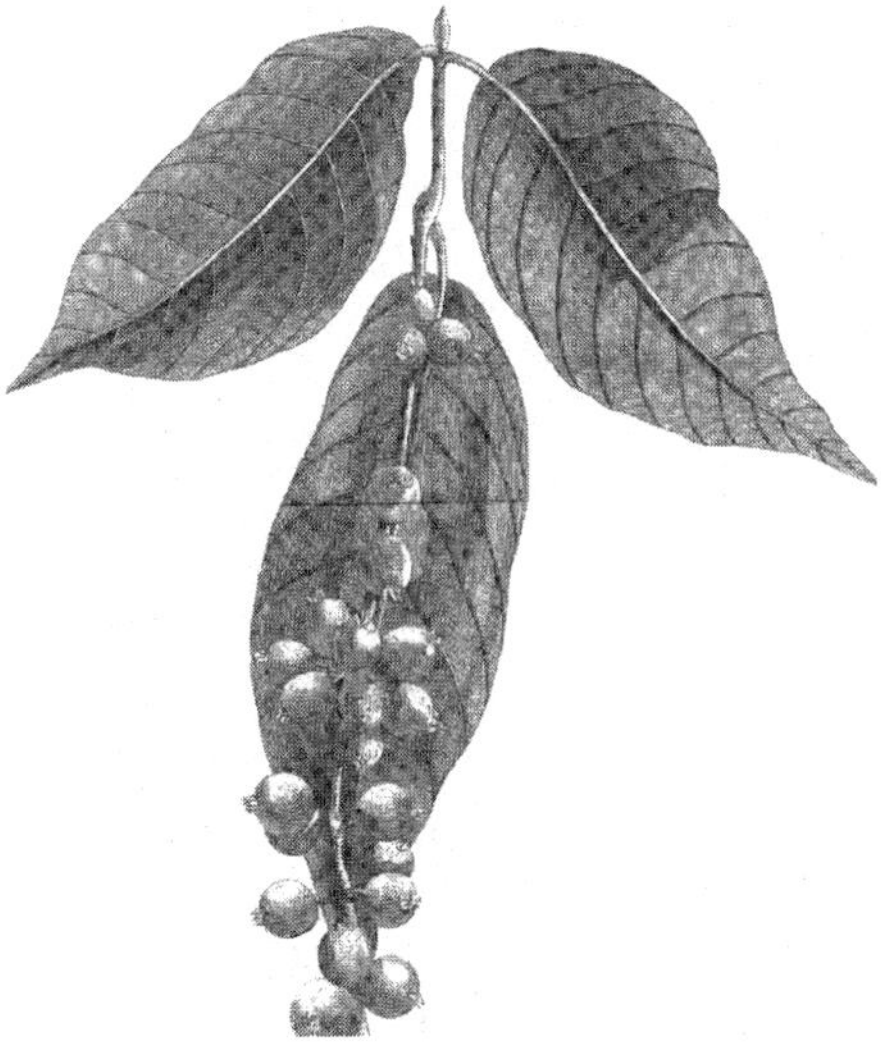

図3-1　コーヒーノキ *Coffea arabica* の葉と実。
M. Buc' Hoz, *Dissertations sur L'Utilité, et les Bons et Mauvais Effets du Tabac, du Café, du Cacao, et du Thé, Ornées de Quatre Planches en Taille-Douche,* 2nd edition (Paris: L'Auteur, 1788)

カルディの伝説とつじつまの合

う話だが、野生のアラビアコーヒーノキはエチオピアの在来種である。なお、サイダモの南部にはイルガシェフ産の素晴らしくいい香りの出る種類を含む、口当たりのいいコーヒーが残っている。そこから北に数百キロ離れたリフトバレーからは、ルーシーなどの人類化石が発掘されており、この地域は人類誕生の地と考えられている。想像するだけでも楽しいので、他の著者たちと同じことを書いておくが、ルーシーとその一族はカルディのヤギが食べる何百万年も前にコーヒー豆のおやつを楽しんでいたのかもしれない。とにかく、人類とコーヒーが何千年もの間、親しい間柄だったことは確かだろう(2)。

その後、人類とコーヒーノキは手に手を取ってアフリカを離れ、ヒトは豆をにぎって地球の真ん中を移動していった。現在では六〇カ国、二五〇〇万家族がコーヒーノキを栽培し、年間六〇〇万〜七〇〇万トンのコーヒー豆を生産している(3)。ちなみに、コムギの生産量は六億トン近いが、コムギは主要食糧で、コーヒーは飲まなくても困らないのだから、この数値の差は当たり前だろう。しかし、価値の高い貿易産品の中でコーヒーは食用油に次いで二位、売上高は七〇〇億ドルに達している。

コーヒーノキはエチオピアの故郷を離れ、紅海を渡ってイエメンに達し、イスラム世界に広がった。ヨーロッパに入ったのは十六世紀のことで、イエメンの港のモカからトルコ人の手を経て輸出されていたという。ヨーロッパ人の中で最初にコーヒーノキを手がけたのはオランダ人で、はじめに当時のセイロン、今のスリランカで栽培し、後に東インド一帯に広めた。ここでしばらくセイロンのことを語り、その後で、コーヒーノキの広がり方について話しておこう。

セイロンのコーヒー栽培と森林破壊

一七九六年、セイロンの領有権はイギリスに移り、一八〇二年にはイギリス王室の植民地になった。一七九五年にオランダはフランス革命軍の侵入で手一杯で、イギリスが事実上何年もセイロンを支配していたため、オランダの抵抗はないに等しかった。イギリス側にいわせれば、セイロンのイギリス軍将校たちは礼儀正しく振る舞い、奴隷制を廃し、立派な司法制度を確立し、史上最も偉大な国の文明を普及させたそうである。セイロンの森林も文明開化の影響を受け、シナモンや胡椒、サトウキビ、ワタ、コーヒーノキなどの栽培農園にどんどん変わっていった。

一方、高地に住む土着のカンディアン・シンハリ人たちは、まったく違った歴史を伝えている。彼らの話によると、わずかな土地を取り上げられ、約束を反古にされ、村を壊され、小さな反乱を起こした者はもちろん、抵抗しなかった者まで虐殺されたという。一八七一年、イギリス軍は反抗的なシンハリ人が弓矢で自分たちを襲った場所が、マドゥーラの村に近いというだけで、その村人を虐殺したことがあった。(4) そのうちの二〇～三〇人が洞窟を出て逃れようとして、イギリス兵に銃撃され、犠牲になったという。要するに、シンハリ人に対する弾圧は、ヨーロッパの植民地主義者たちが文明の名のもとに行った一般的なやり方となんら変わらない。病原菌の胞子が、抵抗力のない在来植物に伝染病を蔓延させて絶滅の危機に追いやったやり方は、イギリスや他のヨーロッパ諸国が植民地に対してとったやり口とそっくりである。

セイロンの高地はコーヒーノキの栽培に適していた。セイロンのコーヒー生産量は、今日の水準から見れば微々たるものだが、一時は最大五万トンにのぼり、グレーム・ヘップバーン・ダルリンプル-ホーン-エルフィンストーンといった貴族的な名前を持った人々に莫大な富をもたらした。(5)セイロンは二〇〜三〇年のうちに、世界のコーヒー生産のトップに躍り出て、ここのコーヒー豆の値段が世界のコーヒー市場を牛耳るほどになった。一八〇二年にはイギリスへ輸出するまでになったが、一八二〇年代にセイロン総督のサー・エドワード・バーンズがコーヒー農園を開くまでは、大規模なコーヒー栽培は見られなかったという。

相場師たちはセイロンのコーヒー栽培に何百万ポンドもの金を投資してコーヒーブームをあおり、市場で決められていたコーヒーの価格体系を破壊した。投資された資本はディンブラやディコヤ、マスケリヤ地方など、高地にあった手付かずの常緑広葉樹林の大規模伐採に使われた。このうだるような暑さの中に育っていたチークの大木、コクタンの木、ゾウ、オオコウモリのほか、多くの生物たちが農園の開発によって追われることになった。(6)

やりたい放題のコーヒー王たち

コーヒー栽培業者のウィリアム・ナイトンは、一八四〇年代にカンディーで新聞の編集にも携わっていた。彼は、とどまるところを知らないコーヒーブームで森林伐採が進み、二級品しかできないような低地でもコーヒー栽培が盛んになっていると、新聞に書いている。(7)このころから、質の悪いコーヒー豆が混じり始めたために、イギリスではセイロンコーヒーの評価が下がり、また、焙煎して砕いた後、長期間保存したため、さらに品質も低下してしまった。ナイトンは「豆を焙煎したら、すぐ挽いてそのままポットに入れるべきだ」と強調しているが、これは自分で焙煎した豆を挽いて、あの、えもいわれぬ完璧な一杯を楽しんでいる現代の愛好家にとっても、なじみ深い淹れ方である。

他の点でもナイトンは時代の先端を行っていた。多くの人はヴィクトリア朝時代のイギリス人が植民地で行った恥ずべき行為に眼をつぶっていたが、ナイトンはコーヒー栽培業者たちの姿を生々しく描き、今日まで尾を引いている過酷なやり方を公にした。

ナイトンは、コーヒー農園で働く労働者の娘を誘拐したシギンズという雇い主の話を詳しく書き残している。父親が娘を返してほしいと頼みに行くと、シギンズは「俺は下らんお前の娘にちょっと眼をかけてやっただけだ」と言って鞭打ち、執政官に訴えそうになると、一二ポンド支払ったそうである。シギンズの言い分は「鞭か、竹の棒だけが彼奴ら（雇い人）を奮い立たせるのだ」というものだった。

もう一人、レスター・アーノルドという農園主は、「こいつらは飢饉にでも追い立てられない限り働かない、しようのない怠け者だ」、セイロンの労働者は「イギリス人が引っ張らなければ、ジャングルへ行って働こうともしない」と書いている。[8] 先にも触れたように、イギリス人は奴隷制を「廃した」ことを誇りにしていたはずなのだが[9]……。

サー・サムエル・ベーカーは、後にフロレンス・フォン・サッスと一緒に、青ナイル地方を旅行して有名になったが、それ以前はセイロンのコーヒー王だった。彼は山地のヌワラエリヤにリゾート地を開発したが、その村の様子がイギリス風だったので、「小英国」と呼ばれて、評判になっていた。また、国中を旅して、『セイロン──ライフルと猟犬』（一八五四）[10]という微妙な表題の本に書いているように、セイロンの風景と野生動物を大いに楽しんだという。さらに、『セイロン漫遊八年』（一八五五）という少しましな本の中で、カンディヤンヒルのことに触れ、「誰でも数百エーカーの土地を買って、コーヒーノキを植え、雇い人たちが働いている間、ジントニックとハエ叩きを持って日陰に座っているだけでよい」と、人をそそのかしている。[11]はじめのころ、ベーカーはコーヒー栽培に熱中していたが、森林の開発が行き詰まって、産物の価格がぐらつきだすと、つきが離れて破産に追い込まれた。ただし、まだ森林の木が倒され、燃やされている間は、コーヒー豆がイギリスの投資家たちの懐を太らせ続けていたのである。

先に出てきたグレーム・ヘップバーン・ダルリンプル、後のサー・グレームは、一八七〇年代までコトマーレに広い地所を持つダルリンプル州最大のコーヒー農園主だった。彼が二八歳のころ、コーヒー豆の輸出量は最大に達したが、ちょうどそのころコーヒー葉さび病菌、ヘミレイアが入ってきたため、四〇歳代にかかる前には、セイロンからコーヒーノキがほぼ完全に姿を消していた。

コーヒー葉さび病菌の発見と同定

コーヒーノキにつくさび病菌を最初に手がけたのは、当時、ペラデニヤ植物園の園長だったジョージ・スウェイツだった[12]。一八六九年五月、あるコーヒー農園主がマドゥールシマのコーヒー園で見つけた病気にかかった数本の木を彼に見せたが、六月までに一ヘクタール前後の畑の木が、すっかり葉を落としてしまったという[13]。スウェイツは葉の裏側に黄白色のしみがついているのを認め、「それは粉っぽく、こすると簡単に剥がれる」と書き残している。これは菌類にちがいないと思った彼は、さっそく葉のサンプルをイギリスにいる友人のマイルズ・J・バークレイ師に送った。

バークレイは、天体物理学や古生物学といった一般受けする分野よりも神の思し召しで菌学に惹かれた、あまり世に知られることのない少数の偉大な科学者の一人である。彼は副司祭としてキリスト教の信仰に身を捧げているように見えたが、実は賢明にも植物の病気の研究に没頭していた。ジャガイモの病気で飢饉が起こり、悪魔の仕業だという馬鹿げた説が横行したときも、彼はアイルランドに飢饉をもたらした犯人を捕まえ、同定するのに大きく貢献した。この話は第七章で取り上げることにして、ここでは彼がセイロンの菌を研究したいきさつを紹介しておこう。

コーヒーノキにさび病菌が発見される何年も前から、彼はノーサンプトンシャーの司祭館に郵送されてくる海外の標本から、一〇〇〇種を超えるセイロンの菌を採取して収集していた。しかし、セイロンの標本の中にも、何千もの収集品の中にも、コーヒーノキのさび病菌に該当するものが見当たらなかったので、"*The Gardeners' Chronicle and Agricultural Gazette*"という科学雑誌にこの新しい菌を記載した論文を投稿した[14]。

葉についたオレンジ色の粉はさび病菌に特徴的な夏胞子の塊だった（図3-2）。コーヒー葉さび病菌は、クリやニレの病原菌が子嚢胞子を作る子嚢菌に属しているのと違って、いわゆるキノコ

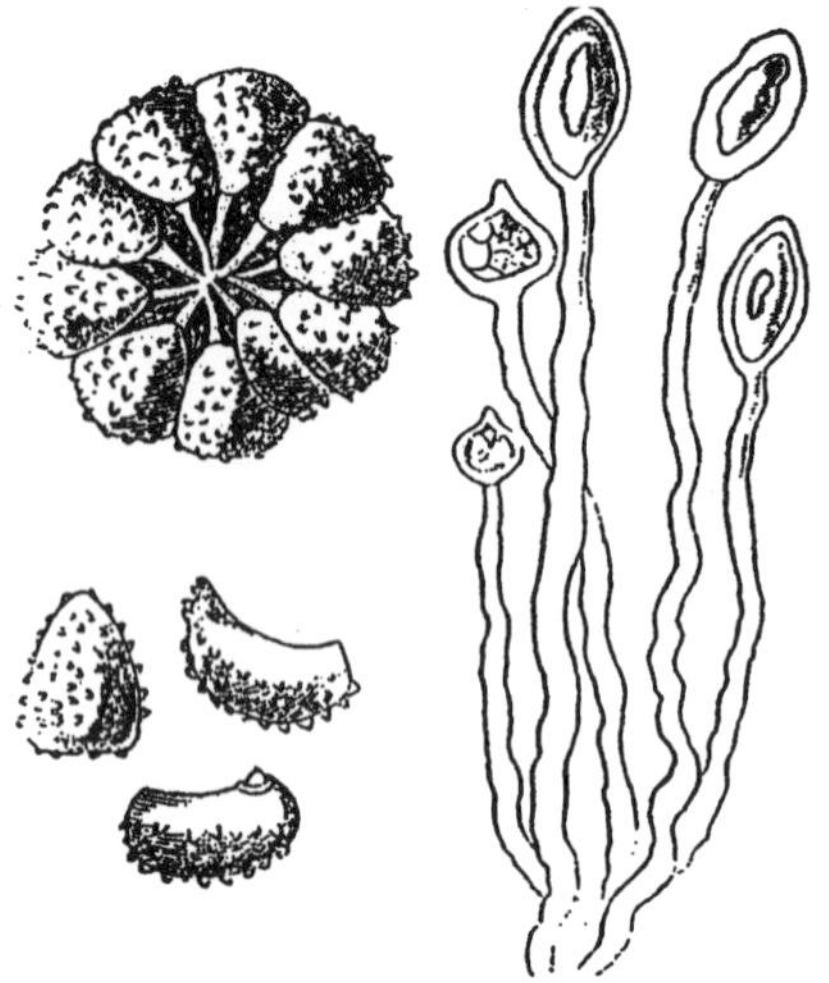

図3-2　コーヒーの葉さび病菌、*Hemileia vastatrix* の写生図。
M. J. Berkeley, *The Gardeners' Chronicle and Agricultural Gazette* November 6, 1869, p.1157

を作る仲間に近い菌である。バークレイ師がコーヒー葉さび病菌につけた名前はその胞子の異常な形、つまり一方の面は滑らかで（*Hemileia*）、他方は粗く、スパイクをつけた木靴のように見えるところからきている。また、病原性が強いことから、破壊者（*vastatrix*）という種名がつけられた。バークレイがこの菌を報告した時点では、ヘミレイア　バスタトリックス*Hemileia vastatrix*はまだ動き始めたばかりだったが、たちまちコーヒーノキに猛威を振るい始めたので、牧師のつけた名前が何か神の啓示のように思えたそうである。

高級品のルワクコーヒー

コーヒーノキを枯らしている原因が、コーヒー葉さび病菌だということを、一般に納得させるのはかなり骨の折れる話だった。というのも、セイロンにはこの木の敵になる生物が非常にたくさんいたからである。コーヒーノキの敵のことを書いたパンフレットを見ると、六種類の半翅目の昆虫、一四種類のガとチョウの幼虫、三種類のコガネムシ、それぞれ一種類のアリ、ハエ、バッタ、ハダニなどのほかに、コーヒーネズミと呼ばれている *Golunda ellioti* が挙げられている(15)。

この地方の言い伝えによると、ネズミは七年ごとにコーヒーノキを襲うが、それはある特定の植物が七年周期で花を咲かせて枯れてしまうので、常食にしている大切な餌がとれなくなったネズミがコーヒーノキを食べるからということだった。しょっちゅうコーヒー農園にネズミが現われるので、そのように思ったのかもしれないが、ネズミの害は農園主にとって馬鹿にならないものだった。というのも、コーヒーの実は食べないが、小枝をかじって幹まで傷つけたからである。マラバールは「労働者たちがネズミをヤシ油でフライにして、カレーに入れて食べている」とはっきり書いているので、ネズミの襲来にも少しはいいことがあったのかもしれない(16)。

ついでにリスのことにも触れておこう。ヴィクトリア朝のころにコーヒーノキの病虫獣害に関するパンフレットを出した著者は、「このリスはコーヒーの実を食べるが、外側の柔らかい部分しか消化できないので、しばらくすると地面や倒れた木の上に糞をして種を落とす」と書いている(17)。これは、数年前に一時評判の高かったルワクコーヒーに関わるおもしろい記事である。

ルワク、またはパームシベット（訳注：ルワクはこの動物のインドネシアでの通称、学名は *Paradoxurus hermaphroditus*、ジャコウネコ科の一種）は果実や昆虫、小動物などを食べる夜行性動物で、特にインドネシアでは大切なコーヒーの実を食べることで知られている。ルワクはコーヒーの実の外側だけ消化して、麝香の臭いがついた無傷の種を排泄する。

豆を煎ると、一ポンド(約450グラム)一〇〇ドル以上の値打ちがあるといわれるほどの、えもいわれぬ味と香りがこの豆から出てくるというが、私にはこの驚異の産物の値段のほうが気になる。一ポンドのコーヒー豆を集めるのに、一体どれほどの手間隙がかかるのだろう。ウエブサイトを覗いてみると、この話はまったくでたらめだと書いてあったが、インドネシア人がルワクの下痢が流行るようにお祈りしているという説よりは、はるかに信憑性が高い。

私がやったように、あなたもcoffeegeek.comでルワクコーヒーのことを調べてみると、次のようなコメントが出てくるので、試してごらんなさい。いわく「これで作ったカプチーノがどれほど素晴らしいか……、私がウォータールー駅のキオスクで飲んだ一杯のコーヒーについていた申し分のないお添えものは、あったかいおしっこの香りに似ていた」と。

マーシャル・ウォードとコーヒーの葉さび病菌

さて、話を植民地に戻そう。ここではコーヒーノキにあまりにも多くの病原菌がついていたので、前代未聞の病気のもとになったコーヒー葉さび病菌、ヘミレイアを同定するのに手間取り、はじめのころ研究者たちは誤って他の菌を病原菌としていた。高温多湿の気候は植物に感染する数多くの菌の繁殖を促し、あるものは葉の表面に綿毛のようなクモの巣状の菌糸を伸ばし、また、あるものはいろいろな昆虫が出す甘い汁を餌にして、煤のような菌糸を広げていた。

ペラデニヤの副所長だったダニエル・モリスはセイロンのコーヒーにつくさび病菌の研究を始め

ていたが、昇進してジャマイカへ移ることになったため、一時研究が中断した。その研究を引き継いだのが、一八八〇年にセイロンに赴任してきた二六歳の研究者、ハリー・マーシャル・ウォードだった（図3-3）。

そのころすでに、コーヒーの生産量は激減しており、年間の損失額はおよそ二〇〇万ポンド、現在の価値で二〇億ドルにのぼっていた。ウォードは、セイロンコーヒー栽培協会に「後始末をまかせる」人材として招聘されたという[18]。

ウォードは考えられないような学歴の持ち主で、一四歳で学校教育を離れたにもかかわらず、優れた研究者として高い評価を受けていた素晴らしい青年だった[19]。彼は大農園を経営している紳士階級とはあまり接触したがらなかったが、中産階級出の倒産しかかった栽培業者には深い同情を寄せていた。

ウォードは菌がどのようにして植物を攻撃するのか、たちまちのうちに解き明かし、この病気が治せないことも明言した。彼はまず、バークレイの記載した胞子がコーヒーの葉に実際感染するかどうか、確認するところから研究を始めた。バークレ

図3-3　ハリー・マーシャル・ウォード。F. W. Oliver, *Makers of British Botany. A Collection of Biographies by Living Botanists* (Cambridge, UK: Cambridge University Press, 1913)

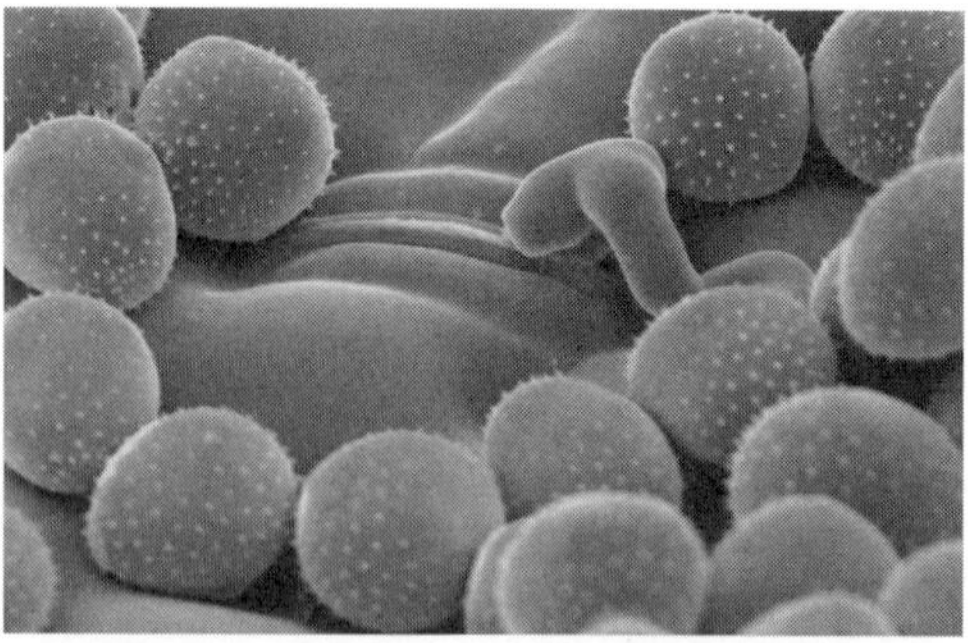

図3-4　葉面に出ているコーヒー葉さび病菌の夏胞子の電子顕微鏡写真。
この菌はコーヒーノキよりも、むしろソラマメに感染しやすい。胞子が発芽して、発芽管、または菌糸が閉じている気孔に侵入しようとしている。
R. Guggenheim と H. Deising　撮影。

イはセイロンから船で送られてきた標本を観察して、この菌が葉の内側深くに成長し、葉の下側に黄色い傷を作ると報告していた。

　コーヒーノキは葉の裏面にある気孔を通して呼吸しているが、このさび病菌はその隙間から侵入する。胞子は発芽すると、葉の表面に細い菌糸の管を伸ばし、気孔の口のところで膨らみ、たやすく孔辺細胞の間をすり抜ける（図3-4）。このことを、ウォードは健全な葉の裏面に水滴をつけ、その水滴の中へ針の先につけた一個の胞子を注意深く入れる実験を行って観察した[20]。また、胞子を置いたところだけに黄色の傷ができ、葉の他の場所にはできないことも確かめた。

　胞子発芽には湿度が決め手だが、セイロンでは夏のモンスーンのころに、ことのほか湿度が高くなる。ところが、コーヒー葉さび病菌の胞子は、長期間雨が降らない間も耐えられるので、モンスーンが終わった後に乾季がやってきても、コーヒーノキは息つく暇もない。胞子は雨の一滴で元気を取り戻し、栽培業者への攻撃を再開するというわけである。

　多くの菌同様、コーヒー葉さび病菌も胞子作りのチャンピオンだが、ウォードの計算によると、

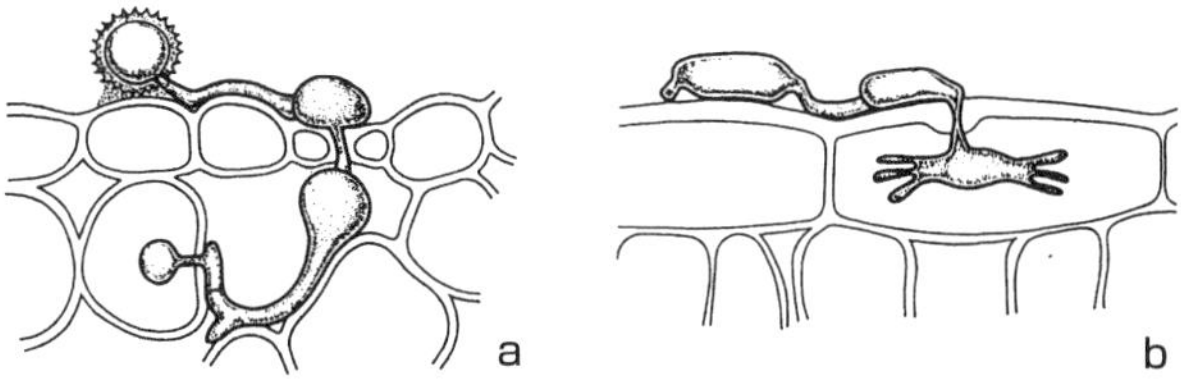

図3-5　さび病菌（a）とうどんこ病菌（b）が植物体に侵入して、餌をとる様子。
（a）さび病菌は葉に侵入する前に気孔の口の上に附着器という膨らんだものを作り、球状の吸器を作って生きている細胞から栄養物をとる。
（b）うどんこ病菌も同様に附着器を作り、宿主の細胞壁を破って侵入する。この菌は侵入すると、指のような凝った形をした吸器を使って細胞内容物を吸い上げる。
H. Hahn, H. Deising, C. Struck, K. Mendgen, in *Resistance of Crop Plants Against Fungi,* edited by H. Hartleb, R. Heitefuss, and H. H. Hoppe (Jena: Gustav Fisher, 1997)

一枚の葉が六〇の病斑を持っており、その葉が雨に打たれると、四〇万個以上の夏胞子が飛ぶという[21]。このことは、一本の木に菌に感染した葉が一〇〇枚ほどついていたとしたら、その木から伝染性の強い胞子が二四億個も霧のように飛び出すということになる[22]。病気にかかった木から落ちた後でも、落ち葉からさび病菌の胞子が出続けるのだから、その数は計り知れない。アーネスト・ラージは「サハラ砂漠から飛んでくる砂埃のように、無数の胞子がコーヒー園のあたりに舞い散る」と書いている[23]。

気孔を通り抜けると、葉さび菌の菌糸は枝分かれしながら細胞の間隙を縫ってコロニーを広げ、生きた細胞質にたどり着いて、吸器という餌をとるための形に姿を変える。多くの病原菌が吸器を作るが、あるものは手のような形、あるものは球形といったように種類によってその形が異なる。ただし、いずれの場合も、植物細胞と密着する胎盤のような構造になり、細胞膜をへこませるだけで、突き破ることはない（図3－5）。葉さび病菌はこのようにして、少なくとも緑の細胞が与えるものを持っている間は、殺すことなく哀れな植物から餌を吸い取り、完全な寄生者として暮らすのである。

攻撃のしかたは、クリやニレの病原菌が通導組織を破壊するのに比べれば、穏やかそうに見えるが、さび病菌とコーヒーノキとの出会いの結末は、やはり死滅以外にない。植物病理学者はこれらの菌を活物寄生菌と呼んでいる。コーヒー葉さび病菌は葉の組織に取り付いて、細胞を一つまた一つと殺し、成熟しないまま葉を落とさせて、樹体をじわじわと弱らせる。健全な木の葉は一八〜二〇週間はもつが、さび病菌にやられると六週間で落ちてしまう。太陽光を受けることができなくなった植物は、栄養不良に陥り、飢えて枯れてしまうのである。

厄介な胞子、見つからない中間宿主

コーヒー園の中で胞子がどのように動くのか、それを知るためにウォードはガラス板にグリセリンを塗って、コーヒーノキの枝につけておいた。すると、葉さび病菌の胞子が、他の五〇種類の菌の胞子と一緒についていたという。また、ウォードは葉さび病菌が夏胞子のほかに、二つの異なるタイプの胞子を作るという事実を発見した[24]。葉の病斑が古くなると、葉さび病菌は冬胞子という柄のついた膜の厚い細胞を作り始めた。この冬胞子は発芽すると、短い菌糸の管を出し、それが隔壁で切られて四つの部屋に分かれ、それぞれから担子胞子という第三のタイプの胞子が出てきた。担子胞子はキノコの場合と同じ方法、すなわち表面張力による発射装置というおもしろい仕掛けで空中に飛び出した[25]。

コーヒー葉さび病菌のヘミレイアが冬胞子と担子胞子を作るというのは、わけのわからない難問で、当時この菌がなぜこんな胞子を作るのか、説明できる人はいなかった。温帯にいるさび病菌は、餌になる宿主の葉がない冬の間、低温でも生き残れるように、カプセルのような冬胞子を作る。コーヒーノキが育つ熱帯では冬がないので、病原菌は夏胞子だけでいつまでも生き続けられるはずである。また、ほかのさび病菌の場合、担子胞子は二番目、もしくは代わりの宿主に感染している。ウォードもこの事実に気づき、ヘミレイアの生活環を知ろうとしたが、代わりになる宿主、いわゆる中間宿主を見つけることができず、それ以後も発見されていない。

コーヒー葉さび病菌に冬胞子と担子胞子があるという事実について、今のところ二つの説明が考え出されている。ひとつは、中間宿主は存在するが、おそらくこの菌が元いた場所だけに分布しており、菌がコーヒーノキを存分に利用できる状態では、不必要なのだろうというもの。もうひとつは、冬胞子と担子胞子を作る性質は *Hemileia vastatrix* の先祖から受け継いだもので、進化の名残に過ぎず、今では無用の長物になっているというものである。

ウォードの詳細な報告は、セイロンと栽培業者の双方にとって、情け容赦のない悪いニュースを提供しただけに終わってしまった。コーヒー園では植物体の大きさによって病状に差が出ており、葉の多い光合成能力の大きい木は、菌に感染しても実をつけることができた。しかし、結局、このさび病菌が島国全体のコーヒーノキを台無しにしてしまったのである。

栽培業者たちは、栽培するに足る抵抗性品種が現われないものかと期待したが、それも出てこなかった。ケント州のホップ栽培業者が疫病を抑えるのに成功したという話から、バークレイやモリスは硫黄の入った殺菌剤を木に散布するよう勧めた。しかし、葉の表面に広がる疫病菌と違って、この菌は葉の組織にもぐり込んで、うまく薬剤から逃れるので、ほとんど効果が上がらなかった。[26]

ウォードは菌が葉に侵入する前に薬剤を散布すれば、ある程度効くことを認めていたが、この方法は胞子が発芽した直後の短期間に実行しなければならないのが難点だった。いずれにしろ、病気にかかったコーヒー農園をウォードが調査したころには、すでにこの予防策も手遅れになっていた。病気がセイロンに現われ始めたころに、たとえどんな手段を講じていたとしても、効果があったとは考えにくい。火消しのような治療法で、一時的に木が被害を免れたとしても、燃え上がる炎は消えず、夏胞子はセイロンにとどまり、コーヒーの大規模栽培を放っておいてはくれなかった。例によって、科学は理解を深めはしたが、解決策を与えることはできなかったのである。

間違っていた新説

ウォードの病原菌説に代わるものとして、葉さび病菌は病原体というより、むしろ植物体が不健康な状態に陥っていることの表徴であるとする新説が出てきた。つまり、「葉に現われている状態はいわゆる病気ではなく、コーヒーノキがすでに陥っている病的な状況に由来するもので、ひとつの表徴である。菌、虫害、カビなどがつくことは、衰弱の結果でしかない」というわけである。[27] 要するに、植物体を元気にするには、もっと肥料をやればよいという単純な意見だった。

ウォードは報告書の中で、こういった意見を切り捨てている。さび病菌がコーヒーの病原体であるというその見解は、経験を積んだ確かな科学的裏付けによるものだった。彼はコーヒーノキに感染する胞子のタイプを特定し、それを作る菌と病徴との関係を実証した。この時点で事件は解決したかに見えた。

ところが、一八九〇年代に入ると、ヤコブ・エリクソンというスウェーデンの研究者が、後にマイコプラズマ説として知られるようになったが、信じられないような珍説を発表した[28]。この説は病気のメカニズムに対する考え方を逆行させるようなもので、菌は外側から植物体に侵入するのではなく、すでに感染している植物の内側から出てくるものだという主張である。

おそらく、今まであなたは、胞子は飛んできて落ちるか、ニレ立枯病のように昆虫によって運ばれるかして、植物体の上で発芽し、菌糸が健全な組織に侵入して宿主に害を与えると教えられてきたことだろう。植物病理学では「悪いものが外部から植物体に侵入すると、病気になる」というのが常識になっており、このいわゆるマイコプラズマ説も今では誤った観察から出たものとされている[29]（訳注：ここにいうマイコプラズマは、現在のマイコプラズマとはまったく異なるもの）。

何よりも、当時の農業技術者たちは、さび病にかかった植物体を完全に取り除く骨の折れる作業をした後でさえ、さび病がまた流行して、しばしば作物がダメになるのを経験していた。さび病が何度も出続ける理由のひとつは、この菌が代わりになる植物の上で生き残り、元の宿主が育ち始めると、また舞い戻ってくるからである。

さび病菌が中間宿主の上で暮らすという現象は、一八六〇年代にドイツの高名な菌学者、アントン・ドゥ・バリーによって明らかにされ、すでによく知られていた。コーヒー葉さび病のように、病気がいつまでも発生し続ける理由は、病原菌の胞子を完全に消すことができる効果的な方法がなかったからである。それにもかかわらず、エリクソンは「ある種の病気の原因は健全に見える植物の内側にある」という説を立てた。それというのも、この考えを裏付けるに足る画期的な発見をしたと信じ込んだからだった。

彼は病徴を現わしていない植物の細胞の中に潜んでいる菌を同定したと称し、自分でcorpuscules spéciaux（特殊な微粒子という意味）と名づけた特異な物体が病徴の初期状態だと主張した。また、この物体はトロイの木馬のような働きをしており、これが見えると、すぐ病徴の症状が現われる。しばらくの間、この病原体は植物に害を与えることなく、ある種の共生状態で過ごし、暴れるのに好都合な条件が整うまで、じっと待っているのだと称した。

彼の判断は完全に誤りだったが、それだけでなく、植物病理学を「病原菌は土から湧いてくる悪魔の種だ」としていた二〇〇年以上前の状態に引き戻してしまった責任は、その影響力が大きかっただけに重かったといえるだろう。(30) エリクソンが示した「特異な物体」は、実は葉の表面で発芽した胞子から伸び出したさび病菌の細胞だったのだ。胞子が発芽すると、細い菌糸が伸びて葉の組織に侵入し、緑色の細胞の間を縫って広がり、菌糸体を作る。そして、多くの場合、菌糸の先端が植物細胞中へ押し入り、吸器を作って細胞内容物を吸い取り始める。「特異な物体」は何のことはない、侵入初期に見られるさび病菌の吸器そのものだったのである。(31)

顕微鏡を扱うエリクソンの腕前も、大したものではなかったらしい。というのも、焦点深度を変えて細胞の中にある物体をたどれば、表面に伸びている菌糸にたどり着いたはずだからである。また、病気にかかった葉の切片を作りはしたが、罹病組織の中を三次元的に描くことができなかったらしい。組織切片をいろんな角度からよく観察していれば、吸器が入った細胞を切片の中にとらえて、大きな菌糸体につなぐこともできたはずだが、それもしなかったらしい。

頭の中でその様子を描くのは難しいかもしれないので、地面に溝を掘っていて、ガラガラヘビの巣穴にシャベルを突っ込んでしまったときのことを想像してみよう。分別のある人なら、冬篭りのために地下の隠れ家にもぐり込んだガラガラヘビの群れを怒らせてしまったと、すぐ気づくことだろう。しかし、エリクソンの場合は、どう間違ったのか、ヘビも土壌の一部だと思い込んだようなもので、いわば、「ヘビらしきもの」と言う羽目に陥ったのである。

ウォードはエリクソンが描いた「特異な物体」の図を見て、即座に自分が記載したヘミレイアの吸器だと思った。そこで、彼はエリクソンを強烈に批判し、王立協会の席で鮮やかに論駁した論文を読み上げ、哀れな男を徹底的に叩きのめした。(32) イギリスへ帰国した後、ウォードは王立協会会員に選ばれ、結婚してケンブリッジ大学の植物学部長になり、輝かしい生涯を送るかに思えた。しかし、植物病理学分野にとって残念なことに、科学者として爛熟期を迎えたころ、五二歳の若さで亡くなった。

コーヒーから紅茶へ

つぶれてしまったコーヒー栽培業者から見れば、学会でのさび病菌論争は、まったく意味のないものだった。輸入関税の免税措置によって、セイロンの栽培業者は事実上イギリスでの独占権を与えられており、セイロンは十九世紀の大半を通じて、世界最大のコーヒー生産国とみなされていた。ところが、このちっぽけな菌が、イギリス経済の奇跡を元の木阿弥にしてしまったのである。

一八九二年、ついに投資額が最も多かったオリエンタルバンクが倒産した。個人的破産に陥った移民たちの家族はちりぢりばらばらになり、栽培業者たちは互いに争い、あるものは自殺に追い込まれた。農園は荒れ放題になり、「町と文明はたちまちジャングルの中へ消えていった」という。(33)

セイロンのコーヒー栽培が消滅したことを受けて、先見の明のある数人の栽培業者が、その農園をチャノキの栽培に切り替えて使おうと考え始めた。ウィリアム・ユカーは「コーヒー栽培に失敗した家族がセイロンに帰って上着を脱ぎ、かつてのイギリス移民たちのように、また不屈の精神を燃やして働き始めた」と書いている。(34)もっとも、これは破滅に対応した一般的な姿ではない。

以前から、セイロンは世界で最も上質の紅茶を輸出して、好評を得ていた。チャノキは一八四〇年代からセイロンで栽培されていたが、コーヒーノキに病気が出るまではわずか一〇〇〇エーカー(約四〇〇ヘクタール)ほどしか植えられていなかった。それが一八七五年から一八九五年の間に、栽培面積が一〇八〇エーカーから三〇万五〇〇〇エーカーへと急速に拡大した。

一八九〇年にセイロンを訪れた大金持ちの食料雑貨商、トーマス・リプトンはさび病菌にやられた土地でチャノキを栽培し、イギリスの自分の店で安い紅茶を売れば、大当たり間違いなしだと思った。彼はさっそく五カ所のつぶれたコーヒー農場を買い取り、後に一二カ所に増やし、チャノキ栽培を大々的に開始した。リプトンは、茶箱から直接客に茶の葉を量り売りするという従来のやり方を変えて、個人向けに箱詰めした少量の茶を売り、その箱に「ティーガーデンからそのままティーポットへ」といううたい文句を書いたラベルを貼り付けた。

この新事業は大当たりで、リプトンはそれから一世紀もの間、「安上がりのおいしいお茶」というトレードマークで大儲けすることになった(35)。ちなみに、一八九八年にナイトの称号を受けて、サー・Tとして有名になったが、リプトンは、もともとアイルランド人の両親がやっていた小売業に興味を持っていた。彼の両親は一八四〇年代のジャガイモ飢饉でグラスゴーに移り、そこで小さな食料品店を営んでいた。見方によっては、リプトンは歴史上例を見ないほどの菌類による大被害から、二度も思いもかけない恩恵を受けたといえなくもない。

さて、ここで、真実には程遠いと思われるが、いろんな著書の中で繰り返し語られている通説に触れておこう。一般には葉さび病菌がセイロンのコーヒーノキを全滅させ、イギリスをコーヒー党から紅茶党に変えたといわれている。確かにさび病菌がコーヒーノキをやっつけたのも事実なら、イギリス人が紅茶好きなのも本当のことである。

私の祖父は、国家的義務でもあるかのように、ひとつの飲み物にこだわっていた。バーノン・マネーは一九四〇年にドイツ軍に撃退されたイギリス派遣軍の輝かしい古参兵で、私が知っている人の中でも確かに素晴らしい人物だった。祖父は一日に砂糖をたっぷり入れた紅茶を二〇杯も飲んだが、その好みは十九世紀末に起こった国家規模の飲み物の変化によるものではない。というのも、イギリス人のお好みの飲み物は十八世紀にすでにコーヒーから紅茶に変わっていたからである(36)。その理由は複雑だが、イギリスではコーヒーの値段が高く、質が悪かったためらしい。

十九世紀にウィリアム・ナイトンが推奨した「焙煎からポットへ」という忠告を忘れて、コーヒー輸入業者は二流品の紅茶でさえ青ざめるほどのひどい味がするコーヒー粉末を客に売っていた。輸入されたコーヒーの質が悪かったというほかに、紅茶はその便利さで点数を稼いだ。というのも、コーヒーを淹れるよりも紅茶を淹れるほうがずっと簡単で、濃さを加減することもできたからである。一方、私の父は何十年もコーヒーに凝って、驚くほど高い道具を買って挑戦しているが、不幸なことにいまだにひどい飲み物を作り続けている。だから、コーヒー葉さび病菌がセイロンを茶の国に変えたのは確かだが、この病気がイギリス文化に与えた影響はわずかなものだったといえるだろう。

大西洋を渡ったコーヒー葉さび病菌

十九世紀にコーヒー葉さび病菌がたどったセイロンへの道筋は不明のままだが、アフリカ南端の喜望峰から来る南西の季節風に乗ってやってきたのかもしれない。セイロンに上陸すると、この菌はインド亜大陸を席巻し、ジャワ、スマトラからフィリピンに広がり、二十世紀に入ると、東アフリカのコーヒー農園にも襲いかかった(37)。コーヒー葉さび病菌は人間が運んだコーヒーノキについていったのである。

オレンジ色の胞子の雲はサイクロンの風に乗って何百キロも運ばれ、病気にかかる国々を増やしていった。このような広範囲に及ぶ蔓延は滅多に見られない現象で、植物病理学者たちはこれを

single-step invasion（一方的侵入）という。[38] 一八七〇年代と八〇年代には、一〇の一八乗個もの莫大な数の胞子がセイロンのコーヒー農園から漂いだしたが、これらの胞子は一度も海のかなたで相手に出会うことがなかったらしい。ただし、感受性の強い作物が単一栽培されているところは、その限りではなかった。

コーヒーノキがブラジルへ持ち込まれたのは十八世紀のことである。セイロンの農園が全滅してからは、ブラジルが世界最大の栽培国になり、以後その地位を保ち続けている。菌学上の話題に絞ったこの本で、ブラジルのコーヒー栽培の詳しい歴史を紹介するのはあまり意味がないように思えるが、ここでちょっと触れておこう。

そのいきさつはセイロンの場合に似ている。手付かずだった原生林が煙とともに消え（今も大西洋に面した熱帯雨林が危機に瀕しているが）、一〇〇万人を超える奴隷が酷使され、コーヒー王たちが荒稼ぎしたという話が残っている。ヨーロッパ人たちはここでもまた、農業開発のために自分たち以外の人種と生き残っていた生物に対して、生来の無神経さを遺憾なく発揮したのである。しかし、ブラジルのコーヒー栽培の歴史は、セイロンの悲劇の繰り返しではなかった。ブラジルは移入植物に対して厳しい検疫制度を設け、さび病菌が入るのを永い間阻んできた。驚くべきことだが、一九七〇年に至るまで、ブラジルのコーヒーノキは葉さび病にかかっていなかったのである。

一九七〇年のこと、アーノルド・ゴメス・メデイロスという若い植物病理学者が、たまたまカカオを栽培している農園のはずれに生えていたコーヒーノキの葉に触って、その葉に葉さび病菌がついているのを知ったという。[39] 彼の指が菌の胞子に触ったのは偶然かもしれないが、彼は一九六七年に西アフリカへ旅行したとき、この病気を見ていたので、それが何者なのか、すぐ気づいたそうである。

実のところ、コーヒー葉さび病は、一九六六年にアンゴラから報告されていた。西アフリカはブラジルから遠く離れているが、アンゴラの海岸はブラジルに面しており、胞子が貿易風に乗って海を渡るのは簡単なことだった。多分、高度三〇〇〇メートル、時速五〇～六〇キロの速さで大西洋を渡り、一週間かそこらでたどり着いたのだろう。[40] ブラジルの研究者は小型機に乗って、コーヒー農園の上空一〇〇〇メートルの位置で、ウォードが使ったのと同じグリセリンを塗ったガラス板で夏胞子をとらえている。

メデイロスが発見する以前に、コーヒー葉さび病菌の胞子はブラジルの三つの州にまたがる、およそ五〇万平方キロに及ぶ地域にばらまかれていたらしい。広い範囲でコーヒーノキが点々と枯れていたという証拠があるので、彼がアフリカ旅行で罹病した葉を見る前に、葉さび病菌はすでに南米大陸に腰をすえていたのだろう。皮肉なことに、一九六七年、コーヒー葉さび病菌の夏胞子とメデイロスは互いに反対方向に飛んで、大西洋上ですれ違っていたのかもしれない。

アンゴラからバイーアへ風に乗って胞子が運ばれた可能性は高いが、あくまでも状況証拠による説に過ぎない。というのは、病気に感染したコーヒーノキの苗が送られてきた場合や、人間が衣服に胞子をつけて運んだ場合もありうるからである。一九六〇年代にメデイロスが病気にかかったコーヒー農園を訪れていたとしたら、彼自身が気づかないまま、運び屋になっていたかもしれない。実際、研究者が運び屋になるケースは、ままあることなのだ。

いずれにしろ、遅かれ早かれ、コーヒー葉さび病菌がブラジルのコーヒーノキを襲うのは自然の成り行きだった。しかし、セイロンでの大流行から一世紀もの間、病気の発生がなく、南米のコーヒー産業が生き延びたのも事実である。一九七〇年までにコーヒー業界は強力な殺菌剤を手にしていたが、もしそれがなかったら、ヘミレイアはもっと猛威を振るっていたにちがいない。

ウォードの時代から、発芽する胞子から葉を守るために、硫黄と銅を含む薬剤が使われていたが、最近では菌糸が葉に侵入した後でも殺してしまう、いくつかの合成化学薬品が出回っている[41]。たとえば、合成化学薬品、トリアヂメフォンは菌が作るステロールの合成過程を狙ったものである。コーヒーの葉さび病菌は他の菌類と同じように、細胞膜にたまるエルゴステロールという脂質を作っている。エルゴステロールはコレステロールと似た働きをしているが、菌は動脈瘤や心筋梗塞を患うこともないので、脂肪たっぷりのご馳走を食べても平気というわけである。この殺菌剤は、菌類に特異的な生化学反応を阻害して、コーヒー葉さび病菌を殺すが、その間接的なやり方はどこか地下水汚染による公害病に似ている。ただし、トリアヂメフォンをコーヒーノキにかけすぎると、葉が落ちてしまうので、散布量やかけ方がよく問題になる。また、薬剤とその散布に要する経費も馬鹿にならない。しつこい菌を退治するには、毎年五回薬剤散布する必要があるので、その費用が栽培に要する経費の五分の一を占めるという。

コーヒー葉さび病菌を運ぶ恐れのある植物の移動を阻む植物検疫制度は重要な予防措置だが、現在、ハワイ以外のすべてのコーヒー栽培地でコーヒー葉さび病菌が見つかっていることから、長期的に見てこの方法も有効だったとは思えない。コーヒーノキの栽培種は遺伝的にかなり固定されていて、現在世界で単一栽培されている作物のうち、病虫害に最も弱いもののひとつとされている[42]。

コーヒーノキの出自

先にも述べたように、コーヒーノキはアフリカ原産で、長い間イエメンで栽培されていたが、十七世紀にオランダ人が、それまでコーヒーを独占していたアラブ人からひそかに盗み出して、セイロンで栽培し始めた。ポルトガル人もセイロンを領有していたころ、同じことをやっていたかもしれないが、詳しいことはわからない。オランダ人はコーヒーノキをジャワへ運び、さらに母国のアムステルダムに持ち帰って植物園に植えたという。

一七一三年にオランダ人は太陽王、ルイ一四世に一本の若木を贈り、王はそれをパリに作った特別あつらえの温室で育てさせた。コーヒーノキは自家受粉するので、花が咲けば一本の個体が繁殖可能な実をつける。パリの温室で育ったこの木の種子が、やがてイギリス人やスペイン人の手を経て、熱帯の各地に広がり、今日栽培されているコーヒーノキのもとになっていった(43)。

植物学上、コーヒーノキ(アラビアコーヒーノキ)には二つの明瞭に異なる品種があるとされている。そのひとつはアムステルダムを経てフランスから出たティピカという品種で、もうひとつは十八世紀初頭にイエメンからブルボン島(現在のレユニオン島)に持ち込まれたブルボンという品種である。

「コーヒー……、ハイ、すぐ起きます」と言うのが癖になっているコーヒー中毒患者たちは、いずれにしろ、パリのフランス貴族と森が消えうせたレユニオン島のやせ土にやさしく迎えられた近親交配種の変わり者のお世話になっているのだ。

すべてのコーヒーノキが、さび病菌の脅威にさらされているというのが冷酷な現実である。フランス人たちは第二次世界大戦中の食糧難時代に、ドングリから代用コーヒーを造ったと学校で教わったのを思い出す。子供だったので、なぜそれほどまでコーヒーにこだわるのかわからなかったが、もし、今ナチスが自分の町にやってきたら、私だって牛の糞からでもエスプレッソを作ろうとすることだろう。もし、実験の結果飲めるという保証がほんのわずかでもあればの話だが……。

コーヒーノキと菌のいたちごっこ

植物病理学者たちはアラビアコーヒーノキの耐病性品種を作ろうとしている。コーヒー葉さび病菌はアラビカ種*Coffea arabica*以外のコーヒーの仲間（およそ一〇〇種ほどになるが）にもつくが、ロブスタコーヒーとリベリアコーヒーのもとになっている西アフリカの*Coffea canephora*と*Coffea liberica*にはかなりつきにくい(44)。

ロブスタコーヒーは、アラビカ種と混ぜて粉末にし、ビンや缶に詰めて売る加工品の原料にされており、単独では「カフェインが切れたときだけ使用すること」という但し書きの付いたインスタントコーヒーの原料として売られている。ロブスタ豆はアラビカ種と混ぜて高級ブランドのコーヒーにも使われているのだから、書かれている豆の名だけを見て知ったかぶりをする私のようなえせ通人は、馬鹿としかいいようがない。

ロブスタのＤＮＡには菌に抵抗力を与える一連の遺伝子群が含まれているので、ロブスタがアラビカ種を病気から守る鍵になるかもしれない。うまくすれば薬剤いらずで、コーヒー葉さび病菌がつかないロブスタの遺伝子を持ち、上質の豆を作ってくれるアラビカ種が生まれることを期待して、研究者たちは長年アラビカとロブスタの間に生じる自然交配から出てくる雑種を探し続けてきた。残念ながら、期待に反してコーヒー葉さび病菌はすぐ突然変異を繰り返し、雑種がせっかく作った防護壁を乗り越えて、二、三年もしないうちに追いついてしまう。菌は休むことなく進化し続け、無数の胞子を空中に漂わせながら、風が吹く地球上を飛び回り、餌食になる農業地帯を探していることだろう。

この章に出てきた菌学史上の英雄、マーシャル・ウォードはさまざまな業績と同時に、攻撃されやすい作物だけを過度に大規模栽培すると、有害微生物をひきつけることになり、伝染病の蔓延を助長するという事実を明らかにしたことでも知られている。気候の変化や薬剤の空中散布によって止められない限り、病原菌の胞子は池に小石を投げたときにできる波紋のように、一本の植物から外へ外へと広がり続けるのである。

おそらくコーヒーノキは、原産地では孤立木として他の樹木に混じって育っていたので、胞子が次の餌食になる木にたどり着く前に、物理的障害に出くわすことも多かったのだろう。エチオピアや、多分スーダンやケニアにも生えている野生のコーヒーノキには、さび病の発生が少ないことから、ヘミレイアはこのようにして何百万年の時を過ごしていたと考えられる。コーヒーノキのいくつかの変種が、菌の感染に対して強い抵抗力を示しているので、その仲間の遺伝的変異の幅が、さび菌に対する挑戦の手がかりになるかもしれない。

現代の栽培者の中には、被陰栽培（大きな木の樹間に植える）を試みて、コーヒーノキ本来の成育条件を再現し、植物の自然回復力を引き出そうとする人もいるが、農薬散布量は減らせても、収穫量が落ちるという矛盾に悩んでいる[45]。被陰栽培によるコーヒーは市場で着実に増えているが、熱帯の生物多様性を守るために高いコーヒーを買ってくれる人はまだ少なく、光をたっぷり浴びさせて育てる従来の栽培方法を変えさせるまでには至っていない[46]。

栽培者から見れば、被陰栽培の効果がはっきり証明されていないというのが、ひとつの泣き所になっている。最近の研究によると、被陰栽培した場合、*Cercospora coffeicola* という菌が原因で起こる褐色の眼状斑点が出る病気が、確かに増えるともいう[47]。

南米で光が十分当たる栽培方法をとっている農園に投資した投資家たちは、何年もの間、葉さび病菌の大流行がないという報告に安堵しているが、その理由はいまだにわからないままである。おそらく、大量の薬剤散布によって病原菌が一時的に抑え込まれているだけで、またいつ戻ってくるかわからないというのが本当のところだろう。コーヒーにつく葉さび病の将来がどうなるかはさておき、我々が一秒に三三〇〇杯ものコーヒーをがぶ飲みしている限り、カフェインたっぷりの豆を作るコーヒーノキをむやみやたらに植えまくる愚行は、まだまだ続くことだろう。さて、遅くなったので、エスプレッソの時間にしよう[48]。

第四章

チョコレート好きのキノコ

私のカフェインに対する病的なまでの執着は、多分チョコレートを絶え間なく食べたくなる癖からきているらしい。子供のころテレビを見ているとき、父がくれるマーズ社製のチョコレートバーを、いつもいらいらした気分で待っていたが、きっとあれが原因にちがいない。細かく割れるように、父はこのお菓子を冷蔵庫に入れて冷やしておいたのだ。一〇代になって、袋入りのチョコレートバーが買えるほど、小遣いが手に入ると、この欲求は頂点に達し、こっそり隠れて自分でもあきれるほど食べたものだった。大人になると、少し落ち着いてきて、台所の引き出しに隠したチョコレートの原料をほんのちょっぴり味わうだけで、心が静まるようになった。

原料というのは、リンド・アンド・シャーフェンバーガー社が出している純度八五〜九九パーセントのカカオ（ココア）のことである。さらに、カリフォルニア州のバークリーに本拠があるシャーフェンバーガー社は、純度の高さを売り物にして、おいしそうな袋入りの砕いたカカオ豆を出している(1)。神経質な人でなければ、この焙煎した殻つきのカカオのかけらには、チョコレートというよりも、ナッツに似た風味があり、甘いチョコレートになる前のさわやかな味わいを楽しむことができる。

病気とともに始まったカカオ栽培

一八九〇年代に出た出版物に、当時トリニダードの王立植物園の管理官だったジョン・ヒンチレイ・ハートは「栽培者にとって幸いなことに、現在西インド諸島にはカカオノキを襲う深刻な病気がほとんどない」と書いている(2)。コーヒーノキと違って、カカオノキには有害な菌がつかないので、手間をかけずに栽培し、収穫することができると、当時の栽培者たちは思い込んでいたらしい。

前の章に出てきたダニエル・モリスは、きっとこのことを知って、ほっとしたにちがいない。はじめのころ、コーヒー葉さび病の研究に携わっていたモリスは、ジャマイカに栄転して、大英帝国西インド諸島農業局の局長に就任していたので、カカオノキについて教えを請おうと、トリニダードにいるハートを訪ねた。さび病菌にやられたセイロンの農園を離れて、同じように経済的に有利で、しかも問題が少ない作物を扱えるのは、彼にとって大きな救いだったにちがいない。しかし、その息抜きもほんのつかの間だった。

ただし、そのハートも一九一一年には一八種類の病害を含むカカオノキに関する出版物 "*A Manual on the Cultivation and Curing of Cacao*"（カカオノキの栽培と病害対策の手引き）を書かざるをえなくなった[3]。その中で最初に挙げられているのは、一八九五年にグレナダで見つかったフィトフトラによるポッド（サヤまたは果実）腐れ（*Phytophthora* pod rot）で、続いてディプロディア *Diplodia* による梢端枯れ（die back）、さまざまな根の病気、天狗巣病などが並んでいる[4]。明らかに何か悪いことが起こり始めていたらしい。

コーヒー物語の繰り返しになるが、カカオが普及し、カカオノキの栽培地域が広がるにつれて、病気の原因になる菌も広がっていった。カカオ栽培が始まった当初から、この植物はすでに流行病に見舞われていたのである。「ある気象条件下で、果実に発生する疫病」が一七二七年、トリニダードにあるスペインのカカオ農園に広がったというほど、早くから問題になっていた[5]。

カカオノキはこの島でほぼ二〇〇年間栽培されており、疫病が蔓延したころには重要な輸出産品になっていた。病気が蔓延した原因はよくわからないが、おそらく強いハリケーンによる傷害が引き金になったのではないかと思われる。なお、ポッドに発生した疫病の記述を見ると、その症状は後に述べるフィトフトラによる腐敗の様子によく似ている（以下、果実のことをポッドという）。

ここでは、スペイン人がフォラステロという名の別の品種を持ち込んでくるまで、三〇年間カカオノキはほとんど栽培されていなかった。ここに元からあった品種はクリオロというが、これはエルナン・コルテスが南米からヨーロッパ世界へ持ち帰った贈り物のひとつだった。クリオロはベネズエラよりのアンデス山脈の麓が原産地で、古くからアズテック人たちが栽培していた品種である。コルテスは部下が運んだありがたくない贈り物、天然痘と引き換えに原住民からカカオをもらったというわけである。

フォラステロはアマゾン流域で進化した強い品種で、クリオロよりも耐病性があるとされている。(6) 三つ目の品種はトリニタリオというが、これはわずかに生き残った弱いクリオロとフォラステロの間に偶然できた雑種で、人手によって育種されたものではない。これもクリオロよりは強い。イギリスがこの島を領有するころまでは、カカオノキの病気も気にならないほど少なく、新しい品種がよく育っていたので、当時、カカオ産業の将来はバラ色だと言ったハートの言葉も許されるだろう。

図4-1　カカオノキ（テオブロマ カカオ *Theobroma cacao*）の花と果実。
A. Gallais, *Monographie du Cacao ou Manuel de L'Amateur de Chocholat*（Paris: Chez Debauve et Gallais, 1827）

カカオ豆、または種子は大きな肉質のポッドの中に収まっており、このポッドはテオブロマ カカオ、*Theobroma cacao* という常緑広葉樹の幹や枝から直接出ている短い果柄についてぶら下がっている

（図４－１）。テオブロマは「神の食べ物」の意味で、これを神聖な木としたマヤ人の信仰からきている。カカオは木や豆の名そのものだが、ココアのほうが言いやすい。

チョコレートができるまで

カカオノキの果実、いわゆるポッドはカカオの花の子房からできてくるが、その花は実に美しい。アレン・ヤングは "The Chocolate Tree"(7)（チョコレートの木）の中で、「黒い枝を背景にして鮮やかに咲く白い花」という。花の寿命は短く、日の出に開いて、受粉しない場合は次の日の夕方には落ちてしまう。昆虫が受粉を助けているが、熱帯雨林にいるブヨの一種とカカオの花の関係はかなり古い。しかし、木が原産地から遠く離れたところで栽培されているせいか、その関係がおかしくなっており、二〇個の花のうち実をつけるのは一つか二つに限られている。(8) この受粉率はかなり低いので、おそらく、原産地の森林では何か他の昆虫が働いているのだろう。

花の中でも少数のものだけが昆虫の毛について運ばれてきた花粉を受け取って受粉する。実が熟すと鮮やかな黄色や赤色のポッドになり、その中に三〇個ほどのアーモンド形をした種子、つまり豆ができる。大きなカカオのポッドは大きさも形もラグビーのボールそっくりで、表面には頭からお尻にかけて深い縦の筋が走っている。

ちなみに、中国のある会社がカカオのポッドそっくりの合成樹脂製のラグビーボールを作って、アメリカへ輸出している。多分あなたも、うす汚い運動場で鎖につながれた哀れなイヌにつかの間の喜びを与えた、噛み跡だらけのボールが転がっているのを見たことがあるだろう。

カカオ豆からチョコレートを作るのは比較的簡単だが、ことに自分でやったことのない人はそのように思うはずである。まず、マチョーテという山刀で果柄を切って木からポッドをとり、それを割って、中に入っている種子の塊を取り出す。果肉の部分は捨てて、種子を木の箱に入れて発酵させる。二、三日のうちに酵母や細菌が種子についている果肉を分解し、種子の中にある胚の成長を止め、苦味を消してチョコレートの香りをつけてくれる。

この発酵過程が終わると、箱から種子を取り出して日光に当てるか、適当な乾燥機で乾かす。次に種子についている薄い殻を取り除き、中にある肉質部分を砕くと、ニブ（カカオ豆を砕いたもの）ができる。最後にこのニブにいろんな成分を加えると、チョコレートになるという次第。

カカオノキの品種と栽培

少なくとも、今日栽培されているカカオノキは三品種で、八〇パーセントがフォラステロ、一〇～一五パーセントがトリニタリオ、その残りがクリオロとなっている。栽培量の多さとは逆に、豆の品質はクリオロが最も上質で、フォラステロは繊細さに欠け、トリニタリオは雑種のせいで、ちょうど中間に位置している。カカオとコーヒーの品種間の違いを比較してみると、香りや値段、耐病性などの点で、クリオロがアラビカに、フォラステロがロブスタに相当するといえる。

フォラステロのカカオとロブスタのコーヒーが持っている苦味のもとは、彼らが生まれ故郷の熱帯雨林で病虫害を避けるために進化し、体内に集積するようになったフェノール系の化学物質である。フェノール系化合物には強力な抗酸化剤としての働きがあるので、健康によいという噂が広がっているが、これはチョコレート製造業者にとって新事業拡大のために願ってもない話である。

コーヒーノキに比べて、カカオ栽培は環境にやさしい方法で行われている。世界のカカオノキの大半は大きな木の下か、カカオノキを覆うほどの大きさになる木を育て、その下に植えられ、比較的小規模の農場で栽培されている。これは一種のアグロフォレストリー（熱帯で森林の中に作物を育てる方法）だが、この方法は熱帯の強い陽ざしのもとでカカオノキだけを大規模に栽培するより、生物多様性を維持するのにずっと適している。アグロフォレストリーの利点はかなりよく知られているが、カカオノキを熱帯雨林の大木の下で栽培すると、実際、多数の植物種が交じり合って育つという[9]。したがって、この一見粗放に見える方法で栽培すると、森林破壊の程度を下げることができるのである。

アマゾン川流域の先住民が、樹間を広くとって栽培している小規模のカカオ農園は、人の手が入っていない天然林のように見える。一方、ブラジルの人口が多い地方では、カカオノキを栽培するために、元あった高木や潅木が一〇分の一程度まで間伐されている。最近はカカオノキの横に被陰樹を並べて植える農園も増えており、調査結果によると、これらの農園ではマレーシアやコロンビア、ペルーなどに多い大規模農園よりも生息する動物の種数が多いという。

総体的に見て、カカオ栽培の場合は栽培面積が拡大しても、他の熱帯作物に比べれば環境破壊の程度は低く、農業によって失われる熱帯雨林の一パーセントにも満たないとされている[10]。しかし、カカオ栽培も他の農業開発同様、生物多様性という観点からは有害だといわざるをえない。要するに人間が森に入りさえしなければ、森林の豊かな生物相は安泰なのだ。

カカオ豆は年産三〇〇万トン、価格にして一〇億ドルを超える世界的に重要な農産物になっている。[11]チョコレートの類の輸出金額は七〇億ドルで、消費者がコーヒーに払う小売価格の総金額と競い合っている。西アフリカ地方の生産量が圧倒的に多く、カカオノキの三分の二はコートジボワール、ガーナ、ナイジェリア、カメルーンなどで栽培されており、栽培品種は、病気に強いフォラステロだけである。[12]

英名は魔女の箒、和名は天狗巣病

ここで、スペインの征服以後、カカオ栽培がどうなったか、簡単に触れておこう。スペイン人は先住民に労働を強いながら、巧みに中米一帯でカカオ栽培を広げていった。そのがめつい手口はひどいもので、土地を占拠し、先住民を奴隷化して自分たちの土地に追い込み、カカオ栽培に駆り立てた。[13]ところが、先住民が梅毒で衰弱し、スペイン人が持ち込んだ天然痘などの疫病で死んでしまったため、十六世紀には産額が減ってしまった。

南米でカカオ栽培が始まったのは、十六世紀以後のことだが、たちまちカリブ海の島々に広がった。カカオ栽培の現在の分布域は、熱帯の幅広いコーヒーベルト地帯と重なっている。カカオ栽培が東南アジアへ伝わったのは、中米での生産が停滞した後のことで、十八世紀末にはインドネシアからセイロンへと広がった。アフリカで栽培されだしたのは十九世紀になってからである。

　ブラジルの生産量は、一九九〇年代の半ばごろまでコートジボワールに次いで二番目だったが、クリニペリス　ペルニシオーサ*Crinipellis perniciosa*という菌が出てきたために、コートジボワール、ガーナ、インドネシア、ナイジェリアなどに抜かれて五番目に落ちてしまった。このクリニペリスはカカオノキを襲って、枝が奇形になる天狗巣病を発症させ、栽培者たちを破滅に追い込んだ。要するに、こいつはきわめて残酷な菌なのだ。

　天狗巣病（魔女の箒）にかかると、出てくる新梢が膨らんで棒状に変形し、いじけた葉をつけるようになる（図4―2）[14]。病気にかかったカカオノキが魔女の箒と関係があると知る前に、ココアをたくさん飲んでいたので、この名前はちょっと気になるのだが……。さて、話を元に戻そう。

図4-2　クリニペリス　ペルニシオーサ *Crinipellis perniciosa* による天狗巣病。R.E.D. Baker and S.H.Crowdy, *Memoroirs of the Imperial College of Tropical Agriculture* 7, 1-28 (1943), by Katy Livings による。

　クリニペリスは葉をつける普通の枝だけでなく、幹に直接ついている花にも感染して、いずれも不恰好な魔女の箒に変えてしまう。さらに、この菌は果実にもついて、中の組織を破壊し、豆を殺す。ポッドを支えていた果柄も太くなって、ポッド全体も変形してしまう。この種の傷害は、単に殺して分解するという程度を超えており、残酷に思えるほどである。

おそらく、クリニペリスが感染すると、カカオノキの樹体内ホルモンのバランスが崩れ、そのためにいろんな器官が奇形になるのだろう⑮。感染症で脳下垂体ホルモンのバランスが崩れ、あなたの生殖器官がひどく腫れ上がった場合を想像してみると、この植物の病気がどんなものか、よくわかることだろう。

感染の初期、この菌は膨らんだ菌糸を出してカカオノキの組織にもぐり込み、栄養をとりながら、植物の形を変えるが、細胞は殺さない。これは、ちょうどコーヒーさび病の初期段階に似ており、病状の寄生的、もしくは活物寄生的段階ともいえるだろう。数週間たつと、組織の中で菌は形を変え、細くてより強い破壊力を持った菌糸を出して、急速に宿主の細胞を破壊していく。これは死物

図4-3　カカオノキの枝から出ているクリニペリス　ペルニシオーサ *Crinipellis perniciosa* の子実体。
この小さな子実体は菌の見える部分で、餌をとる菌糸はカカオノキの組織にもぐって広がっている。
D. N.Pegler, *Kew Bulletin* 32, 731-736 (1977) による。

寄生的段階で、菌は死んだか、もしくは死にかけている宿主組織から栄養をとって生活している。息の根をとめてしまう前に、犠牲者をもてあそんでいる殺人狂を思い浮かべれば、きっとあなたも、この植物病理学の講義を忘れることはないだろう。

魔女の箒が乾いて萎れてくると、菌は赤みがかった白い小さなキノコを作り、植物から旅立つ準備を整え、空気が冷え込んだ夜に担子胞子の雲を飛ばす（図4-3）。この菌が作る胞子は担子胞子だけで、それがカカオノキの病気のもとになる。一本のクリニペリスの子実体からは、おおよそ一〇〇〇万個の胞子が飛び出すとされている[16]。

カカオノキを襲うキノコ

キノコを作る菌の仲間が植物病理学上問題になる例は少ないが、クリニペリスは、その中のひとつである。この仲間で最もよく知られている病原菌はナラタケ、学名アルミラリエラ　メレア *Armillariella mellea* で、ナラタケとその近縁種の菌糸体は、コナラ属などの広葉樹や潅木、果樹などから針葉樹に至るまで、いろんな植物の根を侵している。ただし、キノコを作る帽菌類の大部分は、死んだ樹木を分解したり、菌根を作って植物と共生関係を保ったりして、きわめて平和的に暮らしている。

生のままや缶詰にして売られているアガリクス　ビスポーラス、いわゆるマッシュルームも、比較的クリニペリスに近い菌で、どちらも傘の下にあるヒダから胞子を飛ばすようになっている。

ところが、このマッシュルームよりも、天狗巣病の病原菌、クリニペリスにもっと近いと思われる野生のキノコがある。

病原菌が発見されてからしばらくの間、カカオ殺しの犯人はホウライタケ属（*Marasmius*）のマラスミウス　ペルニシオーサス *Marasmius perniciosus* だとされていた。というのも、この菌の子実体が、菌学者たちがすでに記載していたホウライタケ属の子実体によく似ていたからである。[17]

ホウライタケ属のキノコはごくありふれた菌だが、子実体が小さいので、森の中では見落としやすい。この仲間はいずれも落ち葉や枝などについて、それを腐らせている腐生菌である。芝生に埋もれた枝などからよく出ているのはオチバタケ、英名「ウマの毛がついたパラシュート」である。[18] ウマの毛は黒くて細い針金のような強い茎のこと、パラシュートはウマの毛の先についている白い落下傘のような傘のことで、このキノコの特徴をうまくとらえている。また、子実体の形は、死んだカカオノキの幹や枝から点々と出ているクリニペリスの小さな釣鐘形のものにそっくりである。

では、なぜこの菌をホウライタケ属というのか、少し説明しておこう。多分、土曜版ニューヨークタイムズの難解なクロスワードパズルの愛好家ならご存じだろうが、マラスミウスというのは、「落ちないで萎れること」を意味する marcescent という言葉からきている。このキノコは水があればまともに活動するが、乾いても平気でいられるので、マラスミウスという属名になったらしい。同じ仲間の菌はこの手を上手に使って、パリパリに乾いているように見えても、雨が少し降っただけで生き返り、胞子を飛ばすことができるのである。

おとなしいキノコが変身するとき

一般のおとなしいキノコと同じように、クリニペリスは病気にかかったカカオ農園の周りにあるほかの植物の死んだ枝や幹にもついている。この菌は餌が切れると、新しい餌を求めて、カカオノキの天狗巣病の部分に触れた植物の木質組織に感染し、その中で繁殖するらしい。クリニペリスは熱帯雨林の樹木に巻きつく、つる性の顕花植物が好きで、時には塊になって出ていることがある。[19] ただし、クリニペリスがなぜ、どのようにしてカカオノキの病原菌に進化したのか、本当のところはわからない。

カカオノキのほかに、クリニペリスはヘルラニアの仲間にも感染する。これもカカオノキと同じアオギリ科に属している植物だが、ヘルラニア プルプレア *Herrania purpurea* は中南米の在来種で、サルがこの実を食べるので、モンキーカカオという名で知られている。[20] このようにクリニペリスがカカオノキ以外の植物を襲うことから考えて、病気の発生は必ずしも集約栽培したときに限って起こるのでもないらしい。言い換えれば、カカオノキは栽培されると感染しやすくなるのであって、森林ではこのキノコにやられることはないようである。普段、クリニペリスは腐生菌として活動し、さまざまな死んだ木質組織を食べているが、明らかにカカオノキの仲間に限って寄生菌になる性質を持っている。その点、何らかの原因で弱った動植物の組織だけを食べる無害な腐生菌とは明らかに異なっている。このように条件次第で感染する菌のことを日和見感染菌というが、この菌は間違いなく本物の病原菌である。

植物は動物が持っている免疫機構のような備えを欠いているが、組織の中に有害な菌が侵入してくると反応する防御手段を持っている。菌が侵入すると、植物はたちどころに対抗して、菌の酵素活性を抑制する過酸化水素を出し、侵入した菌糸の周りの細胞を閉ざしてしまう。これは過敏感反応としてよく知られているが、いうなれば予定された細胞死、アポトーシス、つまり植物体全体を守るために細胞が自殺する例である。つまり、植物はわずかな細胞を殺すだけで、病気が広がる前に菌を飢えさせてしまおうとするのである。

クリニペリスがまだ活物寄生状態にある間は、カカオノキの天狗巣病にかかった部分も緑のままだが、植物タンパクは確実に集積しており、分子レベルでの戦いは進行している。(21) しかし、植物側のいろんな防御反応に抗して、クリニペリスは傷害をものともせず、カカオノキの組織内の悪条件にも耐えて生き残れる菌なのだ。なお、この章の終わりに、ほかのチョコレート好きの菌たちも紹介することにしよう。

カカオ王、菌に負ける

カカオノキの天狗巣病を正確に記載した報告が出たのは、一七八五年のことだった。アマゾン川流域の地図を作成した探検家で博物学者だったアレクサンダー・ロドリゲス・フェレイラは、マナウスからリオネグロ川へ向かって五〇〇キロほどさかのぼったところにあるカカオ農園で、クリニペリスによる感染症が出ていたと書き残している。(22) 彼は「この植物の様子は醜いトカゲのようで、魔女が空を飛ぶのに使った箒というよりも、病気の症状そのものである」と書いている。

フェレイラの探検から一世紀近くたったころ、最初の大流行がスリナムから報告された[23]。スリナムでは十八世紀にオランダ人の手でカカオ栽培が始まり、一八九五年にクリニペリスが発見される以前には、輸出量が年間四五〇〇トンにまで増えていた。ところが、キノコがやってきてから一〇年もたたないうちに、生産量が八〇パーセント減少し、莫大な資産が失われたという[24]。その後、丈夫な木を育てるために潅漑施設などが改良されて収穫量はやや持ち直したが、病気は依然として消えなかった。現在は殺菌剤が使われているが、それでもスリナムの生産量は低いままである。

天狗巣病はスリナムに続いて、一九〇六年には英国領ガイアナに現われて作物を全滅させ、一九一七年にはコロンビアに、次いで一九二一年には最大の生産国、エクアドルに移動した。このキノコの出現はエクアドルの首都、グアヤキルの北に暮らしていた「カカオ王」たちには、ことのほか大きなショックだった。彼らは第五章で紹介する、当時大金持ちだった南米の「ゴム長者」たちとしばしば交流を重ね、贅沢な生活を楽しんでいた。洗濯させるために、シャツをわざわざパリまで送っていた紳士たちも、たちどころに破産してしまったという[25]。クリニペリスはカカオノキを弱らせはするが、殺すことはないので、エクアドルに発生してからも、病気の発生状態は年によって違っていた。このころから、注意深く選ばれた強いフォラステロという品種が栽培され始めたため、エクアドルは菌がいる状態のまま、生産を立て直すことができたのである。そのおかげで、この国は今も主要生産国の十傑に残っている。

現在、ブラジルのカカオ農園は、カカオノキとキノコの先祖の地であるアマゾン川流域から遠く離れた海岸沿いのバイーア州に集中している。エクアドルで大流行した後、数十年の間この菌はラテンアメリカ諸国とカリブ海地域で蔓延したが、幸いブラジルの農園は被害を免れていた。十中八九、クリニペリスはアマゾン川流域で何百万年もの間宿主と一緒に暮らしていたはずである。先住民はまばらに生えたカカオノキから実をとって、時たまそれを興奮剤として使っていただけだった。

クリニペリスの伝播経路

一九七〇年代に入って、アマゾン縦断高速道路の建設が始まると、それがブラジルのカカオ生産をさらに煽ることになった[26]。熱帯雨林を伐り払った農地では、はじめのうち生産高がきわめて高かった。この地域に植えられたカカオノキは、エクアドルの生産力を回復させた証明済みの品種と同じものだったので、一時ブラジルはカカオ豆の最大輸出国にのし上がる軌道にうまく乗ったかに見えた。しかし、カカオノキとその敵、クリニペリスの誕生の地に大量栽培を試みたがために、栽培者たちの楽観主義もたちまち通用しなくなってしまった。天狗巣病はアマゾン川流域一帯でカカオノキの友達になってしまい、生産量は急激に減少したのである。

栽培者たちは病気にかかった枝を伐り落とし、菌を殺そうと薬剤を散布し続けた。しかし、一九八二年にロンドニア州にある一〇〇カ所の農園を調査したところ、その九〇パーセントに病気の発生が見られ、特に古い木のある農園に被害が集中していた[27]。また、毎年病気が発生し、一〇年間にロンドニア州のカカオノキの三分の一がクリニペリスにやられた。これは間違いなく慢性的で、完治しない病気なのだ。

ただし、ブラジルの栽培者にとって、ほんの少し心休まる話がある。西部の深い熱帯雨林の中でカカオノキを食べていた間に、クリニペリスは国の生産高の八五パーセントを生産しているバイーア州まで、二六〇〇キロの道のりを旅する力をなくしてしまったのである[28]。

前の章で述べた強い菌、特にコーヒー葉さび病菌のように、海を横断するほどの胞子と違って、クリニペリスの担子胞子は弱い。この胞子はキノコのヒダから離れるとすぐ乾き、水をやっても蘇生しない。一九四〇年代に胞子の寿命を調べた研究者たちは、「飛散したその夜に感染できなかったものは、次の日には死んでいる」と書いている[29]。

イギリスのクリニペリスの専門家、ハリー・エバンスは胞子が飛べる距離はせいぜい一〇〇〜一五〇キロ程度というが、これはカカオ栽培にとって望ましいことである。また、地理的条件で蔓延が抑制される可能性もある。熱帯雨林とカカオ農園の間は、刺だらけの潅木が茂るカアティンガという植生で隔てられているが、これがカカオノキと病原菌を隔てる格好の緩衝地帯になっている[30]。だから、何かが助けない限り、病原菌はバイーア州にたどり着けないというわけである。

アマゾンとバイーア州を結ぶ主要な道路や空港、マナウスやベレンなどの都市には植物検疫所が設けられている[31]。しかし、誰かが衣服に病原菌の胞子をつけて運んでいるかもしれない。クリニペリスの性質から見て、宿主について天狗巣病の状態のまま運ばれる必要があると思われるが、菌を媒介する可能性が最も高いのは、病気に感染した苗木を積んだトラックか、菌がついた豆を運ぶ人間だろう。ここしばらくは、植物検疫制度が効果を上げているらしいのだが……。

一九八九年五月にバイーア州のあるカカオ農園で、一一二本の木に天狗巣病が発生した[32]。病気は、ウルスカの町に近い高速道路の両側に沿った数ヘクタールの地域に集中していた[33]。多分、誰かが植物検疫をすり抜けたのだろう。

直ちに、この農園から病気を出さない方策が立てられ、発生から三日後にはブルドーザーが対策本部に運び込まれ、罹病した木を伐り倒して天狗巣病の出た部分を焼き払う作業が始まった。また、背中に背負う噴霧器とヘリコプターを使って、徹底的に木に殺菌剤が散布された。さらに、病気が発生した中心地とその周りの緩衝地帯にあるすべてのカカオノキと植物も処分することにした。エージェント・オレンジとして知られる枯れ葉剤の2・4-Dが樹幹に注入され、樹皮を剥がした幹には殺菌剤が塗られ、吹き付けられもした。一九八九年の秋になって、作業チームはついに一切合切焼き払うことに決めた。この地域全体の運命は、ウルスカでの封じ込め作戦にかかっていたのである。

一九八九年一〇月、植物病理学者のホアオ・ペレイラは、ウルスカから一〇〇キロほど離れたカマカン地方のカカオ栽培業者から、病気にかかった木を見てほしいという依頼を受けた。この栽培業者の悩みは深刻だった。青々と茂ったこの農園も、やはりトラックが音を立てて走りすぎる高速道路沿いにあって、これまでにも時々クリニペリスが出ていたらしい。

最初に病気が発生した場所は水路に近かったので、川に投げ込まれた病気にかかったカカオノキか、ポッドがカマカンまで病気を運んだ可能性が高いように思われた。ところが、病気が発生したバイーア州の二地点から採取したクリニペリスの分子遺伝学的解析によると、違った結論が出てきた[34]。

ＤＮＡ解析の結果では、罹病したカカオノキについていた菌は、それぞれ別の場所からウルスカとカマカンに持ち込まれたということになった。そのため、故意に病原菌が持ち込まれたのではないかという人もいる(35)。

国家経済を揺るがしたキノコ

ある投資家は南米のカカオ栽培が確実につぶれると踏んで、他の国に莫大な投資をしようとしているが、私はあまり賛成できない。ここでちょっと大胆な仮説を話しておこう。ロンドニア州か、アマゾン川流域のどこかから、出稼ぎ労働者が病気にかかった苗木を持ってきてバイーア州で売り、それが一九八〇年代の半ばごろ、高速道路沿いの二カ所に植えられたとしよう。おそらく、その男は自分が運んだ植物が病原菌を持っているとは思わなかったのだろう。多分、こんなことがあったのかもしれない。

もし、ブラジル人が熱帯雨林地帯の奥深くまでカカオ農園を広げなかったら、おそらく病気の大流行は何十年も先送りされたはずだが、いったんカカオノキが大量栽培されだすと、病気のほうもアマゾン川流域一帯に広がってしまった。クリニペリスのバイーア州への移動は、クリ胴枯病菌がブロンクス動物園から逃げ出したのと同様、避けられないことだった。

菌に襲われた結果は歴然としていた。バイーア州のカカオ農園の生産量は、一九九〇年から一九九四年の間に六〇パーセントも減少し、国全体の産額はこの期間に約四〇万トンから一〇万トンに下落した。クリニペリスは世界のカカオ生産のトップに立とうとしていたブラジルの足を引っ張り、五番目の地位に甘んじる結果を招いた。

天狗巣病はブラジルに計り知れない社会的影響を与えた。チョコレートで成り立っていたイレウスの町とその周辺地域では、カカオ産業で働いていた二〇万人の労働者が職を失い、住民二〇〇万人の生活に深刻な影響が出た。地方のカカオ栽培地域では過疎化が進み、破産した農民が都市に流れ込んでホームレスになり、犯罪率も高くなった(36)。いわば、キノコが国家的危機を招いたのである。

ブラジルの大被害のおかげで、西アフリカは繁栄を謳歌することになった。天狗巣病に襲われるまでは、ブラジルとガーナがコートジボワールに次ぐ第二の地位を争っていた。ところが、今ではガーナが年間約五〇万トンを生産し、その量はブラジルの生産量の三倍に達している。ガーナは他のアフリカの生産国同様、クリニペリスにまだ襲われていない。

植民地主義とカカオ栽培

一八七〇年代にガーナへカカオノキを持ち込んだのは、元鍛冶屋のテッテー・カルシエという男だった。カルシエは、カメルーンの海岸から三二キロ沖合にあるフェルナンドポー島というスペインの植民地（現在、赤道ギアナの一部になっているビオコ）へ旅行したとき、種子を手に入れたといわれている。カルシエがガーナの北部にカカオ農園を拓くと、しばらくして、カカオノキがそれまでこの国にとって有利な換金作物だったアブラヤシやゴムノキに取って代わった。ガーナは世界のカカオ生産の半分近くを占め、一九七〇年代に隣のコートジボワールに追い越されるまで、六〇年もの間最大の生産量を誇っていたのである。

テッテー・カルシエは、今もガーナの英雄として称えられているが、一八八〇年代と一八九〇年代に黄金海岸の総督だったサー・ウィリアム・ブランドフォード・グリフィスに感謝する人はいない。グリフィスの息子は、カルシエよりもむしろ彼の父のほうがガーナにカカオ栽培を導入した栄誉を受けるべきだと主張しているのだが……[37]。ただし、英国風フェアプレー精神の喜ばしい例だが、一九二〇年代の植民地の公文書を見ると、ガーナの歴史に占めるカルシエの地位を公式に認める裁定が下されている。

ガーナやナイジェリアでのカカオ栽培は、植民地政府の命令によるというよりも、アフリカ企業によって実行に移された場合が多い。逆に、コートジボワールではフランスの植民地政府が渋る農民を栽培に駆り立てたといわれている[38]。一九五七年、国名を「黄金海岸」からガーナと改め、イギリスの支配から独立した際、軍事クーデターによる選挙の中止など、政情不安が続き、農場経営が放棄されてカカオ産業は数十年の間大きな痛手を被った。

一方、一九六〇年にはコートジボワールも独立したが、この作物の価値を認めていた独裁者、フェリックス・ウフェボアニ大統領のもとで、カカオ産業は一層盛んになった。先にガーナはブラジルの三倍カカオを生産しているといったが、コートジボワールの生産高は最近ガーナの三倍に達している[39]。コートジボワールとガーナの優位は、コートジボワールの政情不安や両国の気象条件、市場価格の変動などが原因で、年ごとに揺らいでいる[40]。

カカオ農園での作業の大部分は外国から雇い入れた低賃金労働者によって行われており、コートジボワールのカカオ産業はマリやブルキナファソから来る労働者に依存している。アメリカ人は低賃金で働く自国の移民労働者のことを語るときは、取り繕って口をぬぐっているが、アフリカの農場での厳しい（奴隷的な）児童労働の話になると敏感で、いつもアメリカの新聞紙上をにぎわすほどである。この「奴隷的児童労働」に世の中の関心が向かうと、すぐコートジボワール産のチョコレートの不買運動が起こるが、それが実際どの程度のことなのかわかると、すぐしぼんでしまう。モート・ローゼンブラムはその著書 *"Chocolate: A Bittersweet Saga of Dark and Light"*（チョコレート、陰と光のある苦くて甘い物語）[41]の中で、バランスのとれた評価を試みている。

西アフリカのカカオ生産の優位は、南米で天狗巣病がくすぶっている限り揺るがないだろう。クリニペリスの胞子が弱く、貿易風が西へ向かって吹いているため、アフリカはブラジル起源の伝染病から守られており、世界的なチョコレートの供給に対する不安材料は明らかに人間の介在だけということになる。

マレーシアも病気を免れていて、今ではカカオ生産の成長株になっているが、チョコレートの世界的な需給に対する不安は、日増しに現実のものとなってきている。ロンドンのウエストミンスター大学で熱帯の菌類を研究しているジョン・ヘッジャー教授は「天狗巣病の標本のかけらを西アフリカやマレーシアに持ち込む馬鹿がいれば、必ず病気は蔓延する」という[42]。

ポッドを食べるネズミと菌

この章では天狗巣病に的を絞って紹介してきた。ただし、これはキノコを作る菌が地球規模の病害の原因になっている稀な例であることを断っておく。前にも触れたように、おとなしい菌の仲間でこれほどの損害を与えているものはほかにいない。クリニペリスはいい例だが、作物にとって害になるという点から見れば、他のいくつかの菌もチョコレートの加害者として「悪玉菌」といわれるだけの資格がある。

悪玉菌について触れる前に、げっ歯類について少し話しておかなければならない。コーヒー農園を荒らしまわったネズミのように、カカオノキも多くの哺乳動物に襲われている。カカオノキにいたずらをするげっ歯類の中でも、チョコレート好きのネズミの類は驚くほど多い。カカオノキの病虫獣害のことを詳しく書いた本によると、アメリカトゲネズミ、コメネズミ、ミズネズミ、クロネズミなど、一八種類ものネズミがカカオのポッドをダメにしているという[43]。

悪いネズミに比べれば、病原菌の数は知れたものだが、天狗巣病のほかに、もう二種類の病原菌を紹介しておこう。ひとつはブラックポッド病（black pod disease）と呼ばれているもので、もちろんポッドが黒く腐る病気である。この病気の原因になる菌はカカオノキが生えているところには必ずいるので、菌が外から持ち込まれたと考える必要はない。ところが、ポッドが黒く腐って収穫量がガタ落ちになるので、いつも病気の発生に気を配っていなければならない[44]。

ブラックポッド病には、一八四〇年代にアイルランドでジャガイモ疫病をひき起こした、フィトフトラのいくつかの種が関わっている。フィトフトラは水生菌の仲間で、進化の系列から見れば、これまで扱ってきたクリニペリスなどの菌類よりも、むしろコンブや珪藻などの藻類に近い種類である。ただし、フィトフトラや他の水生菌が菌類のような振る舞いをするため、十九世紀に菌学が生物学の一分野として独立して以来、菌学者によって研究されてきた。そのため、研究者たちはこの微生物のことを「菌類似の」とか「ストラミニピラ」といった紛らわしい名前で記載するなど、大変苦労している。この本では、水生菌と総称するが、詳しくは拙著『ふしぎな生きものカビ・キノコ――菌学入門』（小川真訳　築地書館）を参照されたい[45]。

コーヒーノキ以外にはつかないヘミレイア　バスタトリックス *Hemileia vastatrix* に比べて、ブラックポッド病の原因になる水生菌たちはさほど気難しい菌ではない。病気にかかったポッドに最もよく見られるのはフィトフトラ　パルミボラ *Phytophthora palmivora* で、この菌はカカオノキ以外に何百種もの植物に寄生している。

バナナ好きの人にとっては気の毒な話だが、アフリカのカカオ農園では必ずカカオノキの間にバナナが植えられているので、バナナも大抵この病気にかかっている。水生菌は感染した花や実から雨滴によって飛ばされて、他のものへうつることができる[46]。また、アリなどの昆虫も植物の間を往き来しながら菌を媒介するので、さらに病気が蔓延しやすい。

ブラックポッド病の原因になるフィトフトラの仲間は、ポッドの成長段階のどこでも感染し、根や枝、葉などにもつくことができる。クリニペリスと似ている点は、糸状の菌糸が植物組織全体に広がることである。ただし、ポッドの腐敗が早く進むのは、フィトフトラがあらゆる細胞を殺して食べるのに都合のよい、気まぐれな活物寄生生活を手早く終えようとしているからだろう。

食べるのに飽きるとすぐ、水生菌は実の外側に出てきて、顕微鏡サイズの卵型をした胞子嚢を作る。胞子嚢は、その名のとおり胞子を作る器官で、遊走子という水中を泳ぐ胞子を作り出す。いったんこの胞子が健全な植物に降りかかると、病気の幕が開くことになる。周辺が乾いていなければ、胞子嚢の口を開いて遊走子を送り出し、遊走子は適当な侵入場所を探して植物体の表面を数ミリメートル移動する。やがて落ち着き、泳ぐための装置（一対の鞭毛）を引っ込めるか、放り出すかして発芽し、細い菌糸を伸ばして、またカカオノキの表面に侵入する。

ブラックポッド病の防除

カカオ栽培農民たちはこの病気をなんとかしようとして、実に単純な骨の折れる作業をしている。そのひとつは摘果で、病気にかかる実の数を減らすためにしょっちゅう実をとると、農園の中の胞子嚢密度を下げることができるというもの。もうひとつはこつこつと枝を剪定し、感染した実を取り除く方法だが、これがかなりの効果を上げている。

銅の入った殺菌剤やメタラクシルのような化学薬品などを植物体全体に満遍なくかけると、ほぼ完全にブラックポッド病を抑え込むこともできるが、薬剤散布に要する経費負担は農民にとって大きすぎる(47)。

病気の発生は、枝打ちしてカカオノキの樹冠を小さくするだけでも、ある程度抑えられる。というのは、枝打ちによってカカオノキの間の空気の流れがよくなり、多少湿度が下がるからである。実際、この病気は最も湿度が高くなる雨季に発生するため、湿った地域で栽培している農民には深刻な問題である。そのため、人によってはアグロフォレストリー型の栽培方法は生物多様性という点からは望ましいが、カカオの生産にとってはよくないともいう[48]。これもブラックポッド病から見れば、もっともな意見だとは思うが、困ったことに被陰栽培は天狗巣病の予防には効果的なのだから難しい。

最近、カカオノキの病害に関する研究は、テオブロマの耐病性品種の作出に集中しているが、栽培者に役立つようなものはまだほとんど見つかっていない[49]。ひとつ可能性があるのは、病原菌に対抗できる菌を使う方法である。変に思われるかもしれないが、頭痛がしたときにハンマーで頭を叩くようなもので、植物よりも菌を好んで食べる菌寄生菌、いわゆるマイコパラサイトを使う方法である。クリニペリスをやっつける菌寄生菌は、いずれきわめて価値の高い生物農薬といわれるようになるかもしれない[50]。そのひとつ、トリコデルマ　ストロマティクム *Trichoderma stromaticum* が持っている天狗巣病菌の菌糸や子実体に対する攻撃力はかなりなものといわれている[51]。

もうひとつのちょっと違った防除法は、植物組織の中にいる常在菌を使うやり方である。このような菌は宿主に害を与えないで植物組織に住んでいる菌で、一般に内生菌と呼ばれているが、最近の研究によると、これがブラックポッド病によく効くといわれている[52]。おそらく、ほかの方法と同時に内生菌を使えば、収穫量の減少を食い止めることができるかもしれない。

つい楽観的な話をしてしまったが、この章の三番目の登場者、モニリア フロスティー ポッド病（monilia frosty pod）に話を戻そう。この名前はどこかデザートのアイスクリームの名に似ているが、紛らわしい名前の最たるものである。モニリアというのは菌の属名だが、この病気の原因になる菌の名ではない。言うなれば、百日咳は絶滅危惧種のツルに触るとうつる病気だと誤解しているようなものである。よくご存じのように、百日咳は細菌によるもので、モニリア フロスティー ポッド病はクリニペリス ロレリ *Crinipellis roreri* というクリニペリス属の菌によって起こる病気である。何年もの間、植物病理学者でさえモニリア フロスティー ポッド病はモニリア属の菌が原因で起こると思っていたが、現在は天狗巣病菌の近縁種が原因になることが知られている。

クリニペリス ロレリは一種の障害を持った菌である。障害を持っているというのは、この菌がキノコを作らず、その代わりキノコのひだにできる担子柄だけを作り、その先にできる胞子を使って繁殖しているからである[53]。子供を作らず、生殖腺だけを作って生き続けているようなものである[54]。

クリニペリスは、その生活環の一部を欠いているように見えるが、実はこのほうがカカオノキの病原菌としてはうまくできているらしい。糸状細胞が集まった菌糸体はカカオの実の細胞の間で何の抵抗もなく成長することができる[55]。このひそやかな成長はポッドが中から腐りきってしまうまで、何カ月も続く。収穫されたポッドにも病徴が現われていないことがあるので、気づかれないまま病気を持ったものが農園から出荷され、さらに菌が広がることになる。

菌はポッドの表面に出て、ポッドを偽子座（pseudostroma　訳注：表皮の下で菌糸が集まって塊状になる子座に似た偽組織か）に変え、そこから胞子を放出するので、ポッドに霜が降りたように見える。だから、子実体をまったく作らなくとも、クリーム色の偽子座から一平方センチメートル当たり四四〇〇万個もの胞子を飛ばすことができるのである。

病原菌の話はさておき、この病気は一九二〇年代のエクアドルでの天狗巣病によるカカオノキの絶滅に手を貸し、それ以来、中南米諸国に広がり、メキシコに入るのも時間の問題となっている。世界的に見れば、カカオの被害の四パーセントはこの菌によっているとされるが、ところによっては全滅した農園も多い。たとえば、ペルーでは損害の四〇～五〇パーセントはモニリア　フロスティー　ポッド病によるとされている。南米での減産の連鎖反応がコカの栽培を促しているようにも見えるが、なぜかそれは私の経験にも似ている。

私は一九八〇年代のかっこいい刑事ドラマシリーズに刺激され、鞄一杯に詰まった札束とフェラーリ・テスタロッサのキーを求めて、アメリカ合衆国への稔りのない旅に出発したが、なんと今では住宅ローンを抱え、ミニクーパーを運転している始末。また、わき道へそれてしまったが、さほど離れてはいない。というのも、次の章はタイヤに関係する話だから。

第五章　消しゴムを消す菌

先日、雑貨屋の店先でカウンターの列に並んでいると、コンドームの箱がふと眼にとまった。箱にマグナム（拳銃）と書いてあったので、中身のサイズが気になった。商品棚の少し上のほうを見ると、そこにはマグナムXL、特大と書いた箱が並んでいるではないか。とたんに私の妄想は恐怖に変わった。その理由は、これが菌類に関わることだったからだ。

マグナムXLの原料になる天然のラテックスは恐ろしく微妙な産物である。ごく無邪気な子供のころ、いたずら仲間が集まる小屋の近くにあった公衆便所にコンドームの自動販売機が置いてあったが、そこから硬貨を盗んでは、互いに見せびらかして、よく遊んだものだった。怪しげなところでくすねた小銭が、いつも仲間内のちょっとした小遣いになっていたのである。こんな思い出話をするのは、誰かひょうきん者がこの自動販売機の上に「再生タイヤに注意」と書きなぐっていたのを思い出したからだ。当時はその意味がわからなかったが、ゴムのことだと後で知った。ミクロシクルス　ウレイ *Microcyclus ulei* という名の菌が東南アジアに入ってきたら、マグナムＸＬの利用者はリサイクル製品を使う憂き目にあうことだろう。

タイヤを作ったグッドイヤー

ゴム産業は厳しい事業だが、ゴムの総生産量は世界全体で二〇〇〇万トンを超えている。その内訳は石油製品の合成ゴムが六〇パーセント、天然ゴムが四〇パーセントの割合で、約九〇〇万トンが天然ゴムである。天然ゴムのラテックスは、熱帯のゴムベルトといわれているタイ、インドネシア、マレーシアなどの国々でゴムノキの幹に傷をつけて採取されている。タイが天然ゴムの最大生産国で、その輸出量は年間三〇〇万トンに達している。[1] マグナムＸＬ用の特別な材料に比べると、はるかに大量の天然ゴムが自動車などのタイヤに使われているのが現状である。

皮肉なことに、たまたま今朝は雨に降られて、新しいタイヤがくるのを待ちながら、自動車販売店の待合室でパソコンに向かってこの原稿を書いている。どう見ても大変ゴムのお世話になっているので、私のミクロシクルスへの興味は学問の域を超えそうである。さて、ゴムの敵の話にとりかかる前に、この産物の歴史を少しひもといてみよう。

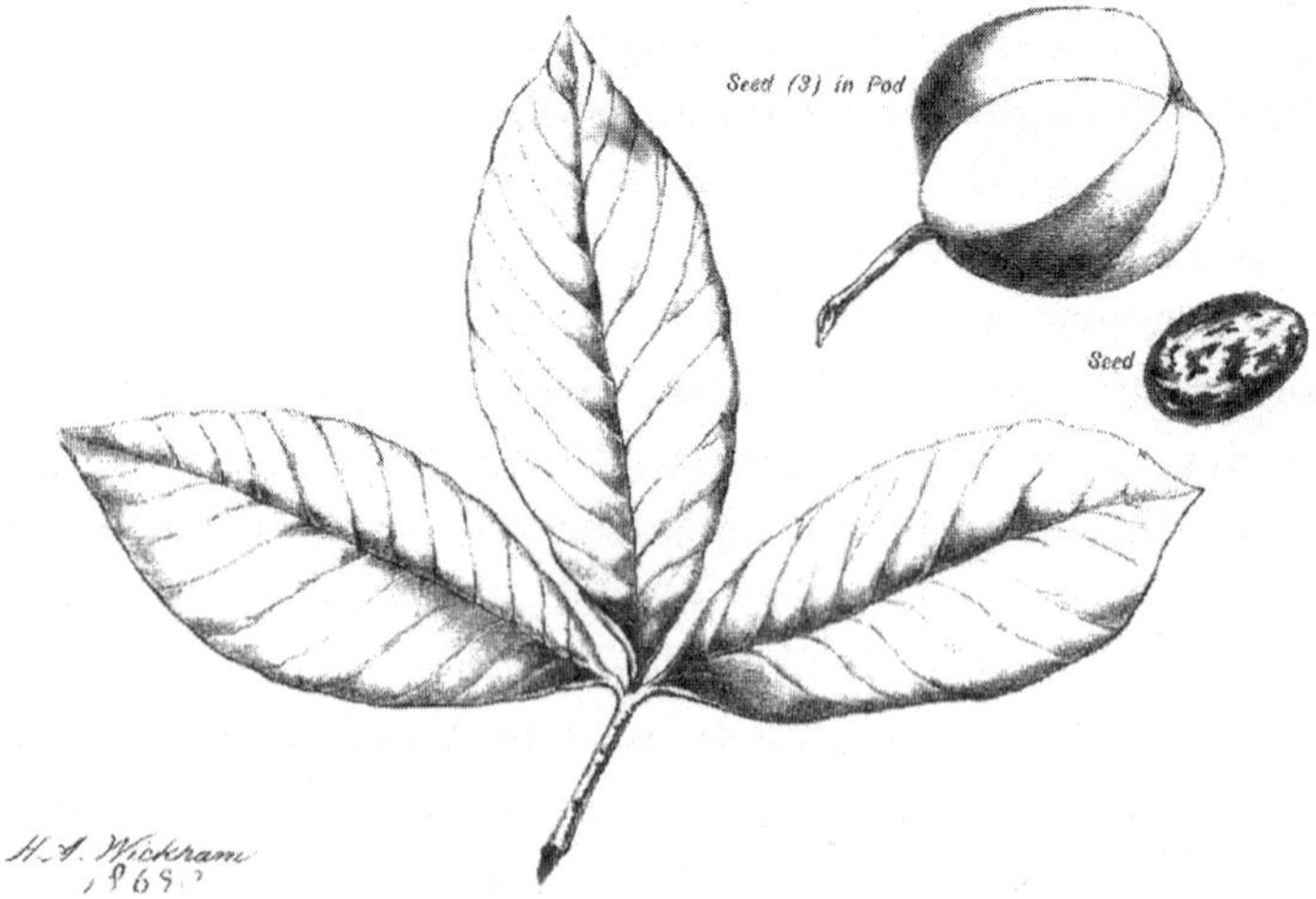

図5-1　ヘンリー・ウィッカムが描いたパラゴムノキ、ヘベア　ブラジリエンシス *Hevea brasiliensis* の葉、実、種子。
H. A. Wickham, *On the Plantation, Cultivation, and Curing of Para Indian Rubber* （*Hevea brasiliensis*）*: With an Account of Its Introduction from the West to the Eastern Tropics*（London: Kegan Paul, Trench, Trubner, 1908）より。

パラゴムノキの歴史はカカオノキ同様、熱帯雨林に住む人々によって使われたことから始まる。天然ゴムの原料はいろんな熱帯植物の樹皮の下を網の目のように走る特別な器官、樹脂道から流れ出す白い粘質物（ラテックス）である。商品になるゴムを出すのはパラゴムノキ、ヘベア　ブラジリエンシス *Hevea brasiliensis*（以下ゴムノキ）という高木である（図5－1）。昔は先住民が身近な森林の中にまばらに生えているゴムノキや同じようにラテックスを出す木の幹に傷をつけて樹液をとって濃縮し、水を入れる容器などに使っていたらしい。

ハイチにあった別の樹種からとったラテックスで作ったゴムボールを、コロンブスがヨーロッパに持ち帰り、やがて広く知られるようになった。十八世紀の天文学者、シャルル・マリー・ド・ラ・コンダミンは南米の伝統的なゴム製造の方法について記録を残した。また、化学者のジョセフ・プリーストリー（一七三三―一八〇四）は鉛筆の字を消すのにゴムが使えると書いているので、イギリスではこのころから消しゴムが使われるようになったらしい。ちなみに、インドヨーロッパ系言語以外のラバー（ゴム）を意味する言葉は、すべてアメリカインディアンの微妙な言葉、「泣く木」、カチュチュから派生している。

今日、我々がゴムをふんだんに使っていられるのは、チャールス・グッドイヤーが硫黄を加えて硬くする技術を発明してくれたおかげである。十九世紀初頭には、ゴムを救命胴衣やカッパ、靴などに使うようになった。ところが、ゴムは暖かくなると溶けて穴があき、冬には硬くなって、腐るとひどい臭いがしたので、問題の多い商品だった。

グッドイヤーと共同経営者のトーマス・ヘイワードは、ゴムに硫黄を混ぜて加熱することによって、この厄介な素材を弾力性のある伸縮自在な材料に変えることに成功した。一八四四年には長年懸案になっていた難問を解決して、製造方法の特許を手にしている。この頑固一徹な男は何度も破産の憂き目にあい、妻や子供たちを不幸に巻き込み（実際、四人の子供を亡くした）、自分も鉛中毒に侵されながら、目標に向かって邁進した。グッドイヤーは素晴らしい人物だったが、その生涯はハロルド・エバンズ編著 *“They Made America”* という本の中に見事に描かれている(2)。

ブラジル産のゴムノキはブラジルのパライバ州で発見されたので、パラゴムノキとしてよく知られていたが、グッドイヤーの発明以後、急にこのゴムへの関心が高まった。ところが、イギリスのキュー王立植物園の標本館にある*Hevea brasiliensis*の標本が、輸入されてくるラテックスのもとであると、植物分類学上正式に同定されたのは、一八六五年のことだった(3)。

当時は産業革命の最中で、企業家たちはこの優れた材料の新しい使い道を模索していた。ゴムは蒸気機関に必要な強い圧力に耐えるパッキングには完璧な材料で、大きな塊は鉄道の連結器のクッションに最適だった。

ゴムのとり方を工夫したマッド・リドリー

野生のゴムノキはアマゾン川の南に多い樹木で、ブラジルからペルー東部やボリビア北部にかけて分布するが、熱帯雨林の中では一ヘクタール当たりわずか二、三本しか見られない樹種である。前の章でカカオの収穫方法を話しておいたので、ゴムノキから樹液をとるやり方も疑似体験しやすいだろう。ラテックスはゴムノキの樹皮の下を流れているので、鉈のような刃物で幹に傷をつけ、出てくる白い粘液を小さな容器に受ける。これは簡単な作業で、すぐコンドーム一箱分ぐらいのゴムがとれる。もし、タイヤ一本分のゴムが欲しいなら、誰か経験のある人間を雇ったほうがよい。

一本の木からゴムをとり続けるには、ラテックスを作っている樹脂道の下にある形成層を傷つけないように注意しなければならない。というのは、この組織が樹液の採取で傷ついた篩部を回復させてくれるからである(4)。最近の採取人は、樹液が集まりやすいように幹の半分に細い切れ目を斜めに二本つけ、切れ目が出会うところに容器（訳注：ココヤシの殻を半分にしたものなど）を取り付ける。樹皮が切られると、傷がふさがる前、二時間ほどの間にラテックスが流れ出して容器の中にたまる。次の朝、採取人は前の日につけた切れ目のすぐ下に、ナイフで同じように溝を彫り、また樹脂道を開ける。とりすぎて樹皮から出る量が少なくなると、採取人は木の傷が治るまで、他の場所に移動して同じ作業をする。

この切削法として知られている木を傷めない方法は、一八九〇年代に仲間から「ゴム・リドリー」または少し親しみを込めて「マッド・リドリー」と呼ばれていたヘンリー・リドリーが経験から編み出した方法である。[5] 当時、リドリーはシンガポールの王立植物園園長だったが、マッドというあだ名は世間がコーヒー栽培に浮かれている時代に、ゴムノキ栽培に熱中していたためらしい。

木から流れ出す乳液状のラテックスの半分は水、一〇パーセントが樹脂やタンパク質、糖類などで、ゴムの含有率は三〇～四〇パーセントとされている。[6] 上手に採取すると、ゴム園の一本の木から毎年三〇～四〇キログラムのゴムがとれ、木が健全なら、出なくなるまで三〇年はもつという。自動車のタイヤをたった一本作るのに、天然ゴムが二キログラムは必要だから、なぜ、たくさん木を植えなければならないかがおわかりだろう。

ブラジルから種を持ち出した英雄、ウィッカム

ゴム栽培の歴史は利用の歴史よりもずっとおもしろい。一八六〇年代に入って、ゴムの需要が増えてきたころ、英国インド総督府の役人だったクレメンツ・ロバート・マーカムがブラジルからパ

ラゴムノキの種子を取り寄せてアジアのイギリス植民地で栽培する計画を立てた。その数年前、彼はキニーネを生産するキナノキを原産地のペルーからセイロンやインドへ移植する事業に携わったことがあった。

抗マラリア剤の値段は、木が栽培されるようになるとたちまち値下がりし、その販路はアフリカやアジアのヨーロッパ植民地へ急速に広がった。マーカムはこの成功をもう一度味わいたいと願ったのだろう。マーカムの計画を実行に移し、ジャングルから何千もの種子を集めて運び出し、キュー植物園に搬送したのは、ゴロツキという人もいるが、若きヒーロー、ヘンリー・アレクサンダー・ウィッカムだった。

ウィッカムの海外生活は失敗の連続だった。彼は数年間、中米で鳥の羽を扱う一方、オリノコ川流域で野生のゴムノキからゴムを集め、ブラジルのサンタレムで農場を経営していたが、どの事業もうまく運んでいなかった。ところが、キュー植物園の高名な園長、サー・ジョセフ・フッカーに、片手間に集めた植物標本を送り、一八七二年には*"Rough Notes of a Journey Trough the Wilderness"*（荒野を行く旅日記）という南米での冒険譚を出版したところ[7]、幸いなことに、これが輝かしい将来への足がかりになった。

ウィッカムの本に載っていたゴムノキの記述が、フッカーとマーカムの注意を引いたのである。彼らはゴムノキやラテックスのとり方、種子が多い場所などをよく心得ている一人の紳士、これは大切なことだが、「イギリス」の紳士を見出したのだ。長い手紙のやり取りの末、ウィッカムは一〇〇〇〇粒一〇ポンドという安い値段で種子の採取を引き受け、一八七六年にはかなりの量の種子を集めたという。

ゴムノキの種子は、さやがはじけると飛び出すので、動物が食べないうちに地面に落ちたものを拾い集めなければならないのだから、大変忙しい。ウィッカムにいわせれば、ひどくやっかいな仕事だったそうだが[8]、カヌーをつらねてアマゾン川をさかのぼり、大勢のインディオに手伝わせて七万個ほどの種子を集めることができた。これをバナナの葉の間に挟んで篭に詰め、リバプールに向かう船に貴重品として積み込んで送り出したという[9]。

ウィッカムの種子採集旅行談やブラジルから脱出するときのエピソードなどは、いい加減な与太話だという人も多い[10]。ウィッカムは、自分がブラジルの役人に「この船荷は、わが女王陛下のキュー王立植物園に送るよう依頼されたきわめて大切な植物標本である」と言って出国の許可をとっている間に、「どんどん釜を焚いておけ」と船長に命令したと書いている[11]。船長に命じたのは、もし出国が拒否されれば、強引に逃げきるしかないと思っていたからだろう。

一八七〇年代にベレンの港の税関で行われていた植物種子の持ち出し制限は、形式的なものだったから、ウィッカムは話をおもしろおかしくしようとして、こんな風に書いたのだという人もいる。しかし、私はウィッカムに肩入れしたい。というのも、彼はこの積荷の価値が大英帝国にとっても、彼自身にとっても、きわめて高いものだと自覚せざるをえない状況に置かれていたからである。

莫大な金額を投資し、大変な労力をかけて種子を集め、苦労して荷造りしたのだから、もし、この船荷が無事に大西洋を渡ってくれなければ、すべてが水の泡になり、彼はまた元の名もない破産農園主に戻らざるをえなかったことだろう。手続きがどんなものだったかはさておき、役人が自分

図5-2　サー・ヘンリー・ウィッカム
J. Loadman, *Tears of the Tree. The Story of Rubber-Modern Marvel*（Oxford: Oxford University Press, 2005）より。

の書類にゴム印を押してくれるのを、蒸し暑い役所の中で待っている間、ウィッカムの心臓はドキドキと音を立てていたにちがいない。彼の人生は一八七六年のこの瞬間にかかっており、それをよく承知していたのだ。ウォレン・ディーンはゴムノキの種子が詰まった船荷のことを「かつてアマゾン川を下った貨物の中で、最も重要なもの」だったと書いている[12]。

もしウィッカムがその冷静さを失っていたら、二〇世紀の今日、我々はタイヤやラテックスのコンドームの代わりに何を使っていただろう。晩年、彼はブラジルでの偉業を美化して、ひそかに荷物を積み込んでいた我々の船を「何をしているのかと艦長が疑ったときは、たちまち吹き飛ばされてしまうほどの大きな砲艦に」近づけたと書いている[13]。

イギリスへの貢献が認められてナイトの称号を与えられた、写真に写っている老人は、ひどく皺のよった顔に立派なひげを生やした農園主そのものである（図5−2）。できることなら、クラブの椅子に腰掛けてブランデーグラスを傾け、葉巻を吹かしながら[14]、彼が語るのを聞いてみたいものだが……。どこかの映画会社がヘンリー・アレクサンダー・ウィッカムの伝記映画を作ってくれないだろうか。

イギリスの島々の気候は熱帯植物を育てるのに適していなかったが、ウィッカムの時代の大英帝国は、世界各地にヴィクトリア女王に属する植民地を抱えていたので、ゴムノキを植える場所にはこと欠かなかった。イギリスから熱帯地方へ行くのはかなりな冒険で、まして海を渡って植物を運ぶのは、いつも大変な仕事だった。バウンティー号のブライ船長に対して乗組員が反乱を起こしたのは、飲料水を制限しておきながら、パンノキにはふんだんに水をかけたからだった。

短い航海でも、植物が枯れてしまうことは多かったが、一八三〇年代に素晴らしい装置が発明されたおかげで、ゴムノキは幸運にも搬送できることになった。ナサニエル・バッグショウ・ウォード（一七九一―一八六八）はロンドンの医者で、シダ好きのアマチュア植物学者だったが、後にウォードの箱と名づけられた植物栽培用ガラス容器を発明し、実際に使えるようにした。

航海の間、植物を保護するウォードの箱の安全性は、オーストラリアへシダや草本植物を入れて運ぶ実験によって証明された。実際、すべての植物が六カ月間の航海に耐えて生き残ったのである。この箱を採用した最初の植物学者の一人はフッカーだったが、一八四〇年代にはプラントハンターのロバート・フォーチュンがウォードの発明を利用して上海からアッサムへ二万本のチャノキの苗を送っている。水を必要とする植物を小さな温室に入れて運ぶという考えは、実に単純だが、革命的でもあった。

乾いた場所でも青々と茂るシダやランが入ったガラス箱は気分転換にも最適だったので、屋内装飾としてセンセーションを巻き起こし、中流以上の多くの家庭を飾ることになった。また発明者のウォードは、この箱は貧しい人々の生活を改善するのにも役立つと主張した。これはウォードの希望的観測だが、ミニチュアサイズの自然は光も差さず、緑もない悪魔の巣窟のような町に暮らす哀れな人々に、神の創造物の美しさに感謝する心を植えつけることができるというわけである。しかし、強い光と高い温度で大麻、*Cannabis sativa* が強力で危険な物質をよく分泌することに気づいていたのだから、実は逆のことを考えていたのかもしれない。[15]

キュー王立植物園からアジアへ

最初の計画では、キュー植物園で育てたゴムノキの苗をビルマ、現在のミャンマーへ運んで植える予定だったが、なぜか対象地がセイロンに変更された。一八七六年八月、ウォードの箱に納められた苗木は、はしけに乗せられてテムズ川を下り、イギリス・インド航路の船に積まれてセイロンのペラデニアにある植物園に到着した。苗木の九〇パーセントが五週間の航海に耐えて生き残り、当時植物園の園長だったジョージ・スウェイツに引き取られた。

スウェイツはコーヒー葉さび病菌の恐怖を植物学界に警告した最初の人物だったが、ゴムノキの苗が着いたころ、コーヒーノキはほとんど全滅しかかっていた。コーヒー葉さび病菌がアラビアコーヒーを東南アジアから追い出し始めると、それに代わってブラジルの栽培業者たちがコーヒーの世界市場を牛耳りだした。ブラジルの熱帯雨林から持ち出されたゴムノキが、ちょうどそのころアジアで盛んに栽培されだしたのだから、なんとも皮肉な話である。

一八八二年には、セイロンに植えられたゴムノキが自前で種子を作るようになり、インドやビルマ、シンガポールなどに種子を輸出するまでになった。種売りが大きな利益を生んだので、セイロンの業者たちは面倒なラテックスの採取をする必要がなくなった。キュー植物園でウィッカムの種から育ったゴムノキはマラヤ、現在のマレーシアにも移植され、一八九八年には原料を輸出するまでに成長した[16]。他のヨーロッパ諸国もブラジルの種子を取り寄せてジャワやアフリカ諸国にゴム農園を拓き、アメリカもフィリピンへ種子を送るようになった[17]。

ブラジルのゴム長者、その栄光と挫折

一方、アマゾンでは依然として野生のゴムノキから樹液を採取しており、驚いたことにヨーロッパ人に対抗して大農園を経営し、ゴムを大量生産しようという動きは、まったく見られなかった。樹液の採取は先住民や出稼ぎ労働者を搾取すること、つまり「最も不愉快な利己主義[18]による犯罪的労働体制」で成り立っており、低賃金労働者がこの事業を支えていた。また、熱帯雨林のヘベア属樹木の分布状態を見れば、野生のゴムノキは無尽蔵に思えるほど生えていた。ベレンの西に広がる何万平方キロに及ぶ大森林から大量のラテックスがとれる限り、ゴム農園を作るために投資しようという気などさらさら起こらなかったのだろう。

ゴム産業を牛耳っていた裕福で悪名高い「ゴム長者」たちの暮らしぶりは、他と比べようもないほど贅沢なものだった。かつてマナウスはアマゾン川を一万六〇〇〇キロさかのぼったところにある名もない居留地だったが、そのころにはゴム産業の中心地になっていた。ゴムの原料輸出からあがる税金が市

街地の改造に投入され、十九世紀の終わりごろにはアメリカ人資本家の寄付で電車が走るようになり、都市ガスがひかれて街灯がともり、終夜営業のバーやレストランのほか、競馬場や闘牛場まで揃っていた。一八九七年には、二〇〇万ドルかけた本格的なイタリアオペラを上演する劇場がオープンしている。

ゴム長者たちは豪奢な家を建て、紙幣で葉巻に火をつけ、先に紹介したエクアドルの「カカオ王」たちと同じように、洗濯物をヨーロッパに送っていたという。ある百万長者が氷と燃料が必要になったときにやったことがふるっている。「夕食に出す二本のシャンパンを冷やすために、彼はケロシンで冷やす冷蔵庫を四〇ポンドであつらえ、小型船でヤバリ川を半時間ほど遡上するのに、九ポンドもする強い酒、アブサンをエンジンの燃料にした」そうだ[19]。

著作家のビクター・フォン・ハーゲンが「マナウスは今やエルドラドになり、金が湯水のごとく大通りを流れ、街全体が富の幻想に浮かれている」と書いている[20]。毎週ヨーロッパからの船が着くたびに、何千人もの山師たちがマナウスに流れ込んできた。

ところが、ウィッカムがブラジルから持ち出した種子が、この資本主義の記念碑ともいうべき繁栄を破壊したのである。マレーシア産のゴムが市場をかき乱したため、一九一二年にはマナウスの経済もあごを出してしまった。ヨーロッパ人たちは蒸気船にすし詰めになって、いち早く国外へ逃げ出し、破産したものは船賃を宝石で払うという始末だった。アマゾン川流域の市や町に暮らしていた何百万もの人々が職を失って「川岸で立ち往生して」しまい、破産した家族の娘たちは売春婦に身を落とし、ゴム長者たちの何人かは自殺に追い込まれた。そのため、大きな町では瞬く間に人口が減り、小さな村や町はジャングルに飲み込まれてしまったという[21]。

ブラジルのゴム長者たちは、ウィッカムのことを「アマゾンの死刑執行人」と呼んだが、現代のウェブサイトでは彼の行為を「生き物を盗んだ海賊」と称している[22]。しかし、そもそもブラジルの農業は、世界のほかの場所から持ってきた作物で成り立っているのだから、この言い方はおかしい[23]。

ゴムノキは植えたその年から樹液が出るわけではなく、七年目まではゴムがほとんどとれないので、投資家はかなり辛抱強く待たなければならない。一九〇〇年代に、このことに気づいたヨーロッパ人の農園管理人、W・F・C・アシモンが、事業の将来性について「ゴムの産地価格はきわめて安定しており、需要も拡大しているので、供給過剰になる恐れもなく、満足のいく人工的な代用品が発明される可能性もきわめて薄い。したがって、私どもは確信を持って、ブラジルにおけるゴムノキ栽培は、投資価値のある最も安定した、かつ収益率の高いベンチャー事業であると申し上げたい」と宣伝していた[24]。

アシモンはマレーシアでの経験から推して、このように書いたが、ブラジルでは彼の言葉は誰の耳にも届かなかった。マナウスがゴム景気に浮かれていたころ、ブラジルでは小規模ながらゴムノキ栽培が始まっていたので、もし、あの菌がスリナム近くから入ってこなかったら、間違いなく二十世紀には大規模ゴム農園がアマゾン川流域に広がっていたことだろう。

スリナムから始まったゴムノキの葉枯れ病

スリナムの沿岸部は、ウィッカムがゴムノキの種子を集めた場所から九〇〇キロ離れているが、一八九七年にはロンドンからセイロンを経て遠回りしてきた種子がここにまかれていた。この種子から育った木はたったの九本だったが、スリナムと隣の英領ギアナやブラジルとの取引を通じて、その子孫が次第に周辺の国へ広がっていった。クリニペリスによる天狗巣病で損害を被っていたスリナムのカカオ栽培業者たちの間で、カカオに代わるものとしてゴムノキ栽培が盛んになったのもうなずける。ただし、それも永続きしなかった。

二十世紀初頭には、植物学者が南米のゴムノキの葉に現われるひどい症状を報告している。それによると、ベレンにある植物園の圃場では苗木が「ひどく傷んで」おり、スリナムでは苗木の葉が落ち、南米各地の農園や苗圃でも病気の流行が見られたという。一九一四年には、セイロン総督府の菌学者だったトーマス・ペッチが先見性のある記事を書いているが、その終わりに、「ゴムノキの原産国にゴム農園を拓くという提案については、その問題点を指摘するまでもない[25]」という悲観的なコメントを付け加えている。栽培者たちは、葉に出ている症状は木が弱ったときや、土のやせた場所ではよく見かけるもので、成木になれば抵抗力がつくなどといって、できる限り問題を棚上げしようとした。

各地から送られてくる病状がさまざまだったため、流行病の発生を否定する意見も多かった。研究者の側も多種類の菌を相手にしていると信じ込んでいたのである。ゴムノキを殺している菌は一種類で、大陸全体に蔓延していると、最初に主張したのはトーマス・ペッチだった。この菌はアーネスト・ウルという菌学者によってアマゾン川流域で採集されていた *Dothidella ulei* という菌だった。後にこの種名はミクロシクルス ウレイ *Microcyclus ulei* に変えられた。

ミクロシクルスは、ゴムノキが自生している場所ならどこにでもいる菌で、栽培者の期待に反して、苗から成木に至るまで樹齢を問わず、同じ強さで感染する厄介な奴である。この病気はオランダの植物病理学者、ゲオルグ・スタヘルによって、一九一七年に南米葉枯れ病（South American Leaf Blight 以下葉枯れ病）と名づけられた[26]。二十世紀はじめごろの植物病理学者には適当な職がなく、スタヘルもご多分に漏れず、当時スリナムのパラマリボにあった農業試験場の場長だった。この葉枯れ病はステヘルが報告した二番目の流行病で、彼は二年前にもカカオノキの天狗巣病について科学的に正しい報告書を書いていた。彼は勝ち誇る菌が暴れている震源地にいたのだ。

病原菌、ミクロシクルスの伝播

これまで述べてきた病気と同様、葉枯れ病も植物体の表面に感染力のある胞子がやってきたときから始まる。ミクロシクルスは二種類の胞子を作るが[27]、無性繁殖で生まれる単一系統の分生子は、大きくてボウリングのピンのような形をしている（図5－3）。この胞子は、ゴムノキの表面に張り付くと発芽し、もぐり込んで栄養をとり、組織を破壊する。二、三日すると、葉の下側に出てきて、次世代の分生子を作って飛ばし始める。胞子を作っている組織はオリーブ色で、葉の上で成熟すると次々につながって葉の全面を覆うようになる。こうなると、葉は機能しなくなり、黒変して落ちてしまう。未成熟の葉が落ちるのも、この病気の大きな特徴である。

菌がもっとゆっくり成長する場合は、分生子以外の別の繁殖方法が現われる。ゆっくり成長する

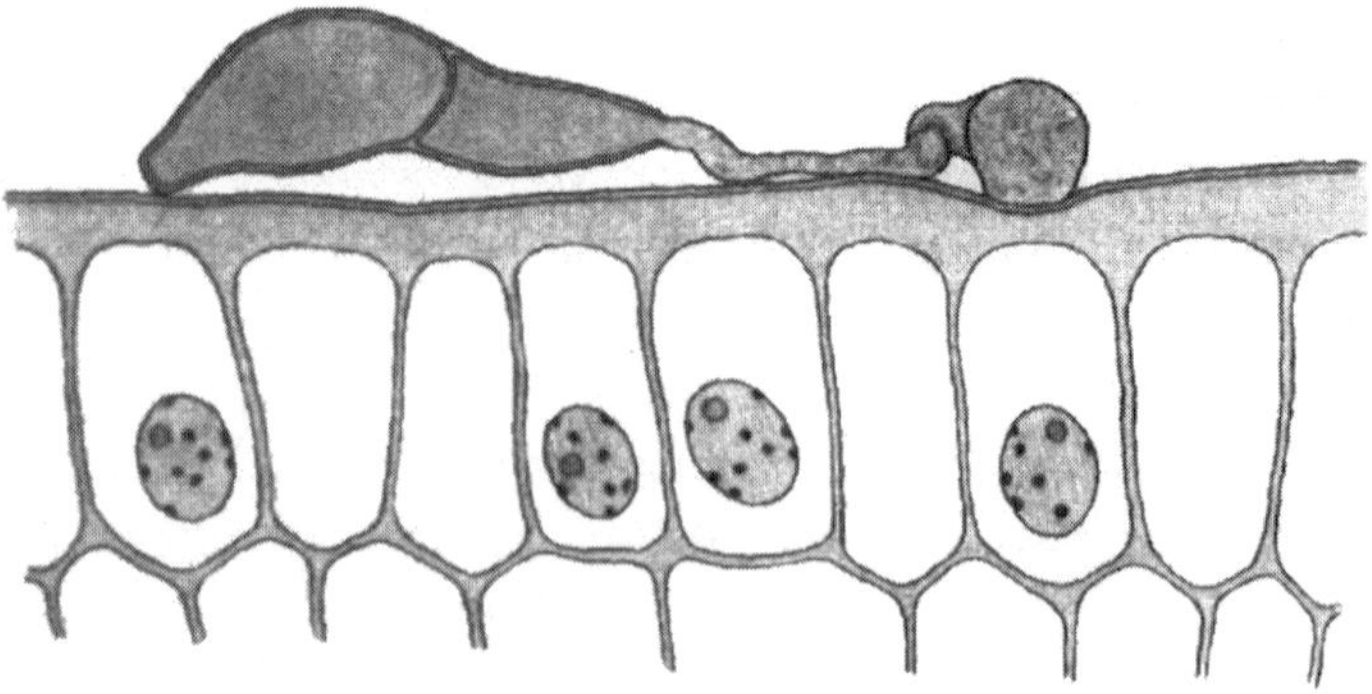

図5-3　1917年にゲオルグ・スタヘルが描いた、ゴムノキの葉に感染している葉枯れ病菌。図の左にある2細胞からなる胞子、または分生子が葉のクチクラ層の上で発芽する。発芽管は葉の上で少し伸長し、その先が膨らんで侵入するための吸器になる。感染が始まると、吸器の下から突起が出て、クチクラ層を突き破り、菌糸が下にある葉の細胞に入る。
G. Stahel, *Bulletin Department van den Landouw, Suriname* 34, 1-111 (1917)

のは、菌が古い葉についたときや病気に対して多少抵抗力を持っている品種についたときに限られる。この場合は時間をかけて、分生子殻という胞子を作る小さな部屋を葉の表面に作る。ちなみに、ミクロシクルスの分生子殻は先に紹介したクリ胴枯病菌が作るものに似ている。分生子殻の中で作られる胞子には感染力があるようには思えないので、はぐらかされそうになる[28]。おそらく、これらの胞子は動物の精子や卵子と同じように、近くの分生子殻から出てくる適合性のある胞子と互いに融合するための配偶子として働いているらしい。この種の性的関係は菌類に共通した現象なので、次章のさび病菌のところで、もう一度説明することにしよう。

葉枯れ病の病原菌がその生活環を完成させるためには、鳥やハチの類が当然のこととしてやっているように、ミクロシクルスの父や母も立派なふた親の務めを果たさなければならない。有性生殖で生まれた子供たちは子嚢胞子と呼ばれ、フラスコ型の子嚢殻からはじき出される。子嚢殻が発達するころには、葉の表裏にできた傷に挟まれた組織は死んで、乾いた円盤状になり、はっきり見える穴ができる。病気にかかった木の葉はガスバーナーで焼かれて焦げたか、ショットガンで撃たれたようになる。

分生子も子嚢胞子も感染力を持っているが、罹病した葉から離れると、一日か、二日しか生きていられない[29]。ということは、風に乗って離れたところに運ばれるとは考えにくく、人間が衣類につけて運んだり、感染した植物を移動させたりして、病気を伝搬させていると思われる。実際、ミクロシクルスに感染した苗畑を見学に来た人の衣類や爪の間から、この分生子が分離されたという[30]。乾いた空気が葉の表面を流れても、分生子が飛ぶのに役立たないが、雨の滴に当たると、胞子は雲のようになって空中へ飛び出す。

これは実にうまく自然に適応した性質で、人間が現われる以前、この菌はゴムノキを絶滅に追い込まない程度に熱帯雨林の中で胞子を飛ばし、まばらに生えた木に感染し続けていたのだろう。この菌のように、ゆっくり移動するものは病原菌として戦略的に劣っているように思えるが、それはまだこの菌の全体像が見えていないからである。

単一栽培の弊害

ミクロシクルスはパラゴムノキ以外、ヘベア属のいくつかの樹種にも感染するので、人間がゴム農園を作って感受性の高い植物を大量に栽培し始めるまでは、熱帯林の菌の中でかなりうまくやっているほうだった。要するに、この菌は決して宿主不足に悩まされることはなかったのだが、大規模栽培農業がこの菌をすっかり獰猛な大食漢に変えてしまったのである。

スリナムのゴム産業はこの病気で壊滅的な打撃を受け、農園のゴムノキはすっかり枯れてしまい、病原菌が国中に広がった。一九一六年には、英領ギニアやトリニダードでも大流行の域に達した[31]。ゴムノキは樹冠が高いので、木全体に薬剤散布することができず、周辺の森林に同属の野生植物があったため、殺菌剤を使用してもほとんど効果がなかった。罹病した枝の除去も試みられたが、これも当てにはならなかった。

すべての地域で生産額は限りなくゼロに近づき、アジアからの輸出量が増えるにつれてゴムの価格が下落し、南米の生産者はさらに窮地に追い込まれた。二十世紀のはじめにわずか四トン程度だった東南アジアの生産高が、一九一〇年には一〇万トンに跳ね上がったのだから、当然の帰結といえなくもない。

どこで、どんな作物を栽培する際にも必ず問題になる、菌学上の三つの考え方、もしくは原則について話しておく必要がある。

第一は、「菌は単一栽培された作物に引き寄せられやすい」ということである。大量に栽培される作物は、抵抗するか、攻撃されるか、いずれにしろ遺伝的にまったく同じ性質を持っているので、農場は菌にとっておいしい餌があふれる海になりかねない。

第二は、「自然分布域の外で栽培されると、作物はよく育つ」ということである。ただし、栽培植物に病原菌がついてくることがなく、原産地で有害だった菌の侵入を完全に防ぐことができれば、の話だが……。あまりいいたとえ話ではないかもしれないが、遊園地の動物園にウサギを運ぶ仕事を請け負ったボランティアグループが、ウサギを入れた檻をトラックに積むとき、隅にいた狐を追い出すのを忘れるようなもの、とでもいえばいいだろうか。

第三は、農家に忠告してもしなくてもいいようなことだが、「自然分布域の外で育った作物は、新しい場所にいるあらゆる種類の病害虫に襲われる危険性が高い」ということである。

マーシャル・ウォードは、早くから単一栽培の弊害を認めていた研究者の一人だったが、誰か賢明な人物がこの知識をゴムノキの栽培に適用してくれるのではないかと、期待していた節がある。冗談によくいわれることだが、フランス人はいつもユニークなものの見方をする癖があると見えて、一九二二年のこと、ブラジルの国粋主義に毒された植物学者のポール・ル・コワントは、「アマゾン川流域のゴムノキは特別優れた植物で、病害虫に強い抵抗力を示し、常に勝ちを制してきた」と宣言した[32]。この見方も、ゴムノキの在来種が広い範囲に分散して生き残っているという点では当たっていたかもしれないが、単一栽培の場合は事情が異なる。ヘベア属植物もブラジルのジャングルでは本領を発揮するかもしれないが、それは闘牛場の中にいる雄牛のようなもので、外へ出すとどうなるか知れたものではない。とにかく、コンテの見解を消し去るのに、莫大なアメリカの資金と時間がかかったのは事実である。

フォードが乗り出したゴム栽培

これまで話してきた栽培の歴史は、ヘンリー・フォードが投じた一石によって、一時中断することになる。東南アジアにおける生産は着実に上昇し続け、製品の価格はイギリス人農園主の儲けがなくなるまでに低下した。そのため、イギリス政府が介入し、植民地からの輸出量を減らすために付加税をかけたので、価格が持ち直し、一時的に農園主たちは救われた。一方、アジアに対するアメリカからの投資は制限されていたので、その代わり、まだ葉枯れ病の被害を免れていた中米やカリブ海地域にアメリカ資本が集中することになった。

ブラジルの事情について楽観的だったのは、ル・コワントだけではなかった。ブラジルの土地の安さと野生のゴムノキの成長ぶりは、結果的にたとえ間違っていたとしても、ヘンリー・フォードには魅力的に思えたのだろう。一九二〇年代に可能性の高い土地を物色した後、フォード自動車会社はタパホス川の岸沿いに、後にフォードランディアとして有名になる広大な開発地域を入手した。皮肉なことに、ここはあのウィッカムが半世紀前にゴムノキの種子を採集し、ブラジルの独占を打ち破った場所だった。

後に葉枯れ病が流行する可能性が高いことを知っていたので、フォードランディアに近いベルテラという、よく肥えた土壌のある場所に、多少耐病性があるとされる品種が植えられた。一九三五年には、すでにミクロシクルスがフォードランディアにある新植地や苗畑の挿し木や若木に感染していた。そのため、ベルテラに植えられた耐病性があると思われていた植物にも胞子がついており、熱帯の強い陽射しの下で葉を落とし、ほとんど消えてしまった。

一九四〇年までは、世界の総生産量の九七パーセントを東南アジア産が占めていたので、日本軍がパールハーバーを攻撃すると、アジアからゴムを輸入していた連合国側はいずれも危機に陥った。というのも、数カ月のうちに、ゴム生産国の大半が日本軍に蹂躙されたからである。戦争前夜には世界中でゴムに対する需要が急増していたので、その影響は大きかった。あらゆる種類の電線はゴムで被覆・絶縁され、ゴムは軍艦や飛行機、戦車などにとって必需品だった。たとえば、一台のシャーマン戦車は五〇〇キログラムのゴムを使っていたとされている。

開戦と同時にアメリカ合衆国ではゴムの節約と再利用政策がすぐ実行に移され、高速道路での速度制限が時速五六キロに落とされた。ブラジルのゴム農園の成否とアマゾン川流域での樹液の出方が戦争の雌雄を決する鍵になりかねなかった。そのため、人造ゴムを作るための技術開発が緊急課題になった。このようにして人造ゴム製造産業は軍事研究の中から生まれたが、戦後は天然物の性質を真似た、より広い用途に使える高分子化合物の開発へと発展していった。

フォードランディアの農園を救う努力は戦争中も続けられた。中でも、「梢接ぎ」という方法に望みを託していたが、これは耐病性を持った木の樹冠部分をラテックスがよく出るゴムノキの幹に接木する方法である。その接ぎ穂はヘベア属のほかの種からとったもので、菌に侵される前に、このフランケンシュタインのような木が一、二年はゴムを出してくれるというのがとりえだった。ただし、戦争の終わりごろには、接ぎ穂の採取に選ばれた木が、思ったほど強くなかったことがわかった。残念ながら、菌は同じようにこの木を枯らしてしまったのである。

フォード自動車会社はアマゾンのゴム農園に二〇〇〇万ドル以上（現在の二億五〇〇〇万ドル相当）をつぎ込んだが、一九四五年までに、わずか一一五トン生産しただけだった。たった一種類の菌に打ち負かされた会社は、ゴム農園をブラジル政府に二五万ドルで売り渡したが、この金額はブラジル人労働者に支払う退職金程度にしかならなかったそうである。

この流行病がスリナムや英領ギアナを襲った直後から、いずれはアジアへも押し寄せてくると予想していた人たちがいた。たとえば、一九二二年に植民地の菌学者、W・N・C・ベルグレーブは「マレーシアの大規模ゴム農園が、この葉枯れ病か、何か他の病気にやられるのは眼に見えている」といっている[33]。ところが、何十年たっても、ミクロシクルスはアジアに現われず、ブラジルでの大流行の後、一世紀たっても遠く離れた南米からは、まだ伝播していない。

またいつ襲われるのか

セイロンから風に乗って運ばれたコーヒー葉さび病菌の場合は、驚いたことにアジアでの大流行の後でも、ブラジルへは伝染せず、バイーア州にあるコーヒー農園の大半が、一世紀もの間さび病にかからなかったことを思い出してほしい。

ミクロシクルスの胞子が弱いせいで、ウィッカムの種子から出発したアジアのゴム農園が葉枯れ病にかからなかったといえるかもしれないが、こんな調子のよい状態がいつまでも続くとは、到底考えられない。もし、アフリカか、悪くすれば、アジアのゴム農園に葉枯れ病が一度出たら、おそらく一、二年のうちに天然ゴムの生産は壊滅的状態に陥ることだろう。というのも、アジアの生産地域の気象条件はブラジルのそれにきわめてよく似ており、生産力の高い木ほど菌に感染しやすいからである。

二十世紀を通じて南米の農園で何度となく繰り返された失敗が、意気消沈しそうな多くの実例を世界中の栽培者に見せつけているので、楽観論者が付け入る隙はもうないはずである。民族植物学者のウェード・デービスは、この病原菌がブラジルからアジアにやってきた架空の物語を、きわめて上手に描いている。

「ゴム産業を恐怖に陥れる日が、いつもと同じように始まった。海から昇る太陽がアジアを照らし、世界のゴム生産の九三パーセントを占める南シナ海沿いのゴム農園から立ち上る靄を吹き払う。何百万本ものゴムノキの樹冠が広大な農場を覆い、銀色の幹と交じり合う。最近導入されたものの大半は、一世紀前に選ばれた一つのクローンから出たもので……。一週間前まで葉は新鮮でしなやかだったが、今は乾いて萎れ、傷ついて黒ずんでいる(34)」

名指しはしないが、最近、私はゴム製造業界の事なかれ主義に驚いている。二〇〇四年にブラジルで病原菌のミクロシクルスに関する会議が開かれたが、この菌のことを知ろうとする前向きの姿勢はまったく見られなかった。こんなことをいうのは、研究費申請の論文審査で日の目を見ないような研究課題にも、会社が研究費を出すのは当然だと思うからである。

それにしても、公刊されている印刷物のなんと少ないことか。どんなテーマでも、通常、科学論文が出る背景には何がしかの研究の積み上げがあるはずだが、ミクロシクルスというキーワードで文献検索してみたところ、最近五年間に出された論文はたった五報だった。さらに葉枯れ病とゴムでひいてみると、二報出てきたが、中身は大したものではなかった。同じようにクリ胴枯病を検索すると、パソコンが壊れるほど出てきた。ミクロシクルスの場合も、いい論文はあるが、とても多いとはいえない[35]。

現在の栽培者たちは、葉枯れ病に対処できるいい方法をほとんど手にしていない。ここ一〇年ほどの間に、薬剤による防除法が開発され、適切な時期にいくつかの殺菌剤を葉に十分散布すると、菌の繁殖が抑えられるようになった。この方法は若木の場合には効果的だが、成木の場合はトラクターに積んだ動力噴霧器を使っても、樹冠全体に薬剤を散布するのは難しい。ゴムを生産している農園の高木に空中散布するのも実際的な方法だが、ラテックスの値段から見て到底引き合わないという。

ゴムの採取を長期間持続するには、梢端接ぎ木が有効とされており、ミクロシクルスに対して抵抗力を持つヘベア属の枝を接木して樹冠を作る方法が、今もとられている[36]。一見原始的なやり方に思えるが、ゴムノキは育っても葉枯れ病は繁殖できないような気象条件のところ、いわゆる病気が出にくい土地を見つけるのが、最もてっとり早い方法である。ブラジルではこのやり方で、今もゴムの生産を続けているが、栽培者たちはオオカミの群れに囲まれた羊飼いの心境だろう。

アジアの栽培者は、まだミクロシクルスを見ていないようだが、ウィッカムが持ち込んだゴムノキが地球の反対側で病気にもかからず、一世紀以上にわたって元気に育ってきたのだから、もう大丈夫だと安心しないでほしい。

ゴムノキを枯らすスルメタケ属のキノコ

一九一一年に著した *"The Physiology and Diseases of Hevea brasiliensis"*（ゴムノキの生理と病気）という本の中で、トーマス・ペッチは幹や根の病害について書き、その後一〇年の間にかなりの数の病気を確認している。[37] この中で最もたちの悪いのが、スルメタケ属のリギドポーラス　リグノーサス *Rigidoporus lignosus* が起こす病気だが、この菌は分類学上、コーヒーノキにつくさび病菌やカカオノキの天狗巣病の原因になったキノコと同じ担子菌類に属している。ただし、クリニペリスが小さな軟らかいキノコを作るのと違って、この菌はゴムノキの根元に硬いサルノコシカケ型の子実体を作って胞子を飛ばす。

木の内部では、菌糸の先端から分泌される酵素が、バスタブの中の死体が酸によって分解されるのと同じ要領で、木材の細胞を分解する。ブラジル人によると、ヘンリー・ウィッカムが持ち込んだと悪口を言うが、「リギドポーラスは白色腐朽菌で、材木の中のリグニンやスーベリンのような物質を分解し、後にセルロースを残す」と、教科書の説明は実に簡単である。この菌が分解した材は白くなるが、病気の初期段階では細胞に侵入した菌糸が大量のセルロースを分解する。[38] 菌糸が樹皮の下にある形成層に侵入すると、ラテックスが固まるので、木が病気にかかると、すぐゴムの分泌量が落ちてしまう。

他の多くの木材腐朽菌同様、リギドポーラスも根状菌糸束という根のような器官を作って木から木へと移動する。マレーシアにいた植物病理学者のロバート・ナッパー（一九〇七―一九四二）は、もともとこの菌はゴム園を拓くために伐採された森林にいた在来種だといっている[39]。農園を開発した栽培者たちは、長い間菌が食べ慣れた木を伐採してしまったが、リギドポーラスにとって幸いなことに、代わりに餌になるゴムノキを何百万本も植えてくれたというわけである。

ナッパーは、樹液が出なくなった老木が根状菌糸束の巣窟になる前に伐採して、病気を抑える方法を提案した。この菌の性質は建物の木材を腐らせる菌と同じである。いずれの場合も、元来おとなしい木材腐朽菌で、人間がその自然の餌を取り上げてしまうと、人が作ったものに襲いかかるというだけの話なのだ[40]。

なお、ナッパーの伝記を読むと、彼とそのオランダ人の妻は、一九四二年にシンガポールから逃れる途中で、乗っていた船が日本軍に空爆されて沈み、亡くなったという。

彼が残した記録によると、リギドポーラス　リグノーサスのサルノコシカケ型の子実体は、大きめの皿程度だが、近縁種のニレサルノコシカケ、*R. ulmaris* の子実体は驚くほど大きい。キュー王立植物園にある標本の重さは三〇〇キログラムほどで、現存する最も大きなキノコとしてギネスブックに載っている[41]。太平洋北西部の湿潤林にあるアメリカの近縁種、*Bridgeoporus nobilissimus* は、ほぼこれと同じ大きさだそうだが、巨大なサルノコシカケは人に教えるととられてしまうので、その発生場所は秘密にされている。

一九二〇年代に菌学をリードしたA・H・R・ブラーは、ひとつの大きなサルノコシカケが放出する胞子の数を測定し、毎年六カ月間、毎分二〇〇〇万個の胞子を出し続けると報告している[42]。これからすると、一年に少なくとも六兆個の胞子を出していることになる。サルノコシカケの子実体は多年生なので、毎年胞子を作る新しい組織、子実層を傘の下に付け加えることになる。胞子は傘の下にある細い管の中に並んだ細胞で作られ、成熟すると管の内壁から飛び出し、重力に従って下へ落ち、木の周りに流れる風に乗って飛んでいく。サルノコシカケを切ると、管の並んだ層が重なって見えるので、その数を数えると、ちょうど樹木の年輪を読むようにキノコの歳を数えることができるというが、本題に戻ろう。

リギドポーラスは西アフリカのゴム農園でかなり深刻な問題になっているが、アジアのゴム産業の不安定さと同様、ミクロシクルスのたった一個の胞子が、アフリカの栽培者にとって大きな脅威になることは間違いない。これ以外にラテックスの流通を妨げるものは何も見当たらない。天然ゴム生産業は三〇〇〇万人の生活を支えており、天然ゴムはタイヤに欠くことのできない素材になっているのである。

まったくの化学合成品でもタイヤを作ることは可能だが、質がさほどよくないだけでなく、タイヤを作るには石油がいるので、石油消費量が増えると複雑な問題が生じてくる。ところで、コンドームについてはどうだろう。天然のラテックスが果たしてくれる、ウイルスに対するあのユニークな防御手段が消えてしまうと、一体どうなるのか。ゴムノキを枯らす菌がもたらす恐怖は、この本に出てくるどんな菌の場合よりも、ずっと大きいはずである。

第六章　穀物の敵

研究室の前を通る学生の気を引こうと思って、一カ月ほど前、ドアに次のようなQ&Aのポスターを貼っておいた。「質問：なぜ、菌類の研究をするのか。答え：ローマ人が疫病から作物を守ってくれるロビグスという名の神を祭っていたからだ。この神は、疫病よりも、むしろさび病に関わっていたようだが、古代イタリアには菌学的知識がなかったので、作物の病気を抑えるために、四月二五日のロビニアの祭礼に錆色をしたイヌを犠牲に供していた。この太古の知恵にならって、地球温暖化を食い止めるために、誰かを犠牲に捧げようではないか(1)。それから二〇〇〇年過ぎたが、菌類は依然として作物の強烈な敵として生き続けている。君たちがこのドアを開ければ、どんな祈りよりも、未来の科学が力強くこの図式を書き換えてくれることになるだろう」と。

残念ながら、誰もこのポスターを読まなかったらしい。学生たちは研究室の前を通り過ぎ、ウォールストリートの夢を追いかけ、美容整形にうつつを抜かしているようだった。菌学という研究領域を売り込むのは、実に難しい。
ところが、どうしても実験助手が必要だったので、もっと強い薬、幻覚性キノコのポスターを試してみることにした。多分、一日もしないうちに、もじゃもじゃ頭の学生たちがパンくずに群がるハトのように、研究室に押しかけてくることだろう。菌はいつも強いのだ。

古代から続く、穀類の病気

ローマ人はわずかな救いを求めて、いろいろな男女の神々を作ったが、中でもローマの下水道、クロアカ・マクシマの女神、クロアキーナは、私のお気に入りの変てこな神様だ。ただし、まじめな話、ロビグスの場合、古代人たちは必要に迫られて、この超自然的な植物病理学者に頼っていたらしい。

ローマには養わなければならない市民が大勢暮らしていたが、菌が毎年のようにコムギの収穫を台無しにしていた。オヴィディウスによれば、ロビガリア神殿の神官がロビグスに「角のあるコムギが出ないように」「悪魔に勝てるように」という祈りを捧げていたという。不幸なことに、ロビグスがその祈りを聞き損ねたのか、紀元一世紀を通じて、寒くて雨の多い天候が続き、ムギ類のさび病がしばしば流行するようになった。その結果起こった飢饉と社会不安が、ローマ帝国の滅亡を早めたとされている。[2]

ロビグスも万物の創造主に溶け込んでしまったのか、[3]その祭礼がキリスト教の暦に組み込まれている。英国国教会では、五月に執り行われる祈願節（キリスト昇天日前の三日間）の祭りで、穀物に感謝する祈りを捧げている。イギリスの多くの教区で、この祭りは大昔から伝わる土地の境界を確かめるために村人が村境を歩く、ビーティング・オブ・ザ・バウンドという儀式と一緒になっている。

その日のドレイトン・セント・レオナード村では、村人が総出で村の境界をしっかり踏みつけてから、ティーパーティーを開いたり、パブに集まってビールを飲んだりするのが慣わしになっている。母はいつも五月のその日になると、村境をぐるりと一周し、その様子を電話で話してくれる。私のほうはコンピューターのキーをカタカタと叩きながら、今も花火が上がり、祭りが続いていることを知り、カチンとなるビールのグラスの音をはるか彼方から思い出すという次第。

ロビグスへの信仰が消えて、何かが明らかになったわけでもなく、人類は作物を襲う微生物の性質がわかるまで、何世紀もの間迷信に振り回され続けた。前の章で紹介したコーヒー葉さび病やクリ胴枯れ病、カカオのブラックポッド病などは、いずれも比較的近年になって現われた菌との戦いの例だが、一万年前に炭化したムギの殻や筋の入った葉に見られるように、穀物を作る植物、いわゆる、禾穀類（かこくるい）につくさび病菌や黒穂病菌などは、新石器時代人が初めて禾穀類を栽培するようになってからずっと、我々人類を悩ませてきた菌である。

人類の食糧の半分以上をコムギやイネなどの栽培化されたイネ科植物に依存しているという現実から見ても、禾穀類に対するさび病菌や黒穂病菌の感染が、依然として重要な農業問題であることに変わりはない。イネはこれらの菌に強い抵抗力を持っているが、この本の最後に触れるように、他の病原菌には弱い。さび病菌や黒穂病菌に襲われる恐れがある穀類を除いた一五億トンを、イネが生産しているという事実も知っておく必要がある。[4]

これらの病害は毎年何十億ドルもの損失をもたらし、さらに植物を病気から守るための殺菌剤とその散布に、一〇億ドル以上の金額が使われている。菌類に関する研究は、作物の病気への関心から始まったともいえるので、ここでは植物の病気がどのようにして理解されるようになったのか、その過程を追って話してみよう。

フランスから始まった、なまぐさ黒穂病の研究

菌による病気の研究は、穀粒をチョコレート色や黒色に変え、魚が腐ったときのような臭いを出すコムギ丸なまぐさ黒穂病、またはコムギ網なまぐさ黒穂病の研究から始まった（以下、なまぐさ黒穂病という）（図6−1）。一七三二年にイギリスの農学者、ジェスロ・タルは「コムギの粒が粉になる代わりに、黒くて臭い粉末で一杯になる場合をなまぐさ黒穂病という」と書いている。[5]もちろん、タルはこの悪臭のもとが菌の作るトリメチルアミンという化学物質であることを知らなかった。

当時、なまぐさ黒穂病の原因は怪しい霧（小さな胞子は顕微鏡がなければ見えないのだから、そ

図6-1　病気にかかったコムギの穂。コムギ網なまぐさ黒穂病では、乾いた包頴に包まれた穀粒が黒い粉体状になる。T. Milburn, *Fungoid Diseases of Farm and Garden Crops* (London: Longmans, Green & Company, 1915)

う悪くないアイデアだが）や満月、昆虫などのせいだとされ、また雨滴がレンズのような働きをして、太陽の光で葉が焦げるのだともいわれていた。その後、南フランス出身の二人の科学者、一七五〇年代に活躍したマシュー・ティレと一八〇〇年代初期のベネディクト・プレヴォーが、世界に先駆けて植物病害の科学的な研究に取り組むことになった。

　コムギにつく生臭い黒穂病について、革命的な研究を行ったという以外、ティレについてはほとんど何も知られていない[6]。当時、ティレはボルドーの芸術・科学協会がコムギのなまぐさ黒穂病の原因を調べて防除策を提案した優れた論文に賞金を出すと聞いて、その研究を始めたという。ティレの研究の進め方はきわめて独創的だった。彼は独自の考え方に基づいて実験し、自分のアイデアをはっきりと検証して、その結果をわかりやすく解説した。ティレは、当時フランシス・ベーコンが提唱していた方法論にのっとって仕事を進めたのである。

　このころ、フランスの科学は果てしない議論にふけり、実際的な研究を離れて思弁に偏った伝統的な哲学にどっぷりと浸っていた。一七三三年に出たヴォルテールの“*Letters on England*”の中で、フランス科学協会は貴族と聖職者たちの偉大さを誇示する長ったらしい演説を印刷する以外何もしない、尊大で無能な組織であるとして切り捨てられている。(7)ヴォルテールは、科学的進歩を押し潰したフランスの中世的迷妄を散々けなす一方、フランシス・ベーコンとアイザック・ニュートンを褒め称え、天然痘のワクチン接種を始めたエドワード・ジェンナーを賞賛した。同国人のデカルトも彼に感銘を与えてはいたが、この偉大な哲学者がやったことといえば、結果的になんの役にも立たないものを求めて、オランダに逃れたという以外何も残っていない。ヴォルテールの著作がイギリスでよく売れ、フランスで発禁処分になったのも驚くに当たらないだろう。

このような時代背景の中で、ティレの実験を重視する態度は、新鮮かつ大胆なものだったが、彼はその論文の序の中で読者をなだめようと苦労している。いわく、「私は思索にふけった後、すぐ、それでもまだ実験に戻る必要があると悟った」と。

ティレは、実験用にコムギを栽培し、それを一二〇の試験区に分割し、コムギのきれいな種子と罹病植物の黒い粉をまぶした種子に、それぞれ堆肥や食塩、石灰、硝酸カリなどを与えて、資材の組み合わせの違いによる防除効果をテストした。さらに何も与えない対照区を設け、気象条件の影響を見るために日付をずらして種子をまいた。この複雑な実験計画のおかげで、なまぐさ黒穂病の発生に影響を与える多様な要因の解析ができたのである。

幸いなことに、実験結果はきわめてはっきりしており、黒い粉をまぶした種子からは病気にかかったコムギが育ち、きれいな種子から生えたものはほとんど病気にかからず、石灰で処理した種子は黒い粉がかかっていても、発病しなかった。

この画期的な野外試験は一七五一年に実施されたが、一七五二年と五三年にも反復試験が行われ、同様の結果が確認され、なまぐさ黒穂病に対する理解が飛躍的に進歩した。つまり、ティレによれば、「コムギを病気にする原因になる無数のものが、病気にかかったコムギの黒穂の粉の中に住んでいる」ということだった。ティレは満月の無実を証明しただけでなく、この病気から禾穀類を守る方法を最初に提案した人物だった。[8]

初めて病気の原因を特定したプレヴォー

プレヴォーはティレの成果のうえに立って、顕微鏡を用いてこの病原菌を研究し、黒穂病研究の次のステップを大きく前進させた。[9] プレヴォーは哲学の教授だったが、独学で科学を学び、トゥールーズの北にあるモントーバンの町に住んでいた。

彼がなまぐさ黒穂病の研究を始めたのも、ティレ同様、地方の学術協会がその会員に研究奨励金を出す制度を持っていたためだった。プレヴォーの場合は、それがモントーバン学術協会だったというわけである。金額的には現在のものと比較にならないが、このやり方は、どこか毎年アメリカ合衆国連邦政府、農務省が行っている重要研究課題公募制度に似ている。

プレヴォーは黒くなった穀粒をひとつ水に浮かべて、「まるで下がってくる煙のように」皮の裂け目から粉が流れ出すのを観察した。微粒子が途切れることなく水の中へ流れ込む様子は、まさにこの菌が感染力の強さを誇示しているかのようだった。ティレは埃だと思っていたが、プレヴォーは顕微鏡のおかげで胞子を一個ずつ見ることができるようになり、黒穂になった一粒が一〇〇万個の

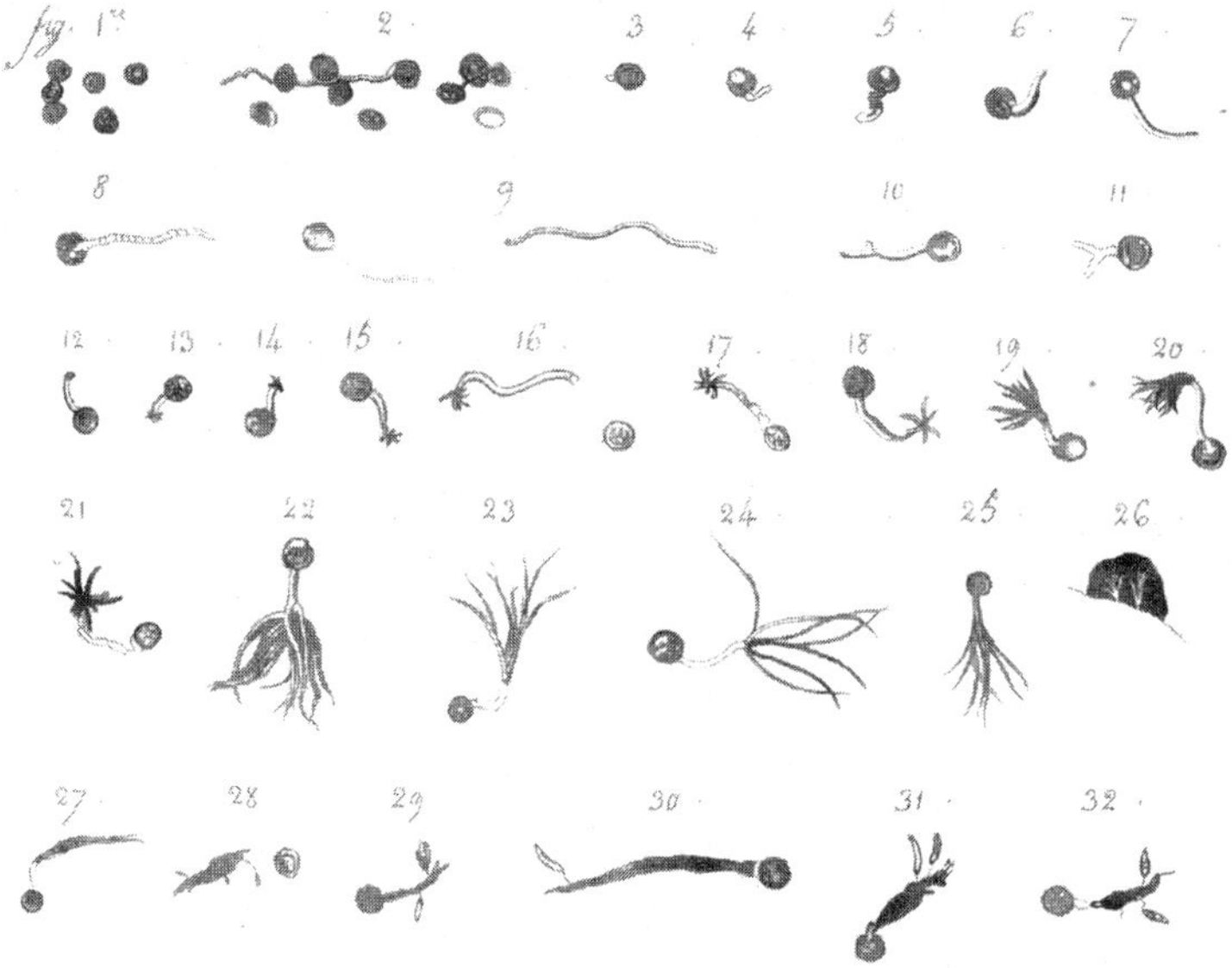

図6-2　コムギ網なまぐさ黒穂病菌、ティレティア　カリエス *Tilletia caries* の胞子を描いたベネディクト・プレヴォーの古典的な写生図。
図の上段2列（1－11）は発芽する胞子を描いたもの。
次の2列（12-26）は伸びている胞子から出る羽毛状のもの、1次の小生子。
下段（27－32）は1次の小生子の側から出ている2次の小生子、または ballistospore。
B. Prévost, *Memoire sur la cause immediate de la carie ou charbon des blés, et plusieurs autres maladies des plantes, et sur les preservatifs de la carie*.（Paris: Chez Bernard, 1807）

胞子を持っていることを明らかにした。さらに、コップの水に黒い粉を少し混ぜておき、水滴をとって胞子が発芽する様子を観察した。

　胞子は茎のようなものを伸ばし、茎の先は葉のように開いた羽毛状の房、いわゆるかぶとの前立てのようなものになった（この羽毛状のものは一次の小生子という胞子）。しばらくすると、短い針金状の茎についた羽毛の横に、小さなバナナ型のものが出てきた。プレヴォーは、確かにこれは実、もしくは羽毛から出てきた胞子だと思ったらしいて運ばれる)。

(バナナ型のものはなまぐさ黒穂病菌の二次の小生子、もしくは射出胞子というもので、風によっ

プレヴォーは一八〇七年に出した報告の中に、貧弱な顕微鏡を駆使して胞子が発芽する様子を描いた石版画を載せている。報告書のコピーは手に入りにくいが、図6-2の絵から元のものをおおよそ想像することができる。シンシナティにあるロイド図書館で原図のコピーを見たとき、その絵の単純さに驚いたが、プレヴォーは芸術家ではなかったのだ。しかし、同時代の人々にとって、彼の報告書はきわめて貴重なもので、クック船長の船に乗っていた博物学者のサー・ジョセフ・バンクスはこれを苦労して入手し、アントン・ド・バリーはそれが手に入らなかったことを一八五〇年代になっても嘆いていたほどである[10]。このいたずら書きのような絵は、科学史上最も重要な図のひとつといえるだろう。

プレヴォーは胞子の絵を描いただけでなく、特定の微生物が特殊な病気の原因になることを、実験的に証明してみせた最初の人でもあった。ティレに肩入れしたい人は、プレヴォーよりもずっと前に、自分たちの英雄が同じ結論に達していたと主張したいかもしれない。しかし残念ながら、当時はまだ顕微鏡が使えなかったため、ティレは不思議な埃を病気に結びつけるだけに終わったといわざるをえない。

プレヴォーは、なまぐさ黒穂病菌の胞子が水の中と同じように、土の中でも発芽することを示した。また、コムギの芽生えに感染した菌が伸びる茎に沿って上がり、花に侵入し、生殖器官を変化させ、大きくなるはずの穀粒を胞子の詰まった黒穂にしてしまうと考えた。

最後に、プレヴォーはこの病気の治療法を発見し、科学界の聖人に奉られるほどの業績を上げた。ティレの仕事以来、研究者たちはなまぐさ黒穂病を防除するには砒素と水銀が最も効果的だといっていたが、このような毒性の強い化学薬品の散布は明らかに危険な方法だった。

プレヴォーには、偶然おもしろいことを思いつく才能があった。モントーバンで研究していたとき、石灰とヒツジの尿を入れたバットにコムギの種子を浸し、銅製のふるいで水を切っているのを見ていた。このやり方で処理された種子から育ったコムギは明らかになまぐさ黒穂病にかからなかったが、その効果はティレが勧めた石灰処理によるものとされていた。プレヴォーは、種子の消毒に役立っているのは、石灰よりも、むしろ水切りから溶け出している銅だということに、すぐ気づいた。彼は顕微鏡を使って、かなり薄めた硫酸銅溶液が胞子発芽を抑えるのにきわめて効果的に働くことを見出し、ティレにならって野外試験を行い、新しい殺菌剤の効力を実証した。

フランス革命となまぐさ黒穂病菌

現代の私たち研究者は、何がしかの資金援助を受けて研究しているので、今の感覚でティレやプレヴォーの苦労の大きさを理解するのは難しい。あらゆる知識が宗教的幻想に縛られていた時代を、現代の科学的思考でとらえようとすること自体に無理がある。ただ、植物の病気を知ろうとした彼らの奮闘ぶりは、顕微鏡サイズの微生物を見慣れた私たちにもなんとか想像できそうに思える。

プレヴォーの発見以前の菌学の状態を少し見てみよう。菌類の胞子は、一五八八年に印刷された

“*Phytognomonica*”という、ジャンバティスタ・デッラ・ポルタの著書の中で、初めて小さな黒い種として記載された。顕微鏡の発明以前の時代に彼が見た菌が一体何だったのか、はっきりしないが、おそらく、ホコリタケから噴き出す微粒子か、粘菌を見て、その役割を推測したらしいといわれている。[11] フックやマルピーギ、レイヴァンフークらも十七世紀にできた顕微鏡を使って菌の胞子を描き、著書を出版したが、菌の胞子の働きが理解されるには、さらに一世紀の時が必要だった。

一七〇七年に、ジョセフ・ピットン・ド・トゥルンフォールがキノコの発芽しかかった胞子を描き、一七〇九年にはフィレンツェのピエール・アントニオ・ミケリが、胞子はそれを作った生き物が次世代を作るためのものだと明言した。彼の見解はその有名な著作“*Nova Plantarum Genera*”の中に書かれているが、これは古典的な自然発生説をクロアカ・マキシムス（下水）へさっと洗い流すようなものだった。

ところが、この馬鹿げた自然発生説は、なかなかしぶとかったらしく、何人かの頑固者が、菌類は生き物かどうかわからないと、まだ主張し続けていた。この点に関して、菌学史上、飛び抜けて愚かだったのは、J・S・T・フレンツェルという想像力豊かなドイツ人で、彼は一八〇四年になってもまだ、菌類は流星から生まれたものだという説を発表している。[12]

プレヴォーの仕事の重要さは、フランス革命の勃発に照らしてみると、さらにおもしろい。一七八〇年代には凶作が続いて穀物がとれず、パンにする粉が不足し、穀物の欠乏が貧困層の人心不安を煽ることになった。歴史学者のマリー・キルボーン・マトシアンはその著書、“*Poisons of the Past*”の中で、麦角菌が農民の意欲に及ぼした影響について、具体的な例を挙げて考察している。[13]

麦角菌、クラビセプス　プルプレア *Claviceps purpurea* は雨の多い年にライムギに感染して成長し、血管を収縮させる毒物やＬＳＤのもとになる物質を含んだ恐ろしい混合物を生産する。これについては、先の拙著『ふしぎな生きものカビ・キノコ』に詳しく述べた。

いずれも菌に関係しているが、食糧不足と神経衰弱の流行が人心不安につながったことは確実で、そのうえ、農民の窮状に対するマリー・アントワネットや貴族たちの無神経さが火に油を注ぎ、胴体から首が離れるという結果になってしまったのである。

ムギ類のなまぐさ黒穂病が、長らくフランスにおける穀物生産の減少の主原因になっていたので、一七九七年にモントーバンの学術協会がプレヴォーにその研究を委託したのは、きわめて時宜にかなったことだった。しかし、実用的価値が高かったにもかかわらず、プレヴォーの研究成果は、半世紀後にルイ・ルネ・テュランと弟のシャルル・テュランによって再発見されるまで、見過ごされていた。

一八四〇年代、テュラン兄弟はさび病菌と黒穂病菌の体系的な研究に乗り出した。彼らはティレにちなんで、黒穂病の原因になるコムギ網なまぐさ黒穂病菌に、*Tilletia caries* という学名をつけ、収穫前にコムギの穂をダメにするほかの黒穂病菌と区別した[14]。後者はさまざまなイネ科植物に普通に見られる病原菌で、いくつかの種を含んでいるが、このグループにはウスチラゴ *Ustilago* という属名を与えた。この分け方は今も受け継がれている。

粉塵爆発の原因になった胞子

大西洋の向こうに眼を転じると、十九世紀の末に大草原がコムギの大海原に変わってしまうまで、北アメリカではコムギ類のなまぐさ黒穂病も問題にならなかった。ところが、一八九〇年にはカンザス州の収穫量がなまぐさ黒穂病で二五〜五〇パーセントも落ち込み、菌による被害がワシントン州の東部からカナダの穀倉地帯へと広がった[15]。

黒くなった穀粒から飛び出したなまぐさ黒穂病菌の冬胞子の雲は、からからに乾いた空気の中で勢いづき、ウマが引く二〇〜四〇頭立ての収穫機が病気にかかったコムギ畑を引っ掻き回すと、胞子混じりの大きな埃の雲が巻き起こり、きまって爆発した。というのは、不幸なことにトリメチルアミンは悪臭だけでなく、可燃性物質で引火しやすかったため、粉塵爆発の原因にもなったのである[16]。

病気を防除するために、プレヴォーが発明した硫酸銅溶液の散布も試みられたが、農場の規模が小さいヨーロッパでは有効でも、大草原のコムギの海ではほとんど役に立たなかった。種子を硫酸銅溶液に浸した後、播種前に完全に乾かしたものだけが、なんとか菌害を逃れることができた。第一次世界大戦のころに炭酸銅を種子にまぶす方法が開発されると、この手間のかかる処理方法は次第に廃れていった。以後しばらくの間、この炭酸銅を使う方法が普及したが、後に水銀を含む殺菌剤が現われて、病害防除技術はさらに進歩した。当時始まった、このような大量の薬剤散布は、化学合成殺菌剤に頼る今日の病害防除法を予告するかのようだった。

いくつかの黒穂病は農業従事者の低所得問題と並んで、現代の穀物生産者を悩ます重要課題として今も消えずに残っている。コムギ網なまぐさ黒穂病はアメリカのコムギ生産に毎年数パーセントの損失をもたらしており、時には流行病といえるほどのレベルに達することがある。

大穀物倉庫（カントリーエレベーター）の管理人は、はっきりした魚の腐臭がすると、穀物の受け取りを断るか、黒穂病にかかった穀粒の混じった品物にはうんと安い値をつけるか、いずれかである。汚染されたコムギは価格が安いだけでなく、乾いた胞子が多いと収穫機や脱穀機に火がつく恐れがある。もし、検査員の眼をくぐり抜けると、間違いなく爆発が起こるので、どこの穀物倉庫も同じような悩みを抱え、対応に苦慮している。

色素の入った殺菌剤を種子にまぶすと、複数の黒穂病菌の感染を抑えることができる。ちなみに、市販されている処理済みのトウモロコシの種子は鮮やかな赤い色をしているので、すぐそれとわかる。

最近は、よく効く殺菌剤が容易に手に入るが、それでもいくつかの黒穂病菌は世界の農業にとって、いまだに重要な害菌とされている。そのひとつ、*Tilletia controversa* は冬コムギにつくなまぐさ黒穂病菌で、これに感染すると草丈が低くなり、穀粒が臭い胞子の塊になってしまう。この病気は土壌温度が氷点を上下する日が何週間も続くような地域で、最も発生しやすい。こうした心配から、中国では、黒穂病菌フリーの保証書をつけていなかったアメリカのコムギを輸入禁止にしたことがあった。ただし、この輸入禁止措置は二〇〇〇年には撤回されたが……。

トウモロコシの黒穂は珍味か

トウモロコシはアメリカ合衆国でコムギに次ぐ二番目の地位を占めている。この農産物の年間生産高は驚くべきもので、二七万九〇〇〇平方キロの農地から毎年九〇億ブッシェルの収穫を上げている。[17] ちなみに、イギリスの国土面積は二四万五〇〇〇平方キロだから、アメリカのトウモロコシ畑よりも狭い。

現在栽培されているトウモロコシの品種の約半数は、害虫を殺す毒素を出す細菌の遺伝子を組み入れたか、または増幅させたもので、さらにほとんどの品種に除草剤耐性遺伝子が組み込まれている。ところが、この遺伝子組み換え技術もトウモロコシを黒穂病から守るのには役立っていない。トウモロコシが黒穂病菌、ウスチラゴ　メイディス *Ustilago maydis* に感染すると、実は胞子の詰まった癌か、腫瘍のようになる（図6-3）。

この菌は、出芽して繁殖する葉巻型の細胞を作り、酵母の状態で成長するだけでなく、菌糸の形でも成長することができる。このような生活様式は二形性、ダイモルフィズムと呼ばれている。この黒穂病菌は酵母状になると、トウモロコシの死んだ組織の上で腐生菌として生活することができる。ところが、生きたトウモロコシの表面で適合性のある胞子が出会って融合すると、侵入可能な菌糸状態に変わる。

そうなると、菌糸は気孔の開いた口か、トウモロコシの毛を通って植物組織に侵入する。トウモロコシの毛というのは、花粉を受け取る垂れ下がった雌花の一部だが、菌はこの毛を通って子房に侵入する。そして、どうしたわけか、菌に感染した花はトウモロコシの実になるよりも、黒穂病菌の詰まった袋になってしまう。おそらく、菌が宿主のホルモンバランスを崩すために、植物組織は癌のように膨れ上がり、ウスチラゴがその袋の中に何十億もの黒褐色の冬胞子を作ることになるのだろう。

ところで、アステカ文明のことを書いた十六世紀の書物の中にある黒穂病にかかったトウモロコシの絵は、間違いなくこの菌に侵された植物の最も古い姿である[18]。おそらくインカやマヤも含めて、アステカ人たちは黒穂病のことをよく知っていて、多分喜んで食べていたのだろう。

今日、この膨れた代物は、ウィットラコチェというメキシコ料理の珍味になっている。インターネットでトウモロコシの黒穂病料理というのをひいてみると、これを使ったクリームスープや菌がたっぷり入ったトウモロコシのクレープなど、いろんなおいしそうな料理が出てくる。いかに保証つきでも、私は菌が作った癌細胞を味わってみたいと望んだこともないし、できることなら料理も

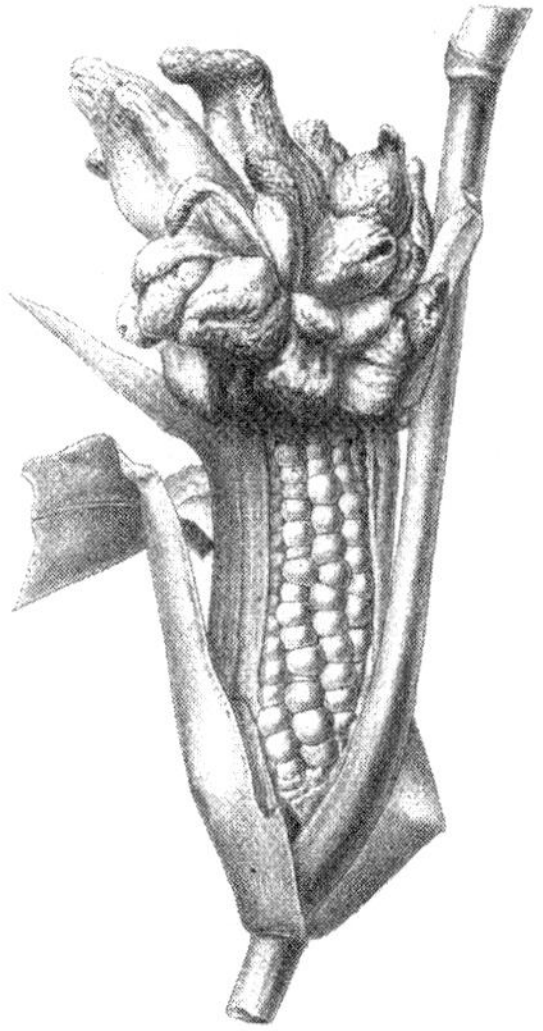

図6-3　トウモロコシ黒穂病菌、ウスチラゴ　メイディス *Ustilago maydis* に感染したトウモロコシの病状。
トウモロコシの穂軸の上の部分の実は胞子で充満し、膨らんでいる。
O. Brefeld, *Untersuchungen aus dem Gesammtgebiete der Mycologie. Fortsetzung der Schimmel-und Hefenpilze. XI. Heft: Die Brandpilze II.（Fortsetzung des V. Heftes.） Die Brandkrankheiten des Getreides*（Munster I, W., Germany: Verlag von Heinrich Schöningh, 1895）

願い下げにしたい。

メキシコのある地方の農民は、わざとトウモロコシを病気にかからせているともいう。もし、ウィットラコチェに興味がある人なら、朝食のシリアルに混ざっているトウモロコシに黒穂病菌の胞子が混じっていても、ちょっとしたおまけに思えるかもしれない。

私たちが朝食に食べているコーンフレークにも胞子が入っていると思うかもしれないが、とんでもない。アメリカ合衆国連邦政府のガイドラインには、一級品のトウモロコシの品質は黒穂病菌などによる病害や虫害などで傷んでいるものを二パーセント以上含まないものと規定されているのだ[19]。

ところで、外国の読者には、アメリカのコーンフレークはコムギよりも、むしろトウモロコシ（メイズ、*Zea mays*）から作られていると、はっきりいっておいたほうがいいかもしれない。アメリカ以外の国では、コーンという用語は他のイネ科植物の穀物にも使われている。たとえば、イギリスでは、コーンというのはトウモロコシよりも、むしろコムギを指す言葉になっている。実際、私自身大人になってから、コーンフレークがコムギとは何の関係もないことを知って驚いたほどである。

さび病菌の謎

現行の分類法では、黒穂病菌の仲間はクロボキン綱としてまとめられており、一四〇〇種が含まれている[20]。禾穀類のほか、黒穂病菌がつくのは、二、三の例外を除いて、イネ科やスゲ科などの顕花植物に限られている。これに近いさび病菌の仲間、サビキン綱に属する菌は少なくとも七〇〇〇

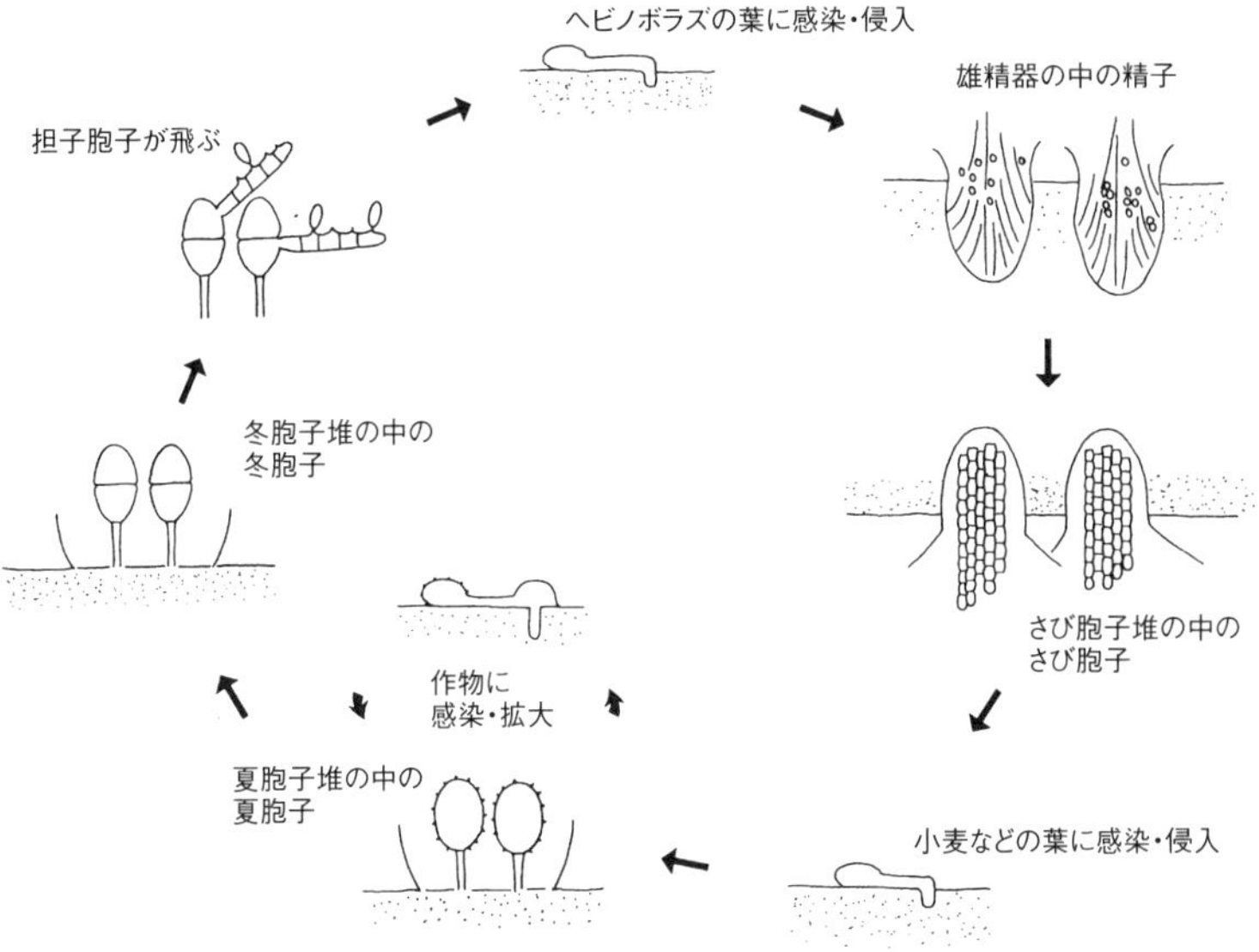

図6-4　オオムギおよびコムギ黒さび病菌、プキニア　グラミニス *Puccinia graminis* の生活環。N. P. Money, Mr. Bloomfield's Orchard: *The Mysterious World of Mushrooms, Molds, and Mycologists* （New York: Oxford University Press, 2002）

種にのぼり、顕花植物や球果植物、シダ類などにもついている。多くの植物がそれぞれ独自のさび病菌に悩まされているが、その関係を研究する人が少ないために知られていないものが多く、おそらくサビキン類の種数は一万から六万の間ぐらいになるとされている[21]。この膨大な数の多様な顕微鏡サイズの生物は、菌じん網としてまとめられているキノコを作る仲間の親戚で、クロボキン網とサビキン網、菌じん網の三つの分類群はすべて担子菌門に属している。

　黒穂病菌の二形性の生活環に比べると、禾穀類を侵すさび病菌の行動は計り知れないほど複雑である。コムギの茎につく、オオムギおよびコムギ黒さび病菌、プキニア　グラミ

ニス *Puccinia graminis* の動きを追ってみよう。作物を攻撃するのに加えて、とげだらけの滙木、ヘビノボラズの葉にもつくので、話がややこしくなる（図6-4）。

この菌は二つの宿主の間を渡り歩き、冬の間も生き残れるように四種類の胞子を作る。コムギの上では夏胞子と冬胞子、さらに担子胞子を作り[22]、ヘビノボラズの上ではさび胞子を作る。最後に、これを第五の胞子という人もいるが、有性生殖によってできる精子という性細胞を作る。この精子は昆虫が媒介して、感染したヘビノボラズの葉の上を移動する。この菌の謎を解き明かすのに何世紀もかかったが、その歴史をほんの数ページに要約しておこう。なお、このことについては、先に『ふしぎな生きものカビ・キノコ』の中で触れた。

十八世紀のさび病菌の研究に関して、イタリア人たちは拍手喝采を受ける資格がある。ジョバンニ・タルジオーニ‐トゼッティはフィレンツェのミケリの弟子だった。一七六七年、先生の死後、タルジオーニ‐トゼッティはムギ類の深刻な被害に悩まされていたトスカーナ地方の貧しい人々を救おうというはっきりした目的を持って、さび病や黒穂病の研究に取りかかった。

さび病菌の胞子を描いた彼の銅版画はひどいものだが、先生に追い立てられたせいか、驚くほど賢明な結論に到達していた。いわく「さび病菌はコムギの葉の薄皮以外のところでは成長しない、全体がきわめて小さな寄生植物である」と[23]。この記述はさび菌の性質を正しくとらえた、実に先見性の高いもので、他の人がその複雑な生活環に気づくずっと以前に、絶対寄生菌か、活物寄生菌になるさび病菌の性質を見抜いていたといえる。

彼は顕微鏡を使って、コムギ黒さび病菌と植物の形態的な関係を丹念に観察し、ひとつずつ真実を明らかにしていった。彼の同僚のフェリス・フォンタナがコムギの葉に黒い傷をつける柄のついた冬胞子の絵を描き、それが赤い「卵」から広がるのを認めた。このいわゆる卵は同じ菌の夏胞子だったが、フォンタナはもっと単純に、「二種類の病気」が同じ植物についていると結論づけている。[24]

時がたって、研究者たちが同じものに二つの形があると認めるまで、この二つの病気は別々の名前で呼ばれていた。物語のこの部分については、ラージがその著書 "*The Advance of the Fungi*" の中で詳しく述べている。しかし、私はどうしても、一八〇五年にイギリスの植物学者、ジョセフ・バンクスが書いた文章を引用しておきたい。というのも、コムギ黒さび病の正体を暴いた彼の功績が、その後に起こったあらゆる出来事を予見していたからである。

「植物学者はほとんど信用していないが、ヘビノボラズの茂みの近くにあるコムギは、まず間違いなくこの病気にかかるものだと、昔から農民たちは信じていた。ヘビノボラズが多いノーフォーク州のロレスビーは、コムギがほとんど育たないので、病気持ちのロレスビー村という屈辱的な名前で呼ばれていた。ヘビノボラズの病原菌とコムギにつく菌がまったく同じもので、その種がヘビノボラズからコムギへ移るのではないだろうか[25]」

バンクスの洞察力は比類ないほど素晴らしいものだった。多くの人がさび病菌の生活環を解き明かしたのは、アントン・ド・バリーだとしているが、彼はそれより半世紀も前に、その生活環の大部分を明らかにしていたのだ。ところがその後、植物病理学者たちは、なぜかバンクスの功績にほとんど触れていない[26]。

高名なド・バリーの功績

ハインリッヒ・アントン・ド・バリー（一八三一―一八八八）は、ストラスブール大学で教鞭をとっていた、きわめて影響力の強い学者だった（図6-5）[27]。彼のさび病菌と黒穂病菌に関する最初の著書 "*Die Brandpilz*" は、医学部学生だったわずか二二歳のころに出版された本である[28]。十九世紀半ばにド・バリーが行った研究は、テュラン兄弟の仕事と並んで、さび病菌の生活環を解きほぐしていく大きな手助けになった。

テュラン兄弟の功績は、さび病菌のある種が一連の異なったタイプの胞子を作るという事実を明瞭に示したことだった[29]。さび病菌は、彼らが多形性と称した菌類に広く見られる現象を、ものの見事に演じており、そのことは、一八六〇年代に出版された "*Selecta Fungorum Carpologia*" という三巻の傑作の中に載せられている[30]。

ド・バリーは夏胞子と冬胞子、担子胞子、さび胞子、精子をそれぞれコムギとヘビノボラズに接種して、ジグソーパズルを完成させたといわれている[31]。さらに、彼は夏胞子がコムギだけに感染することを認め、他のタイプの胞子の働きも明らかにしたが、精子の役割は二十世紀に至るまで謎のまま残された[32]。

ところで、多くの科学史家が評価しているように、ド・バリーだけがさび病菌の生活環の謎を解いたとするのは、はたして正しいのだろうか。私は新しい見方に立って得意がっているわけではないが、この物語をリーダーズダイジェスト風に追いかけるのは無意味だと思う。科学は常に発見の積み重ねによって進歩するもので、さび病菌の生活環の研究も、その典型的な例のひとつだといえそうである。

ド・バリーのように生まれ育ちもよく、教養豊かで広い視野を持っていた学者と本当の天才との間には、いくぶんかの相違がある。この違いを認識することは、科学史家にとって基本的に重要な事柄なのである。

コムギ黒さび病やジャガイモ疫病に関するド・バリーの仕事は、自然発生を否定したパスツールの理論（細菌について行った実験によるもの）を菌類に当てはめたものだった[33]。ド・バリーは、多くのえせ科学を壊しながら、先人の確かなアイデアをつなぎ合わせて形を整え、注意深い実験を重ねて、菌類とそれによる植物の病気を浮き彫りにしていった。一八六六年に出版された彼の書いた教科書、"*Morphologie und Physiologie de Pilzze*"（菌類形態学および生理学）[34]は現代菌学の出発点となった名著である。

図6-5　ハインリッヒ・アントン・ド・バリー
G. C. Ainthworth, *An Introduction to the History of Plant Pathology*（Cambridge, UK: Cambridge University Press, 1981）

ド・バリーは菌類の生活環に関する研

究のほかに、らん藻が細菌であることを主張し（現在はシアノバクター）、酵母が菌類であることを明らかにし、一八七九年には「異なる名称を持った生物がともに暮らすこと」を「共生」と呼ぶとしたこと[35]、などで学界に広く認められている。彼の仕事は驚くほど広い領域に及んだが、マシュー・ティレやベネディクト・プレヴォーのように、本当に新しい概念を提案し、革命的な視点に立った研究領域を開拓したわけではなかった。もし、ノーベル賞が死後にも授与されるものなら、ド・バリーにはいかず、ティレとプレヴォーが受け取ることだろう。

さび病菌に見る異種寄生性の進化

ド・バリーは、多種類の胞子を作るコムギ黒さび病菌のような種の生活環を、マクロサイクリックとし、二種類の異なる宿主につくものを異種寄生性と称した[36]。一体、どうして植物との間にこんな複雑な関係が出来上がっているのだろう。

いろいろな考えの中で、最も可能性が高いのは、イネ科植物が出現するずっと以前、この黒さび病菌の先祖はヘビノボラズに感染して暮らしていたが、イネ科植物が現われてからは新しい餌に取り付くために生活環の残りの部分を使うようになったというものである。しかし、もしそうだとすれば、先祖の菌はヘビノボラズに再感染できる胞子を作っていたはずだが、現在の病原菌はヘビノボラズからヘビノボラズに移ることはできない。つまり、ヘビノボラズの上にできるさび胞子はイネ科の作物には感染するが、ヘビノボラズには手が出せないのだから、問題が残る。

もうひとつの考えは、現在多種類の胞子を作っているのは、この菌がヘビノボラズにつくものとコムギなどに感染するものの二種類の病原菌の祖先から出てきたことを表わしているという説である。二つの菌ははじめのころ、おとなしく葉についていたが、その後何百万年もかかって、それぞれの宿主の生きた組織を攻撃する侵入者へと進化したのかもしれない。

この二種起源説をとれば、二種の菌が互いの宿主植物の上で出会い、共存しながら、後には細胞内容物と遺伝子の融合が可能になり、生殖活動ができるようになったということになる。仮に二種が融合することに利点があるとすれば、単一の宿主よりも二つの宿主に頼るほうが食べ物を確保するには有利だということだろう。

この二種起源説は、さび病菌の一種、ツベルクリナ　ペルシニカ *Tuberculina persinica* に関する最近の研究によって真実味を帯びてきた。この菌は単独で植物に感染するよりも、タンポポやアネモネにつく他のさび病菌のコロニーの中で暮らしている。驚いたことに、ツベルクリナは他のさび病菌の細胞と融合し、癒合口という通路を通してその核を送り込んでいる[37]。やがて、ツベルクリナは宿主の菌のさび胞子堆というコップ状のものの中に自分の胞子を作る。宿主の菌のさび胞子は、ツベルクリナの胞子をくっつけたまま、新鮮な植物を求めて飛び出すのである。

ツベルクリナ　ペルシニカのこの習性は、二種起源説にとって、きわめておもしろい発見である。というのも、ごく近縁のさび病菌が、互いに殺し合うことなく、その細胞内容物を融合させ、核さえも交換しているからである。このような協力、言い換えれば忍耐は二つの生活環が合体するために欠くことのできないもののようである。

ヘビノボラズ退治

黒さび病菌に関する最近の研究テーマは防除法の開発に集中している。化学者たちは新しい殺菌剤をテストして難点を克服し、育種学者たちは絶えず進化する病原菌に対抗して、新しいコムギの品種、または栽培種を開発し、休む間もなく終わりなき戦いに挑んでいる。バイテク企業の技術者たちは、自分で殺菌剤を生産する禾穀類を作り出そうとして、この研究陣営に加わり、独自の穀物を作って、シリアルの箱に入れて売り出そうとしている。これはまだ穏やかなほうだが、今のところ一般人の眼には遺伝子工学の一直線に突き進む単純な戦略が有利に映っているようだ。

先に述べたように、病原菌は絶えず進化する宿主の防御装置に打ち勝つため、常に植物と軍拡競争をしている。私たち人間は新しい栽培種を育種したり、遺伝子工学で組み換え作物を作り出したりすることによって、この競争を煽っているのだ。当面は、コムギの栽培品種がコムギ黒さび病菌をうまく追い出しているかに見える。これらの品種は幅広いさび病菌の系統に対して遺伝的にコードされた高い感受性を持っているおかげで、菌が現われるとすぐ感染のための侵入口を封じてしまう。ただし、この都合のいい状態も、そう長続きしないだろう。

異種寄生性のさび病菌の場合、病気に勝つためには、二重に手間がかかると思われるかもしれない。コムギの黒さび病は、ヘビノボラズの茂みを取り除けば、本当に退治できるのだろうか。もし、アメリカへ移住したヨーロッパの農民が、最初に農業を始めた場所にヘビノボラズを持ち込まなかったとしたら、この病気がアメリカのコムギを絶対襲わなかったと言いきれるだろうか。(38)

ヘビノボラズがアメリカへ入ってきたのは生物テロのせいではなかったのだ。この植物は家畜から畑を守る生垣用として役立ったので、ヨーロッパから持ち込まれ、その赤い実はジャムや果実酒を作るのに使われた。ところが、独立戦争以前、すでにこの潅木が穀物栽培に悪いことが知られており、マサチューセッツ州やコネチカット州、ロードアイランド州などではヘビノボラズ一掃作戦が実行に移されていた。

いったん、プキニア　グラミニスとヘビノボラズの関係が詳細にわたって解き明かされると、ヘビノボラズの除去作戦は立派な科学的後ろ盾に支えられて、ますます進展した。北米のコムギベルトとされる地域が広がり、毎年菌による損失が何億ブッシェルにものぼったため、第一次世界大戦のころには合衆国政府農務省の主導で、国家政策としてヘビノボラズ撲滅運動が進められた。

ある植物病理学者はこの病気について「ありふれたヘビノボラズもコロラド、イリノイ、インディアナ、アイオワなどの諸州では無法者だ。今すぐ殺して未来の穀物生産を守ろう」と、農民向け機関紙に書いている(39)。当時、合衆国政府農務省が配布した農民向け機関紙やパンフレットは素晴らしいできばえで、その中にはさび病菌の複雑な生活環のわかりやすい解説や、一本のヘビノボラズが六四〇億という信じられない数の胞子をまき散らすことなどがやさしく書かれている。

そのころ推奨されたヘビノボラズを殺す方法は、根を確実に殺すために潅木の根元に食塩かケロシンをまくというものだった。この方法もヨーロッパ諸国ではある程度効果を上げていたが、北米大陸の農業のスケールが桁外れに大きいため、事実上ひどい犠牲を強いられることになった。それでも、連邦政府の政策によって穀物生産の損失は次第に減少したが、公式には一九七〇年代まで、この戦いを終えることはできなかったという。

専門家によっては、政府主導の対策は終わるのが早すぎたとも、ヘビノボラズの種子は寿命が長く、いずれすぐ生えてくるので、警戒を怠ってはならないともいう。コムギの栽培用品種が抵抗力を保てるのは、わずか数年とされているが、コムギの黒さび病菌がヘビノボラズの愛の巣を失うことは、有性生殖ができなくなることを意味し、ついには進化の落とし穴にはまる結果になるはずである。栽培者には好都合な話だが、有性生殖による遺伝子の組み換えがないと、コムギ黒さび病菌は植物側の防御反応についていけないことになる。逆に、ヘビノボラズが多くなればなるほど、強い病原菌が繁殖する機会が増すのだから、この潅木の再生が深刻な問題になるのも当然というわけである。

終わりなき戦い

たとえ、北米大陸からヘビノボラズが一掃されたとしても、コムギ黒さび病には依然として困った問題が残されている。ひとつは冬極端に寒くなるノースダコタ州のようなところでさえ、夏胞子が越冬するという事実である。このような場合は、春まきコムギに感染するまで、ヘビノボラズの上にとどまっている必要がないことになる。もし、このまま地球温暖化が進めば、もちろんこれはさらに深刻な問題になるだろう。

もうひとつはもっと悪い話だが、感染力の強い夏胞子が何百キロも離れたメキシコから風に乗って運ばれてくるという事実である[40]。メキシコのありふれたコムギの品種にできた病斑から、移動性の高い胞子が飛び出し、それがいつか、大草原に単一栽培されたコムギの波を砕いてしまうきっかけになるかもしれない。なんだか、この菌の打ち続く勝利が、作物の新品種を作ろうとしている研究者の働き口を保証しているかのようにも見える。

現代農学はさび病菌や黒穂病菌が潜在的に持っている破壊力を、ある程度抑え込むことに成功したが、禾穀類の伝染病は依然として収まっていない。短期的に見て殺菌剤が高くつくことと、長期的には薬剤が地下水に流れ込み、分解されるのに長時間を要することなどから見て、これらの菌を完全に封じ込めるのは、かなり難しいとされている[41]。さび病菌と黒穂病菌は、ともに植物に感染する以外何もしない、起源の古い担子菌の仲間だが、一度も消えたことがないという点で、常に勝利を謳歌してきたのだ。

私は時々、コムギ畑に沿った森の中の小道を走ることがある。夏になると、このオハイオ州の農場がヴァン・ゴッホの絵のように見えてくる。もし、私がプロヴァンスで描かれたことを知らなかったら、彼は最後の作品、「烏が飛ぶ麦畑」（一八九〇）をきっとこの場所で、キャンバスに向かって夢中になって描いたにちがいないと思ったことだろう。おまけに、ここにはあのイラつくカラスも飛んでいるのだ。インディアナ州との境から雷がとどろきだすと、突風に煽られて乾いた葉がかさかさと音を立てる。琥珀色の波がうねると、胞子の小さな雲が黒ずんだ穂から立ち上り、混沌はまだまだ続く。

第七章　カビが作るジャガイモスープ

一八四六年のこと、マイルズ・ジョセフ・バークレイ師は「一八四五年の秋に、きわめて広汎にジャガイモを襲った病気ほど、大方の注意を喚起し、さまざまな角度から議論された問題はない」と書き残している（図7-1）[1]。私は学生のころから菌学や植物病理学の歴史を学んで、バークレイの名に親しんできたが、ステファン・ブチャツキが書いたバークレイに関する随筆風の伝記を読んで、この偉大な人物の仕事をもっとよく知ろうと、心に決めた[2]。

ついに、私はシンシナティのロイド図書館にあった *Journal of the Horticultural Society of London* の一八四六年度の巻から、ジャガイモ疫病（べと病）について報告したバークレイ師の論文のコピーを手に入れた。喜び勇んでビールを飲みながら読もうと、ニコルソンのパブに向かった。下町の路地を抜けて近道する間に、パタパタするページに鼻を突っ込んで半分ほど読んでしまい、残りはバーの止まり木の上で読み終えた。これまでに、これほど感激した読み物はない。

バークレイ師、ジャガイモ疫病菌をとらえる

「ノルウェーから、フランスのボルドーに至る西ヨーロッパ全土に、ほぼ同じように発生したと思われるが」、比類のない農作物の病気の大流行に直面して、バークレイはジャガイモの伝染病の原因として最も可能性が高いと思われるもの、すなわち菌類について体系的な研究を開始した。彼は世間に気を配りながら、電気の影響や異常気象、眼には見えない昆虫、家畜糞の施用、ジャガイモ自身の退化現象などが原因だとする人々の意見を退け、たったひとつの顕微鏡サイズの病原菌に集中して研究を進めた。

彼の先見性の高さは、この論文を通じて、実に明らかである。いわく、「ジャガイモの腐敗はカビが存在する結果であって、腐敗してカビが出てくるのではない。……汁を吸うカビがつくと、植物体は不健全になる」。バークレイは多くの冗漫な古い考えを捨て去って、人類を高みに押し上げたのである。

さらに、気象条件は病気の蔓延に影響するが、雨量は

図7-1　マイルズ・バークレイ
The Graphic (November 15, 1873) から。

疫病の直接原因ではないと説いた。菌が「破滅の直接原因だった」のだ。バークレイは論文の中で他の意見も取り上げているが、物わかりのよい人なら、それ以上議論を続けられないほど説得力のあるやり方で、疫病の本質について事実を挙げて自説を展開した。[3] バークレイが書いた学術論文の確かさは、植物病理学史上に汚点を残したヤコブ・エリクソンのインチキなマイコプラズマ説とは対照的である。

ジャガイモについた菌は、一八四〇年代にはボトリティス インフェスタンス *Botrytis infestans* とされていたが、一八七六年にド・バリーによってフィトフトラ インフェスタンス *Phytophthora infestans* に変えられた。[4] 近縁種の *Phytophthora palmivora* はカカオのブラックポッド病の原因になる菌である。カカオノキの病気のところで話したように、フィトフトラの仲間は卵菌類の水生菌のグループに属しており、正確にいえば、菌類ではなく、菌類らしい行動をとる微生物である。その特徴をもう一度簡単に説明しておこう。

ジャガイモ疫病は、葉の縁に沿って斑点ができると、はっきりと見えてくる。この斑点が黒く大きくなると、葉の下側に、胞子が詰まった胞子嚢をつけた白い菌糸が、光背のようにもやもやと輪

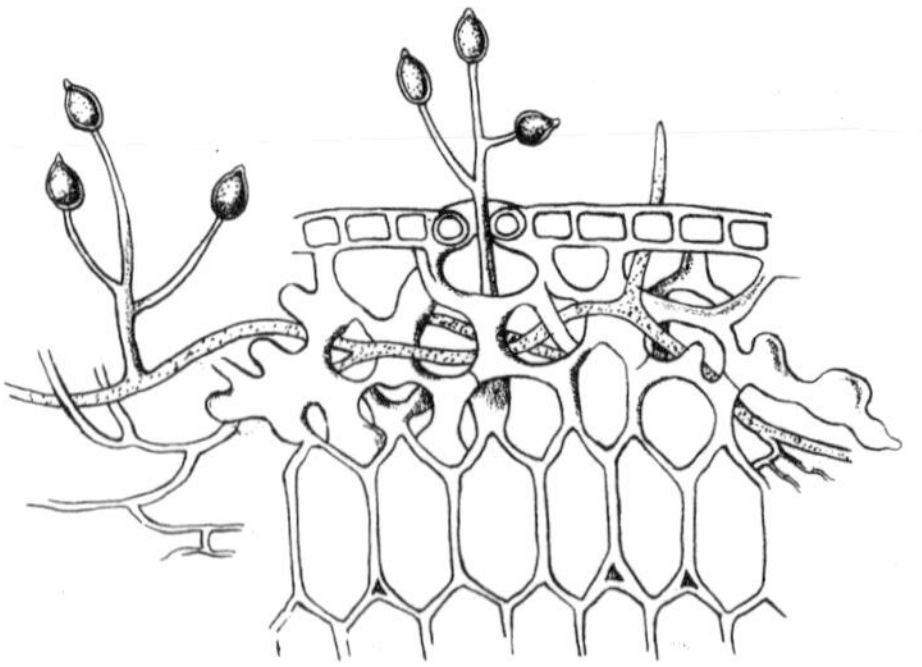

図7-2 バークレイが描いたジャガイモ疫病菌、フィトフトラ インフェスタンス *Phytophthora infestans* の図。M. J. Berkeley, *Journal of the Horticultural Society of London* 1, 9-34 (1846) から。

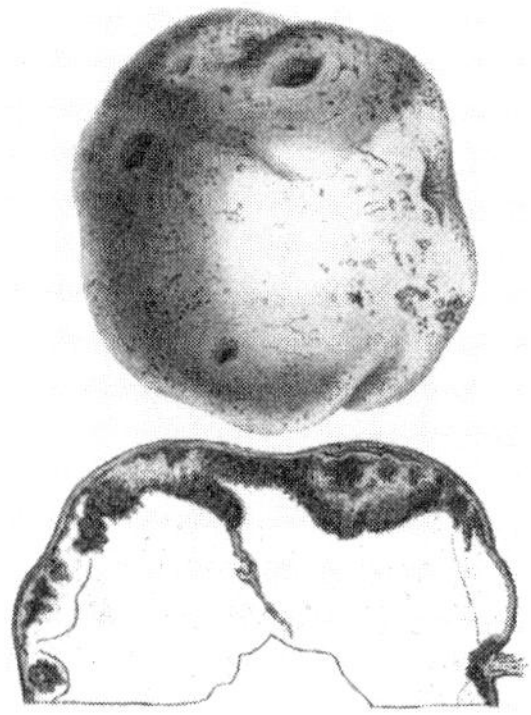

図7-3　バークレイが描いた病気にかかったジャガイモの塊茎の図。M. J. Berkeley, *Journal of the Horticultural Society of London* 1, 9-34 (1846) から。

状に現われる（図7–2）。この病原菌は宿主のどの部分にも取り付き、ジャガイモの葉、茎、イモなどあらゆる部位を攻撃する（図7–3）。湿度が高いと、葉がすべて病気にやられて熱湯をかけられたようになり、茎も萎れてしまう。その結果、農民は腐ったイモの悪臭が立ち込める畑に呆然と立ち尽くすことになる。実はここで、オックスフォード大学出版会（訳注：原著の出版元）に、ページの下でいいから、腐ったイモのかけらをつけてほしいと提案してみたが、編集者にやんわりと断られた。残念。

菌に感染した塊茎、いわゆるイモも同じようにひどい状態になり、褐色の筋が塊茎の肉質部分に広がり、しばらくすると、腐ってスープのようになってしまう。[5] このスープ状になる過程は軟腐と呼ばれているが、他の微生物、特に塊茎を分解する細菌によって起こる。トウモロコシの黒穂病は料理の材料になったが、この病気にかかって溶け出したイモを喜んで食べる食文化があるか、どうか……。

ジャガイモ疫病菌の侵入

この病気は葉の下側にできる胞子嚢（遊走子嚢）によって伝染し、胞子嚢は雨滴で近くに飛び散り、風に乗って何キロも先まで運ばれる。気候が温暖な間は、他の菌の胞子と同じように発芽し、発芽管を出して広がり、枝分かれして新しいコロニーを作る。ところが、気温が摂氏一五度以下に下がると、胞子嚢の動きがもっと複雑になる。はじめ、レモンのような形をしていた胞子嚢の先端が膨らみ、小胞という薄い細胞壁を持った風船のようなものになる。すると胞子嚢の中身が、泳ぐことのできる無数の遊走子に分かれる。そして、小胞が破裂すると、遊走子が泳ぎだす（図7－4）。遊走子が飛び出して胞子嚢が空になる過程はほんの数秒で完了する。

泳ぐ胞子はジャガイモの植物体の表面についた水の中を移動し、水がたまった土の中を移動して直接塊茎に感染することもできるので、病原菌にとってこの胞子の作り方はとても好都合である。遊走子は葉の表面でしばらく揺らいでいるが、これは水滴の外に出ると泳げないためで、しばらくすると落ち着き、鞭毛を落とすか、引っ込めるかしてシストに変わり、葉にくっつく。

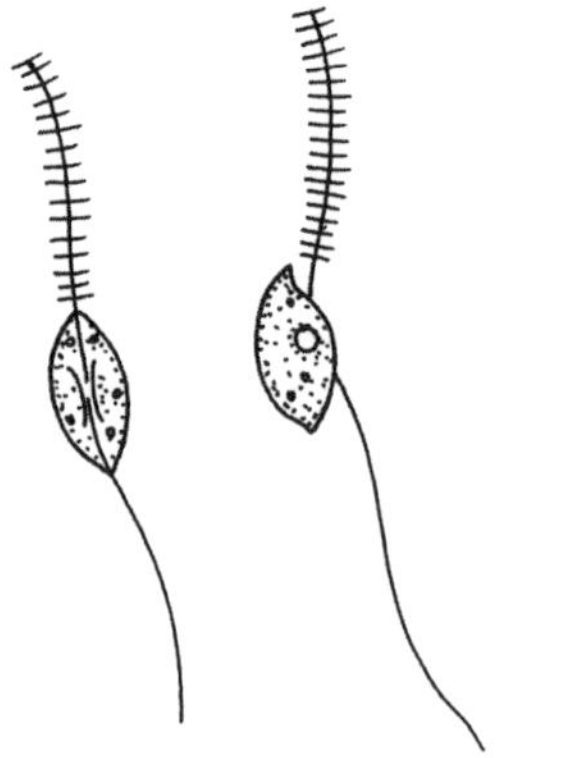

図7-4　水生の卵菌類が作る遊走子。N. P. Money, *Mr. Bloomfield's Orchard, The Mysterious World of Mushrooms, Molds, and Mycologists*（New York: Oxford University Press, 2002）

次いで、シストが発芽し、シストから発芽管が出て、葉のでこぼこの表面を少し移動し、その先端に膨らんだ感染のための足場、つまり附着器を作る。最後に、感染のための菌糸が附着器の下から下方へ伸びて葉面にしっかり張り付き、その下にあるクチクラ層や表皮細胞を突き破って広がる（**図7－5A**）。このようにしてジャガイモへの侵入が始まる。病原菌が感受性の

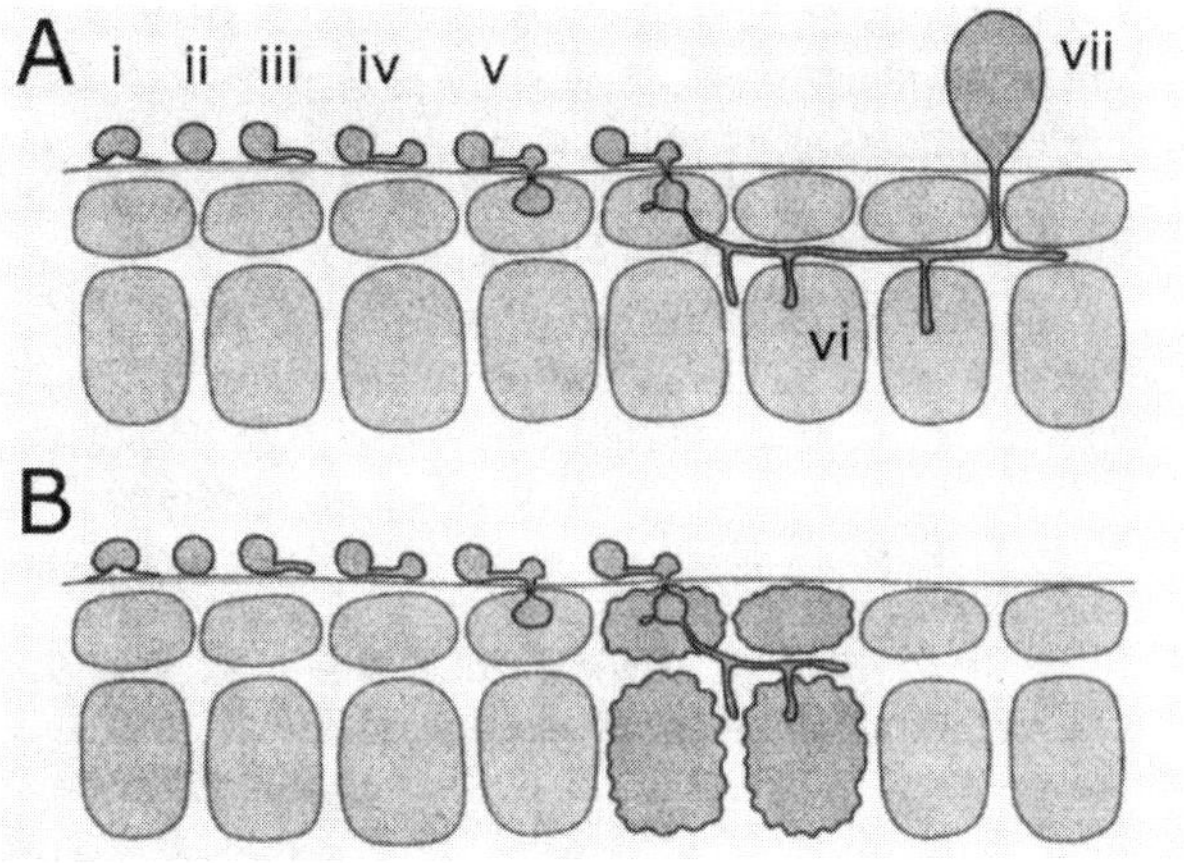

図7-5　ジャガイモ疫病菌、フィトフトラ　インフェスタンス *Phytophthora infestans* が侵入する過程。
(A) 感染しやすい植物の場合：(i) 遊走子が葉の表面につく。(ii) シストに変わる遊走子。(iii - iv) シストが発芽して附着器を作る。(v) 附着器が植物の表皮細胞に入る。(vi) 病原菌の菌糸が細胞間隙に伸びて植物細胞の中に吸器を作る。(vii) 菌糸は植物から出て胞子嚢を作る。
(B) 抵抗性のある植物の場合：病原菌は同じように葉に侵入するが、宿主の細胞が過敏感反応によって壊死（皺の寄った細胞）するため、菌糸はそれ以上広がれない。
S. Kamoun and C.D. Smart, *Plant Disease* 89, 692-699 (2005)

高い宿主植物の組織に侵入すると、先端成長する菌糸と遊走子を吐き出す胞子嚢の形成が絶え間なく繰り返され、菌は新たな犠牲者を探して、また出発していく。

どの胞子でも風で運ばれる場合は同じだが、この胞子嚢の空気伝染も受動的で、かなり無駄の多いやり方である。つまり、病気にかかった植物の周りに空気の対流が起こらなければ、胞子嚢は無駄になってしまうのである。病原菌にとってみれば、わずかな胞子嚢だけが標的を射とめ、大部分が無駄になるというのも、避けがたいギャンブルなのかもしれない。

うまく標的に当たった胞子嚢から出た遊走子は、その稀な機会をうまく使って、誘導ミサイルに似た動きをする。(6) 遊走子は宿主が出す化学物質の信号をとらえ、侵入箇所をごまかすために植物が出す弱い電波妨害を避け、周辺をかぎまわりながら土の中や植物体の表面を泳ぐとされている。(7)

遊走子が臭いをかぎ分ける能力は、受容体タンパクが詰まった細胞膜での化学反応による。遊走子は小さく、わずか一〇ミクロンほどだが、およそ二万二五〇〇個の遺伝子を持った染色体を核の中に入れて、そのかなり大きい荷物を運んでいるのだ。(8)

この遺伝子の数はヒトのものとあまり違わないが、微生物としてはすごい数である。読者の中には、人間は摩天楼を建てることもできるのに、なぜフィトフトラはこれだけの遺伝情報を持ちながら、ジャガイモのスープぐらいしか作れないのか、と疑問に思う人がいるかもしれない。その答えは、脳の中に配列されている無数の細胞の塊のほうが、自分で泳ぎ回っている小さなひとつの細胞よりも、はるかにいろんなことができるというだけのことなのだ。一体全体、ヒトの精子はどれほど賢いのだろう。

殺して餌をとる

他の植物病原菌同様、フィトフトラも、手によく似た吸器という餌をとるための装置を使って、宿主の細胞に接近する。吸器の短い指先は植物細胞の細胞膜にできた手袋にすっぽりと収まる。先に述べたように、コーヒーノキにつく葉さび病菌も、同じような植物細胞と菌の間をつなぐ胎盤状の構造を作っていた。吸器ができると、ジャガイモ疫病菌は素早く宿主の組織を殺して溶かし、餌を吸い尽くしてコロニーを広げる。この溶解の過程は細胞壁をより簡単な糖類に分解する多様な酵素の働きによっている。菌糸は糖類を吸収して栄養源とし、枝分かれしながら、さらにコロニーを広げる。コロニーが大きくなるにつれて、吸器は次々と宿主の健全な細胞を攻撃し、菌にやられた細胞はたちまち消化されてしまう。

附着器がジャガイモの葉に入った時点で、植物にはほんの一瞬だけ難を逃れるチャンスがある。もし、侵入する菌糸が出す分子のかすかな信号を植物体が読み取ることができれば、侵入点の周りの細胞を殺して菌糸を封じ込め、菌を飢え死にさせることもできるのである（図7-5B）。この過敏感反応については、天狗巣病菌に対するカカオノキの防御手段のところで、すでに触れておいた。ただし、病気にかかりやすい植物の場合は、病原菌が分泌するエフェクターと呼ばれる分子によって、この過敏感反応が抑制されるともいわれている[9]。

この病気の分子生物学的研究基盤を作る目的で、フィトフトラ属の多くの種について、現在大規模なゲノム解析が行われている。その研究内容は、進化の系列の中で水生菌が奇妙な位置を占めているため、植物病理学の領域を超えて展開している[10]。卵菌類は系統上真菌類とかけ離れた位置にあるが、その先祖はそれまでやってきた光合成をやめて、栄養を他のものから吸収する生き方を選び、藻類から進化したと考えられている。その証拠はジャガイモ疫病菌のゲノムに、我々動物や起源の近い真菌類が決して持っていないもの、つまり広く光合成に関係する遺伝子が含まれていたという事実である[11]。

水生菌の菌糸がキノコを作る菌類ときわめてよく似た行動をとるのは、形態や行動に類似性が現われる収斂進化現象の素晴らしいひとつの例である。この二つの仲間は固い食物を食べるために、同じような手法を発達させた。それは「押しつけて溶かす」手法ともいえるが、消化酵素を分泌しながら、機械的に菌糸の先端を相手に突っ込んでいくやり方である。この機械的な押し込みは、ごく小さな菌糸の先端にかかる二気圧程度の圧力の働きによっている[12]。

水生菌と真菌類の間に見られる類似点は、植物との関係の隅々にまで及んでいる。たとえば、すでに述べたように、二つのグループはともに附着器を作り、宿主に過敏感反応を起こさせ、同じような感染のための足場、つまり吸器を作る。どれをとっても、植物に対する戦いぶりがあまりにもよく似ていることから、このような手法を獲得するのに、それぞれ何百万年もの時間を費やし、まったく同じ答えに到達したものと考えられる[13]。

植物の感染症を調べても、その疾病を治療する普遍的な方法にはつながらないかもしれないが、水生菌と真菌類との間に共通するいくつかの法則が見えてくるから、おもしろい。

バークレイ師の苦労

疫病など、植物病害の研究を進めるうえで、大きな障害になっているのは研究費の問題である。分子生物学や細胞生理学の研究には莫大な金がかかり、競争的資金の獲得もままならない。そのため、フィトフトラのゲノム解析に携わっている研究者たちは、国際共同研究を通じて資金を調達し、研究を進めているという[14]。

一方、バークレイ師はまったく違った戦い方をした。ジョセフ・フッカーが一八六八年に顕微鏡を一台寄贈してくれるまで、師は上等のものを使っていなかったそうである。つまり、研究を始めたころ、バークレイ師は拡大鏡か、手持ちのレンズを使っていたのだ[15]。フッカーの贈ってくれた顕微鏡があっても、集光器の鏡に反射するほどの光が届かない暗い日には研究できなかった。またノーサンプトンシャーの教区の副司祭としての任務に縛られていたため、研究に割く十分な時間もなかった。師の研究の障害を知ると、私のような意気地のない文句の多い人間は謙虚であるべきだとは思うのだが、米国科学財団が私の素晴らしい研究提案をボツにするたび、いつも頭にきているのだから、情けない。

ジャガイモ飢饉が起こった当時は、病気の原因を調べるのも、一苦労だった。というのも、まだ植物病理学という研究領域ができていなかったので、バークレイはまずそれを立ち上げねばならなかった。初期にベネディクト・プレヴォーが行ったコムギのなまぐさ黒穂病に関する説明は、ほとんど無視されていたので、バークレイは特殊な微生物が特定の植物の病気の原因になるという考えを、再構築しなければならなかった。水生菌がジャガイモ疫病の原因だと彼が決めた根拠は、病斑が出たところには常に糸状菌糸のコロニーがあるということ、言い換えれば葉の表面に糸状菌糸が見えないところは病気にかかっていないという事実だった。

シャルル・テュランの絵の素晴らしさに比べると、バークレイの描いたフィトフトラの図はかなりお粗末なものだが、病原菌と腐りかかったジャガイモの密接な関係を見事に伝えている（図7-

2）。この図は、糸状のものが植物体の中に入り、破壊している様子を読者に知らせるという点で重要なものだった。

アーネスト・ラージは、「おそらく、この図を見た人は無色の針金のような海藻が消化器官や肺などを食い荒らして息の根がとまりそうになり、それが自分の口や鼻の穴から生え出してくる気持ちの悪い状態を思い浮かべることだろう。そうすれば、少しは病原菌で葉がカビだらけになったジャガイモの苦しさを、多少荒っぽいかもしれないが、教訓として理解できるだろう」といっている。[16]

バークレイのジャガイモ疫病に関する図入りの論文は、プレヴォーのなまぐさ黒穂病の研究以後に出た報告の中で、最も優れたものといえる。[17] ただし、プレヴォーと違って、バークレイは自分の突き止めた病原体が、確かに疫病をひき起こすということを実証できなかった。バークレイは新しい菌を収集する分類学者だったので、彼が下したジャガイモ疫病に関する結論は、実験というよりもむしろ観察に基づいたものだった。[18] ルイ・パスツールが白鳥の首型フラスコを使った古典的実験を試みる一五年も前に、病気の原因究明に奮闘していたにもかかわらず、科学史の中でこの聖職者の名がさほど取り上げられていない理由はこのあたりにあるらしい。[19]

因果関係を十分証明することはできなかったが、ジャガイモ疫病に関するバークレイの解説は、それまでの迷信を打ち砕いたという点で革命的なものだった。この聖職者は微生物に的を絞ることで、ジャガイモ疫病の宗教的解釈の息の根を止めたのだ。私の父のお気に入りの言葉でいえば、バークレイ以後、植物の病気の研究には、「物わかりの悪いばか者」が付け入る隙がなくなったのである。[20] 皮肉なことに、この聖職者は神様をどうでもいい傍観者の立場に格下げしてしまったのである。

ただし、バークレイは無神論者ではない。彼は「全知全能の神は、人の目から見れば、言い逃れに過ぎない卑劣なことなのだがご自身の目的が達成されることをお喜びになっているらしい」、と結論づけることで、彼の信仰と科学研究を矛盾のないものにしてしまったのだ[21]。

アイルランドの悲劇

この「神の目的」にはジャガイモ飢饉も含まれていたらしい。ヨーロッパに始まった伝染病は北アメリカに広がり、一八四三年にはフィラデルフィアやニューヨーク周辺でも大流行が始まり、翌一八四四年には中西部からカナダにかけて蔓延した[22]。この病気がアメリカのジャガイモ生産に与えた影響は深刻だった。ペンシルベニア州とデラウェア州の生産高は、一八四三年の「新来の病気」で半減したが、この地域では多種類の作物が栽培されていたため、餓死者が出るには至らなかった。

すでに、このころまでに病原体はヨーロッパに入っていたらしいが、一八四五年夏の後、涼しい雨の多い天候が続くまで、アイルランドのジャガイモを襲うことはなかった。十九世紀のはじめごろ、アイルランドのある地域では、いわゆる乾腐という腐敗病などの病気が出て、ジャガイモ栽培に失敗していたが、それに比べてジャガイモ疫病による被害は桁外れの規模だった[23]。一八四五年には国全体の生産量の四〇パーセントがこの病気にやられ、翌年にはジャガイモの九〇パーセントが消滅した。一八四七年には一休みしたが、一八四八年にはまたひどい被害が出た。

ジャガイモ疫病はヨーロッパ各地を襲ったが、なぜアイルランドで被害が大きくなったのかという点については、社会学的な検討がなされている。アイルランドの人口は一八〇〇年には五〇〇万人だったが、一八四〇年には八〇〇万人に膨れ上がり、そのうち三〇〇万人がジャガイモを主食にしていた。小作人たちはジャガイモでカロリーを補い、それを売って地主に地代を払っていた。飢餓と病気による死亡者数はおよそ一〇〇万人にのぼり、飢饉の年には一〇〇万人を超える人々がアメリカ大陸へ移住した。絶え間なく移民し続けたために、一九一一年には飢饉前に比べて人口が半減してしまった。

十九世紀のころ、アイルランドは大英帝国連邦の一部だった。そのため、イギリスからの救援は一八三八年にできた貧民救済法にのっとって実施されたが、それは職業安定所の不十分な仕組みを通して、貧困家庭を援助するという程度に過ぎなかった。一八四七年五月二四日、ヴィクトリア女王はその日をアイルランドへの祈りの日と定め、飢饉救済のためにわずかばかりのお手元金を寄付した。ただし、ハイドパークでの飢饉救援コンサート（訳注：飢饉救済〈一九八五年〉、貧困撲滅〈二〇〇五年〉をテーマに開かれた大規模なロックコンサートのこと）は開かれなかったが……。

何人かの著者、特にアメリカの学者たちは、飢饉による死亡者数はもっと多く、これはイギリス政府がとったアイルランド人を集団飢餓に追い込む政策の結果だと信じている。[24] この意見は多少インチキ臭いが、私はこの点について政府が手を下したのかどうか、いまだにすっきりしないままである。

学校の歴史の授業では、イギリスがアイルランドに対してとった恥ずべき行為は、大して問題にもされなかった。たとえば、十七世紀にクロムウェルがアイルランドの片田舎でやった虐殺についても、ポーグスというロックバンドが歌の中でクロムウェルを呪うのを聞くまで、まったく知らなかったほどである[25]。これ以上無知をさらけ出して、下手に飢饉の解説をし、専門家の顰蹙を買いたくないので、代わりにラリー・ザッカーマンのジャガイモ疫病に光を当てた最近の作 *"The Potato: How the Humble Spud Rescued the Western World"*『ジャガイモが世界を救った』（青土社[26]）という本を紹介しておこう。

ただ、私はこの悲劇の菌学的側面には触れておきたい。たったひとつのランパーという品種がアイルランドの貧しい農民の暮らしを支えていたが、この品種はジャガイモ疫病菌に対する抵抗力をまったく欠いており、飢饉の年の寒くて雨の多い天候は遊走子にうってつけだった。何度もいうように、単一種の栽培は病原菌にとって格好のご馳走だったのである。

ボルドー液を作ったのは誰か

バークレイが行ったジャガイモ疫病の謎解きも、この病気の大流行に悩まされていた人々にとって、実際にはほとんど役に立たなかった。アントン・ド・バリーは、さび病菌の生活環に関する研究に次いで、一八六〇年にはジャガイモ疫病の病原菌に関心を移し、まもなく罹病した葉からとった胞子嚢を健全な植物に接種し、感染させることに成功した[27]。彼はフィトフトラの遊走子が胞子嚢から出て、葉に侵入するのを最初に観察した人である。故意に感染させた植物体の葉から新しい胞子嚢が生えてきたのを見て、ド・バリーは見逃されていた因果関係を証明できたと確信した。しかし、感染経路が明らかになったからといって、病気の治療法が決まったわけではなかった。

葉に傷害が出た時点で、すぐイモを収穫してしまえば、何とか一部は救えたが、胞子が湿った土の中を泳いで直接感染する場合は、イモが腐っているのかどうか判断できなかった[28]。ジャガイモ疫病の治療法は、一八八〇年代にフランスの発明家、ピエール・マリー・アレクシス・ミラルデがボルドー液を作るまで待たなければならなかった。ところで、この強力な殺菌剤の発見物語は、過去一二〇年ほどの間にすっかりぼやけてしまったので、記録を読み直しておく必要があるだろう。

ミラルデはド・バリーの弟子で、ストラスブールのフランスの大学の教授になった人物である。彼は普仏戦争に軍医として従軍し、その後ナンシー、次いでボルドーで大学教授の職に就いた[29]。ミラルデが語ったところによると、メドックにあるセント・ジュリアンぶどう園をぶらついていたとき、ブドウの葉の上に青白いものがついているのに気づいたという[30]。これはブドウが盗まれないようにと、園主が道沿いの木にまいたもので、硫酸銅、いわゆる緑青と石灰を混ぜたものだった。ミラルデは液で処理されたものが、何もしないものよりも健全に育っていることに気づいた。

一般には、フランスの研究者がワインの産地をぶらついていて、ブドウを攻撃する疫病に銅剤が効くという事実を発見し、手柄を立てたとされている[31]。さらに、彼は実験を重ね、ジャガイモ疫病を含む多くの菌類病に有効な硫酸銅と石灰の最適混合比率を決めたともいわれている。これはすべての植物病理学者たちにおなじみの物語だが、私には信じられない。なぜか。

硫酸銅と石灰を混ぜたものでコムギの種子を処理すると、なまぐさ黒穂病が出ないことにベネディクト・プレヴォーが気づいたのは、ミラルデより八〇年も前のことである。プレヴォーはモントーバンで研究していたが、そこでは古くから石灰が使われており、農民がたまたま銅の入った液で種子の消毒を行っていたのが幸いした。モントーバンから二〇〇キロ南にあるメドックの農民が、ブドウの泥棒よけに化学的にまったく同じ混合物を、偶然使っていたといえるだろうか。ミラルデは自分がそこへ行くずっと前から、農民がボルドー液に似たものを使っていたと話しているが、彼らがブドウの疫病やうどんこ病に効くことに気づいていなかったというのもおかしな話である。

ミラルデは発明の思い出話の中で、硫酸銅処理の伝聞について語っている。それによると、はじめのうちは自信がなかったが、この噂話に勇気付けられて研究を続け、その地方の農業組合と利益を分かち合ったという。この話からすると、少なくとも私には硫酸銅と石灰の使い方を発明したのは、フランスの農民だったように思えるのだが……。当時、農民たちは、プレヴォーが勧めたように、なまぐさ黒穂病菌を抑えるために種子をボルドー液に浸したり、ブドウの病気を予防するために葉にふりかけたりして、この混合液をあらゆる病原菌の予防薬として、すでに使っていたのではないだろうか。どう考えても、植物病理学者たちがいうように、ミラルデがゼロから出発して、発明したのではなかったらしい。

とはいえ、殺菌剤として硫酸銅を上手に使う方法を考案したのはミラルデだった。彼が教えるまでは、ブドウに薬剤をいつ、どれほど散布すればいいのか、農民たちはほとんど知識を持ちあわせていなかったことだろう。彼も成功した多くの科学者と同じように、いい仕事をして、それに見合う報酬を受け取り、歴史に足跡を残したのである。

ボルドーにはひと房のブドウを捧げた裸体の少女が、ミラルデの胸像の乗った台座に寄り添ってミラルデを称えている記念碑が立っている。はたして、これでいいのだろうかといいたいが、植物病理学者たちがその研究史の中で、一八八三年から一九〇六年に至る時期を「ミラルデ時代」と呼んでいるのだから[32]、多勢に無勢といったところ。

薬剤による防除

ボルドー液は罹病植物の組織に浸透する殺菌剤と異なって、あくまでも予防薬である。ミラルデは、うどんこ病菌の胞子がブドウやイチゴの葉面で発芽するときに最も感受性が高くなるので、その時期に散布すれば、病気を抑えることができることを、よく知っていた。セイロンにいたマーシャル・ウォードもコーヒー農園の大被害を眼にしたとき、同じことに気づいていた。バークレイなどの研究者たちも、コーヒーノキの葉さび病に対して、銅剤だけより硫酸銅と石灰の混合物を使うことを勧めていたが、この処理が効果を表わすよりも早く、病気が蔓延してしまったというわけである（第三章参照）。

銅のイオンと硫酸は同じように、病原菌がエネルギー生産のために必要とする酵素の活性を阻害するとされている[33]。その働きは、ちょうど自動車のバッテリーとエンジンをつないでいるコードを切るようなものである。一般には、たくさんある化学物質の中から、農薬として最も効きそうな物質が見つかって初めて、殺菌剤の働き方がわかるのだが、病原菌の生活環に踏み込んで、特定の生化学反応を狙った薬剤が開発できれば、この仕事はもっとおもしろくなるだろう。

殺菌効果のある銅剤の開発は、アイルランドのジャガイモに間に合わなかったが、ボルドー液はその後一世紀以上にわたって、ジャガイモ疫病の抑制に威力を発揮した。この薬剤は予防を狙った噴霧剤として、ずっと使われていたが、ミミズなどの土壌動物や微生物に対して毒性があり、そのために起こる地力の低下が危ぶまれるようになったため、より近代的な合成化学農薬がこの単純な混合物に取って代わることになった。

ジャガイモ疫病菌に対して使われている殺菌剤には、マンコゼブのように葉の組織には浸透するが、植物体全体には広がらない葉面噴霧剤や、一九七〇年代にジャガイモ疫病菌に抜群の効果があるといわれて売り出されたメタラクシルのような植物体全体に効くものなどがある。メタラクシルはフィトフトラとその仲間に選択的に効く、いくつかの化学物質のひとつで、水生菌のグループに対して、タンパク合成の鋳型になるRNA分子をつなぐポリメラーゼを阻害する働きを持っている[34]。

ところが、このような特定のものに的を絞った殺菌剤には大きな欠点がある。細菌が新しい抗生物質に二、三年で適応進化して逃れるように、菌も変身して一度は致死的だった化学物質に反応しなくなり、攻撃力を強めて新たな餌食を襲う例が増えているのだ。

ジャガイモ疫病菌の卵（卵胞子）

フィトフトラはジャガイモ以外にトマトの実にもつく。病原性を持ったフィトフトラは宿主植物群を相手にしており、トマトとジャガイモは同じナス科に属しているのだから、それも当然である。この二つの作物はいずれも南米原産で、おそらく水生菌のほうもそこで生まれたのだろう。

病原菌とその宿主植物は、いつもいっしょに暮らしているが、病原菌のほうは別の場所でたまたまカロリー源になる気に入った相手が見つかると、餌になる宿主の幅を広げることができる。十九世紀の研究者たちは、ジャガイモがアンデス山脈原産だと知って、病原菌も同じ場所から来たのだろうと思った[35]。また、メキシコも水生菌の故郷の候補に挙げられているが、病原菌の起源を確かめるには、その有性生殖を知るなど、もう少し手間がかかりそうである。

水生菌の卵胞子は次のようなやり方で生まれてくる。造精器という雄の器官が、造卵器という未受精卵を持った雌の器官に向かって成長する。接触すると、雄が造卵器の上で楔のようになり、その細胞壁を突き破って卵球の中に精子を送り込む[36]。生殖行動が終わると、卵球の細胞壁が厚くなって卵胞子になる。

この生殖過程は、他の菌ですでに十九世紀に知られていたが、まだ誰もジャガイモ疫病菌の卵胞子を発見していなかった。ワージントン・スミスというイギリスの菌学者が、発見できたと思い込んで、一八七五年にその成長過程の図を「ネイチャー」に投稿した[37]。自分で探してもうまく見つけられなかったアントン・ドゥ・バリーは、この研究結果にすぐ疑問を抱いた。そこで、スミスの顕微鏡標本を取り寄せて調べてみると、スミスの図は、ジャガイモ疫病菌の後から入ってきた、死んだ葉や塊茎を食べるほかの水生菌の卵胞子を描いたものだとわかった[38]。

名高いド・バリーにしては不思議なことに、スミスの研究を否定した論文を一度も「ネイチャー」に載せなかった。そのため、一九一〇年になってアメリカの植物病理学者、ジョージ・クリントンが本当の卵胞子を発見するまで、多くの研究者がスミスの誤った発見を信じ続けていたというおかしな話がある[39]。

クリントンは菌が腐らせたジャガイモのスープの中ではなく、病原菌の培養株を調べた。彼は雄と雌の生殖器官、造精器と造卵器を見つけて、交配させることには成功したが、培養されていた水生菌はどうしたわけか、まことに不熱心で卵胞子を作らなかった。ところが、フィトフトラのほかの種とかけあわせると、雑種の卵胞子がたくさんできてきた。明らかにジャガイモ疫病菌は他の種との交配を望んで、同一種同士の結合を避けていたのである。

交配して強くなったジャガイモ疫病菌

アイルランド農業省にいたジョージ・ペシブリッジは、ジャガイモ疫病菌が持っている、もうひとつの奇妙な特徴を見出した。普通の性交渉では、精子を持った雄の枝が小さな雌の生殖器官を突き抜けることによって、生殖行動が始まる（図7-6）。

ジャガイモの病原菌の雄親がなぜこのように弱いのかという理由は、この菌が決められたA1とA2という二つの交配型を持っていることがわかって明らかになった。A1がA2に出会うと、遺伝子が結合して新しい性質を持った子孫が生まれてくる。ひとつの交配型を培養基の上で強制的に育てると、雄と雌の器官を作るが、クリントンが見たように、繁殖は極度に抑えられる。十中八九、ジャガイモ疫病菌はめったに卵胞子を作らず、その代わり無性繁殖によって遊走子を作り、それぞれ遺伝的にまったく異なる系統となって、別世界に広がっているらしい。

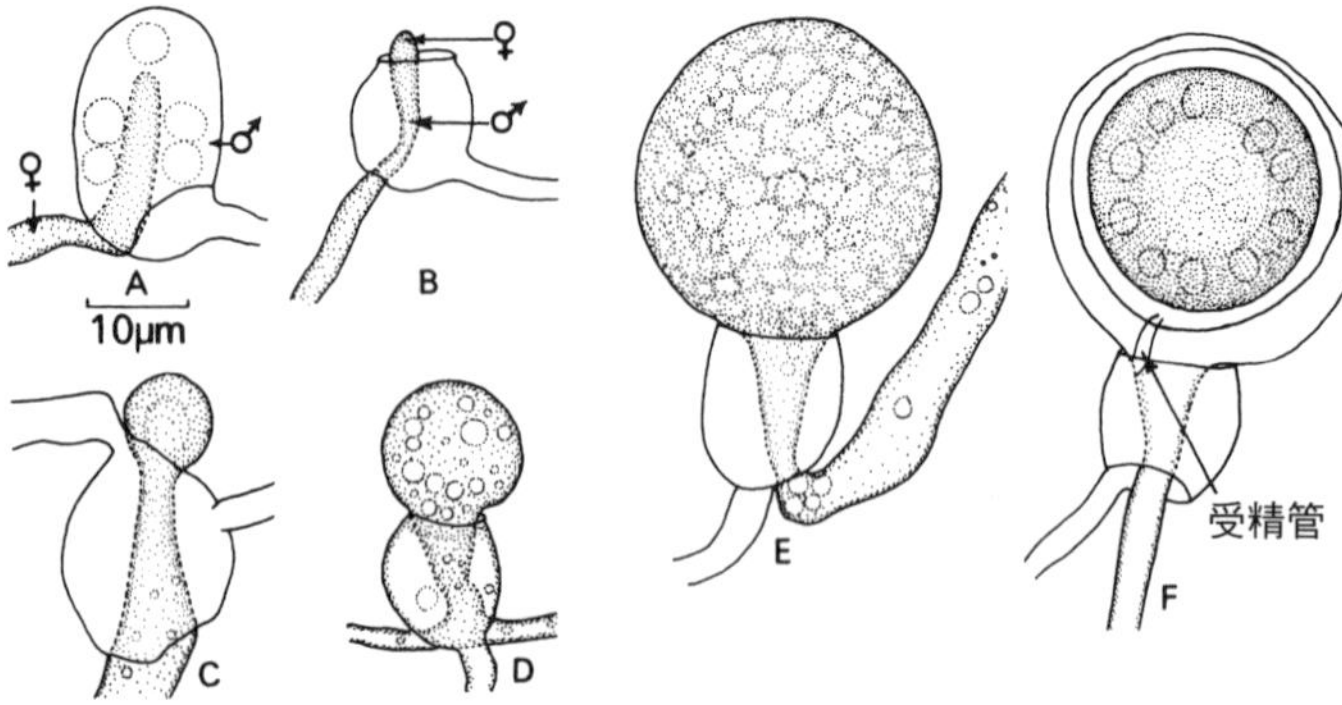

図7-6　ジャガイモ疫病菌に特異的な有性生殖過程。
(A、B) 雌の造卵器になる枝が雄の造精器を貫通する。
(C、D、E) 枝の先端が膨らみ、造卵器または卵球の袋になる。
(F) 雄の枝は造卵器を突き抜けて受精管を作る。受精すると造卵器は一個の卵胞子を持つ。
この図はジャガイモ疫病菌の近縁種、*Phytophthora erythroseptica* のもの。
J. Webster, *Introduction to Fungi* (Cambridge, UK: Cambridge University Press, 1980) より。

現在、ミトコンドリアにあるＤＮＡを調べることによってⅠａ、Ⅰｂ、Ⅱａ、Ⅱｂという少数の系統が知られている(41)。また、これらの系統はⅠａ／Ａ１、Ⅰａ／Ａ２、Ⅰｂ／Ａ１などといった二つの交配型として生きているという。

これからすると、病原菌はメキシコで進化したのではないかという考えにたどり着く。というのも、水生菌の二つの交配型が、ある国で揃って発見され、そこで遺伝的変異に富んでいれば、病原菌の出た地域が特定され、正確にその誕生の地を予想することができるからである(42)。この菌が研究されたところではどこでも、Ⅰｂグループの独身主義者のＡ１系統が見つかっている。もし、二十世紀にヨーロッパでジャガイモを腐らせている病原菌が、飢饉をひき起こした系統の子孫だったとしたら、たったひとつの系統が一八四〇年代にメキシコを離れて、人間を窮地に追い込むもとになったといえるだろう。

ところが、研究者たちがほっとしたのもつかの間、Ａ２交配型が一九八四年にスイスで発見され、それ以後、この水生菌が採集されたところではどこでも見つかるようになった。見かけ上、消えたように思えたＡ１交配型の相手が現われたということは、フィトフトラが予想をはるかに超えて、もっと多くの相手と交配できることを示している。植物病理学者たちは、この種が先祖の生殖能力を回復し、薬剤耐性を獲得して以前よりも攻撃的になったのではないかと、心配している。

不幸なことに、すでにこのことに気づいたジャガイモ栽培農家が報告を寄せ始めている。事実、一九九〇年代にアメリカやカナダで起こったジャガイモやトマトの疫病の発生は流行病として、正式に認定された[43]。そのときはメタラクシルを散布したにもかかわらず、ジャガイモ畑が全滅し、農民が腐ったジャガイモの山の上で記念写真を撮るほどだった。農薬や抵抗性品種が入手しにくいロシアでは、この病気の流行に恐慌をきたした[44]。飢饉から一五〇年たって、世界のジャガイモ栽培地帯に広がっていた病原菌の多様な遺伝子が、メキシコや南米から新しい系統が入ってきたことによって、ますます活発になり始めたらしい。

ジャガイモ疫病の専門家、ハワード・ジュデルソンによると、「ジャガイモの病害対策にかかるコストは、殺菌剤に要する費用、一〇億ドルを含めて、世界全体で年間五〇億ドルを超える。これは一日の消費量を二二〇〇キロカロリーとし、現在のアメリカのジャガイモの値段を基準にとると、全世界の人口を二・七日分養えるだけのカロリー源を買える金額になる」という[45]。

ジャガイモ疫病菌の起源

ごく最近、ノースカロライナ州立大学にいるジーン・リステイノが行った分子生物学的解析によって、ジャガイモ疫病菌の起源がかなりはっきり見えるようになってきた。リステイノは十九世紀に採集され、標本館に保存されていた罹病したジャガイモの標本や資料を整理することから研究を開始した。最初の発見は、一八七〇年代にイギリスで集められた標本の中に、ジャガイモ疫病菌、*Phytophthora infestans* のものによく似た卵胞子を見つけたことだった[46]。

この罹病したジャガイモの茎や塊茎の標本は、チャールズ・プローライトという植物学者がキュー植物園に寄託したものだったが、彼はその標本ラベルに卵胞子があると書いていた。研究助手を二人も使っていたド・バリーは、ちょうど同じころ、罹病したジャガイモをじっくりと観察していたはずだが、卵胞子を見つけることができなかった。運が悪かったのか、判断が甘かったのか知らないが、とにかく彼らは卵胞子を見落としたか、それとも何かほかのものと思ったか、いずれかだったらしい。

ワージントン・スミスは、ド・バリーが卵胞子を見逃したことについて、誰もあえて質問しなかったことで問題があいまいになったと思っていた。リステイノが標本の中に再発見した卵胞子が、この病原菌のものだったとしたら、おそらく二つの交配型は十九世紀のヨーロッパ世界を渡り歩いていたということになる。

リステイノは、飢饉のときに集められた複数の標本からＤＮＡを抽出して、病原菌の遺伝子の同定を試みることにした。彼女はバークレイの標本館にあった材料のＤＮＡをうまく増幅し、ジャガイモ飢饉をひき起こした菌はＩａ系統に属しており、最近、流行病の原因になっているＩｂ系統ではないことを見出した[47]。

現在、Ｉａ系統はメキシコや南米で見つかっているが、分子生物学的手法でも、アイルランドの飢饉をもたらした菌の起源はまだ明確になっていない。一方、一八四〇年代には、ジャガイモがまだメキシコから輸出されていなかったので、南米が起源の地として残されている。では、顕微鏡サイズの小さな水生菌が、どのようにして何千マイルも離れたヨーロッパにたどり着いたのだろう。

少し考えると、感染力を持った遊走子がアンデスからヨーロッパへ泳いできたとはとても思えないが、実験的に考えてみるとおもしろい。一秒間に一ミリメートルの速さで泳ぐとすると、フィトフトラの遊走子は一万キロ泳ぐのに三〇〇〇年以上かかることになる。このきつい芸当に耐え抜くために、遊走子の細胞は少なくとも自分の体の三〇〇万倍の餌をとらなければならないだろう[48]。さらに水生菌にとって問題なのは、海水の毒性である。

では、空飛ぶ胞子嚢というのはどんなものだろう。論文になるのなら、気象学者はリマからリメリックへ胞子嚢を乗せて運ぶ風のパターンを描き出してくれるかもしれないが、人がまじめに受け取るとは思われない。

おそらく、病原菌の移動はもっと簡単で、鳥の糞やジャガイモを積んだ船に乗ってやってきたように思える。南米から北アメリカやヨーロッパへ、鳥の糞の燐酸肥料、グアノが輸出されるようになったのは、一八四〇年からのことである。また、ヨーロッパで爆発的に成長した家内工業のための原料の船荷に、南米産のジャガイモが混じってくることも多くなった(49)。多分、この中のいくつかが、菌のIa系統に感染していたにちがいない。

病原菌の移動の跡を追いかける分子生物学的調査はまだ始まったばかりだが、現在Ib系統が広がっているというのは、飢饉のときに蔓延したIa系統が、メキシコや南米から新たにやってきた新しい系統によって追い出されたせいではないだろうか。おそらく、新しい系統の病原性が強く、ジャガイモの葉や塊茎の上で元からいた菌に出合うと、それに勝つケースが多かったのかもしれない。要するに、ここも食うか食われるかの世界なのだ。

現在の基準で見れば、Ia系統は弱いほうかもしれないが、アイルランドの湿った土地にやってきたときはそうではなかった。一八四五年のある朝、先陣を切る胞子嚢の雲が、青々と茂るジャガイモ、ランパーの上に漂い、その湿った葉に張り付いた。どんな流行病も、はじめはひそやかなものである。この病気は一〇〇万を超える人々を死に追いやり、史上稀に見る大量の食糧難民を生み出した。一九六六年、詩人のシーマス・ヒーニーはその詩"*At a Potato Digging*"(ジャガイモ掘り)の中で、ジャガイモ疫病が蔓延した後の小作人たちの悲惨な暮らしを次のように描いている。

新しいジャガイモは傷まず石のように硬い
それも　粘土の穴に三日も置くと
何百万ものジャガイモとともに
すべて腐りはててしまう

口は結ばれ　眼は死人のようにうつろで
顔は羽をむしられた鳥のように冷たく
一〇〇万ものあばら家の中で
飢饉の嘴がはらわたをつつく

人々は生まれたときから飢えに苦しみ
草のように汚れた土にまみれ
大いなる悲しみにさいなまれ
望みは骨の髄まで朽ち果てる

悪臭を放つジャガイモが大地を汚し
穴は膿で汚れた塚のようになる
ジャガイモ掘りはどこへ行ったのか
いつまで　この膿の臭いをかぎ続けるのか[50]

第八章　止まらない木の枯れ
――未来に向けての菌とヒトのかかわり

菌類と植物の長い歴史

最初の陸上植物、クックソニアは頭に胞子がいっぱい詰まったボールをつけた繊維質の生き物だったが、その化石は四億二五〇〇万年前のシルル紀の地層から出てくる。そのころ、すでに菌類もいたはずだが、病原菌に傷つけられた植物化石は、まだ見つかっていない(1)。ただし、水生菌のツボカビが藻類に感染している状態が、四億年前のデボン紀の化石に残っており(2)、植物の成長に必須とされる菌根菌の複雑に枝分かれした細胞が、同じころの化石化した植物の根で見つかっている。

病気にかかった植物の化石が、この時代にないからといって、そのころは菌類が植物と仲良く暮らしていたといえるわけでもない。病気の化石がないのは、古生物学者たちが腐ってつぶれた組織の化石を捨てて、きれいに見えるものだけを拾っているからではないだろうか。

おそらく、菌根菌は最初から陸上植物に共生して、植物に必要な栄養源を岩石から取り出し、植物が光合成した糖類と交換していたように思えるが、病原菌は菌根菌が現われるずっと以前に登場していたことだろう。いずれにしても、私は、シルル紀の泥の中で植物に喰らいついていた卵菌類の先祖、プロトフィトフトラクックソニエンシスという水生菌がいたと信じたいのだ。

クリ胴枯病菌やニレ立枯病菌を含む子嚢菌のグループが現われた証拠は三億年前の化石に残っているが、これが今はびこっている植物病原菌群の誕生の前触れだった。要するに、人間が現われて農業を始めるずっと以前に、菌類は我々の作物を消し去る準備をしっかりと整えていたのである。

情け容赦のない森林破壊とあいまって、どんどん広がる大規模単一栽培型の農業が、遺伝的にまったく均質で巨大な餌場を病原微生物に与え、その繁殖を促すようにしてしまったのである。さび病や黒穂病は、しばしば農民を不安に陥れ、何千年もの間、人類を飢餓に追い込んできた。ところが、十九世紀に入って荒っぽい農業機械が草原を引っ掻き回すようになると、病原菌たちはそれに対抗するように、少なくとも歴史的に見て人類始まって以来、最も大きな胞子の雲を作り、それをまき散らすようになった。そこで登場したのが、植物病理学と化学殺菌剤だった。

もし、私たちが慎重な農民か自然保護論者だったら、あるいは地球規模で産児制限に取り組んでいたとしたら、二十一世紀の地球はエデンの園になっていたかもしれない。植物病理学者にとっては幸いでも、他の生物群にとっては不幸なことに、私たちは多くの点でこの地球を痛めつけてきたのである。この章では、菌類が絶えず前進している例を取り上げ、地球環境の中で人類と菌類が競合していく姿を描いてみようと思う。

森林への脅威、人が運んだストローブマツとさび病菌

クロナルチウム　リビコーラ *Cronartium ribicola* がひき起こす五葉マツ発疹さび病は、五針葉のマツとしてよく知られているストローブマツを枯らす病気である（図8-1）。この病気はクリ胴枯病と同じほど長い間流行しているが、クリの病原菌と違って、この菌は合衆国西部にある感受性の高い五葉マツのすべてについている。[3] 五葉マツ発疹さび病の最初の兆候は、針葉に出てくる黄色か赤みがかった斑点で、菌の侵入口の近くに現われる。それから二年の間、植物は菌を振り切ろうとするが、次第に枝が奇妙に膨らんでくる。その結果、いわゆる癌で枝が絞め殺され、葉が落ちて植物体の活性の高い部分が破壊されてしまう。

このさび病菌の生活環はコムギ黒さび病菌のものとほぼ同じだが、宿主の点では異なっている。クロナルチウムの中間宿主はフサスグリ、またはスグリ属の植物である。さび病菌の夏胞子や冬胞子、担子胞子はいずれもフサスグリの上で作られ、ストローブマツは担子胞子によって感染し、担子胞子が樹上の傷から傷へと移っていく。いったん有性生殖が完了すると、菌はフサスグリに感染するさび胞子を空中へ送り出す。病気がマツからマツへ移ることはないが、そのために病気が減るということもない。

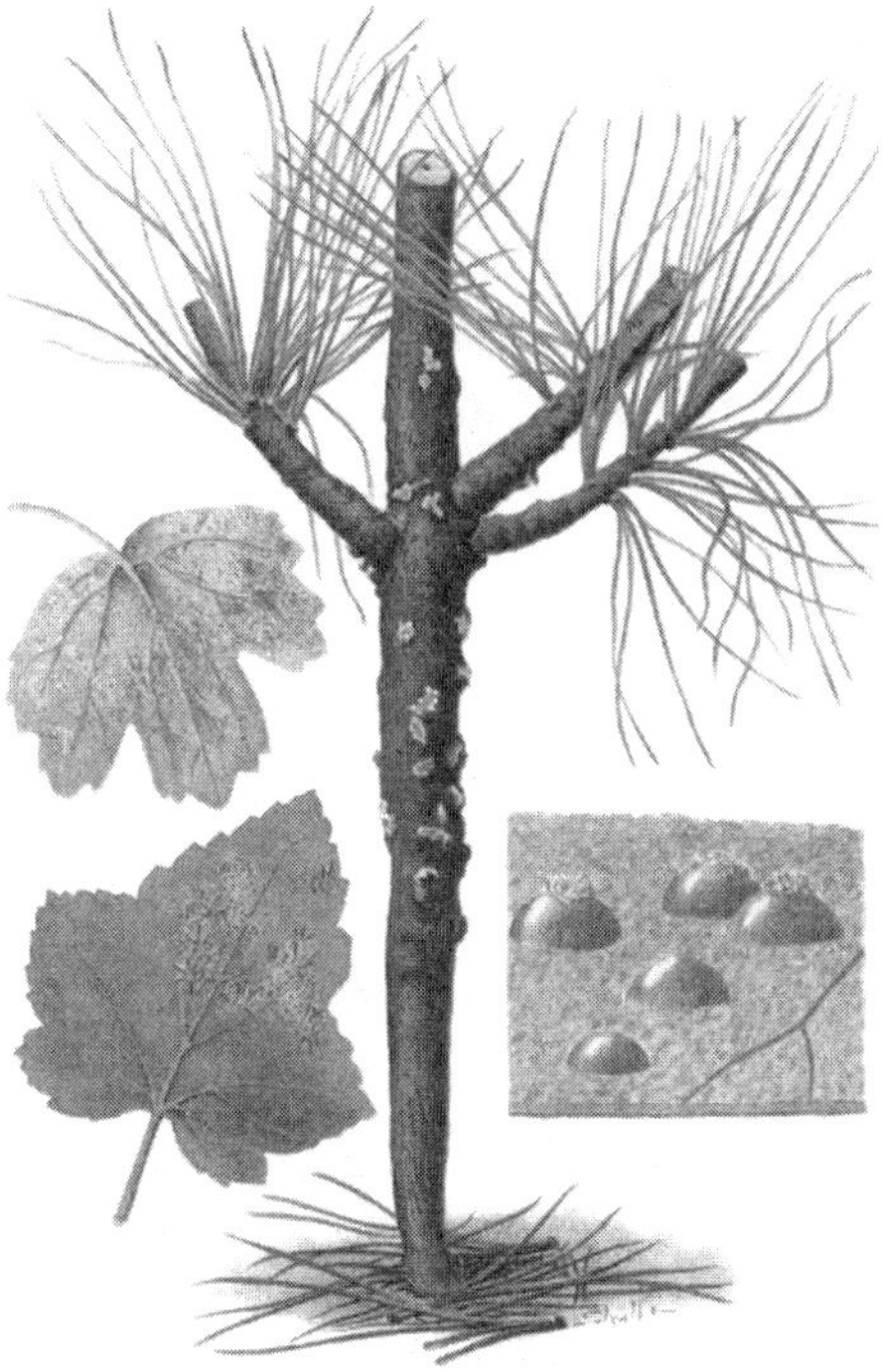

図8-1　五葉マツ発疹さび病、クロナルチウム　リビコーラ *Cronartium ribicola* に感染したストローブマツ。
W. V. Benedict, *History of White Pine Blister Rust Control－A Personal Account*, USDA Forest Service FS-355 (Washington, DC: U. S. Government Printing Office, 1981)

五葉マツ発疹さび病は、十九世紀の終わりごろドイツからアメリカに伝播し、一九〇六年、ニューヨーク州農業試験場にいたフレッド・スチュアートによって発見された[4]。またもや、病気の伝播時期が一致しているのに驚かされる。スチュアートによって研究されたクリ胴枯病は一九〇四年に発見され、ニレ立枯病も一九一〇年代に広がったが、なぜこの時期に樹木の伝染病の発現が集中したのか、不思議だ。

ストローブマツの発疹さび病の場合は、人間の不注意が原因になったことがはっきりしている。この病気は一八五〇年代にロシアでよく知られており、ヨーロッパを横断して西のほうへ広がっていった。したがって、いずれアメリカの森林が危険にさらされることはわかっていた。そのため、生物防除法の先駆者だったカール・フライヘル・フォン・ツボイフをはじめ、多くの研究者たちが粘り強く警告していたが、それにもかかわらず、一九一〇年にさび病菌をつけた大量のストローブマツの苗木が輸入され、アメリカ西海岸のバンクーバー島に植えられてしまった。

大西洋を渡ったこの病気の移動には、いくぶん複雑な国際取引が絡んでいる。さび病菌好みの植物は、いずれも十八世紀以前にはヨーロッパになかった。フサスグリとスグリの類はそれ以前から植えられていたが、さび病菌の生活環の半分が、この実のなる潅木に頼るようになったのは、この類の植物が園芸植物として流行し、広く栽培されるようになってからのことだった。また、大陸間で盛んになった栽培植物の取引は、病原菌が他の相手と出会う機会を増やすことになった。

一七〇〇年代に入って、ヨーロッパ在来樹種の木材供給が逼迫するにつれて、ヨーロッパ人たちは森林を復活させようとして、北アメリカからストローブマツの苗木を輸入し始めた。ストローブマツは全ヨーロッパに導入されたが、中でもドイツとバルト三国からロシアにかけて、最も広く植林された。

病原菌がマツについていったのか、一七五〇年から一八五〇年の間に植物園へ持ち込まれたフサスグリによって運ばれたのか、いずれかだったらしい。このころは、植物園のレンガ塀の向こうに、無数のおいしそうなスグリの茂みとストローブマツのびっしり生えた造林地が広がっていたのだから、菌にとっては天国にいる心地だったにちがいない。

もっとも、この菌はマツにとっては招かれざる客だったのだが……。

アメリカへ里帰りしたさび病菌

アメリカに眼を転じると、このころ合衆国の東部では広大なマツ林がいっせいに伐採されていた。というのは、一六〇五年、英国海軍のジョージ・ウェイマス大佐が大きなストローブマツは船のマストに最適だといって以来、その取引が盛んになったためである。多少細い木材はどんな種類の木工製品にも向いていたので、独立戦争以前のアメリカでは、ストローブマツの伐採や加工が重要な産業になっていた。天然林から伐り出される途切れることのない材木の流れを、製材所の鋸が音を立てて切り刻んでいたのである。

ストローブマツの輸出は、カリブ海地方へ奴隷を運んでくる三角貿易の一翼を担っていた。アメリカの材木はストローブマツの厚い板で造られた船に積まれて西アフリカに運ばれ、アフリカの奴隷は西インド諸島に連れてこられ、そこでとれた砂糖やラム酒がニューイングランドへ届けられた。

独立戦争から奴隷制の廃止に至る時期まで、ストローブマツの伐採が続いたが、二〇〇年にわたる森林破壊の後では、植林することが何か素晴らしいことのように思えたという。アメリカの苗木生産業がストローブマツの苗木の需要に応じきれなくなると、何百万粒もの種子がドイツの業者に送られた。ドイツで育てられて戻ってきたストローブマツの苗木の大半は、ヨーロッパでさび病菌の胞子の洗礼を受けていたのである。

ここで、ことの成り行きをはっきりさせておくために、ストローブマツとさび病菌の旅をまとめてみよう。

①ストローブマツは十八世紀にアメリカ合衆国からヨーロッパやロシアへ移入された。

②さび病菌は十九世紀に移入されたストローブマツの植林地で広がった。

③さび病菌のついた苗が北アメリカへ再移入され、二十世紀になって五葉マツ発疹さび病の大流行を見た。

ヨーロッパに広がる以前のクロナルチウムの生まれ故郷は不確かだが、クリ胴枯病やニレ立枯病の例に照らしてみると、いくつかの証拠から、これもアジア起源のように思われる。(5)

五葉マツ発疹さび病は、合衆国の北東部で大問題になり、一九〇九年には、この流行病との本格的な戦いが始まった。まず、病気が大発生した地域を隔離するために、周辺地域のマツとスグリの類をリング状に皆伐した。同時に、発疹さび病防除対策事務所が設立され、政府のクリ胴枯病対策にならって、協議会が組織された。(6) その後、ストローブマツ林のある地域ではどこでも、マツ林の近くで栽培しているフサスグリやスグリの類を一掃するようにという指令を植物防疫所が出して、駆除作戦を実行に移した。さらに、この指令は野生のスグリ属植物を退治する国家的事業へと拡大した。

植物病理学と菌学の仲たがい

コネチカット州農業試験場の植物病理学者だったロナルド・サックスターは、政府の役人が彼のメイン州にある別荘の庭のフサスグリを処分しようとしたのを断った。これはキッタリーポイントの戦いとして有名になったほどの話だが、彼はショットガンを構えて家の門のところで役人を待ち受けたという。職責上からいっても、彼の立場は微妙だったが、その行動は植物病理学者の病的な考えの典型的なものだった。彼ははじめのころボルドー液の普及に携わっていたため、皮肉を込めて、殺菌剤散布に頼る植物病理学のことを「水鉄砲植物学」と呼んでいたのである(7)。

サックスターは、植物病理学者と菌学者の間に何十年も続いていた争いに首を突っ込んでいた。そのつまらない争いのもとは、要するにどちらの研究領域が優れているかということだった。植物病理学は菌類のほかに、植物に害を与える昆虫や細菌、ウイルスなど、あらゆるものを取り扱うので、当然菌学よりも幅広い領域を扱うことになる。もちろん、菌類に関する部分は完全に菌学と重なり合っているのだが、当時は基礎と応用という立場の違いによって、両者の間の軋轢はかなり深刻だったらしい。植物病理学は常に応用課題に対応しているが、菌学は多様な生物を純粋に追求しようとするところから始まるからである。

もっとも、今ではこの違いもまったく無意味なものになっている。科学者に共通する問題だが、現代の菌学者も自分たちの仕事を応用問題にできるだけ関連づけるように強いられている。たとえば、シャーレの中で菌糸がどのように成長するか調べている菌学者も、クリ胴枯病の専門家が病気の発生を理解するのに役立つ仕事をしなければならないのである。逆に、特定の殺菌剤が働く仕組みをよく知れば、すべての菌類が成長する仕組みをもっとよく理解できるようになるかもしれない。植物病理学者は植物病理学のある学部で博士号をとり、菌学者の多くは生物学か植物学の学部出身なので、これぞ同志といえる生粋の菌学者にめったにお目にかかれないという悩みが今でもあるのは事実だ。[8]

スグリの退治作戦に楯突いたサックスターのへそ曲がりも、ある程度正しかったといえるかもしれない。この対策も小面積のマツ林には効果的だったが、広範囲に見れば、なんの効果も表われず、さび病菌はアメリカ合衆国とカナダの針葉樹林に広がってしまったのである。一九三〇年代までに、ニューイングランド地方のストローブマツの四〇パーセントが致命的な被害にあい、北西部の太平洋沿岸の多くの地域から成木が消えてしまった。また、天然下種した芽生えが、さび病菌に弱かったため、天然更新も見られなくなった。

ほかのマツにも広がるさび病

アメリカに入ってから一〇〇年の間、クロナルチウムは合衆国の森林最大の脅威とされていた。ところが、ここ五〇年ほどは北東部での病気の発生が著しく減っている。その理由はまだ明らかではないが、おそらく流行し始めたころに、抵抗性品種が自然に選抜され、それが生き残ったためではないかといわれている(9)。野生植物の場合は宿主植物の遺伝的変異の幅が広いと、病原菌と宿主の間に共進化が起こり、双方が消滅を免れると考えられる。しかし、病原菌が単一栽培された宿主に出会った場合には、共倒れになる危険性が高いというのが一般的である。

これまで話してきたように、自然生態系における病気の大発生と栽培作物を襲った流行病では、その結果に大きな違いが見られる。遺伝的に均質な作物集団の中では、新しい病気に対する抵抗力がほとんどないに等しいか、もしくは出にくいように思われる。これに関連して、進化の過程で遺伝的障害を通り越して、自然に単一品種になってしまったクリやニレの場合にも、同じことがいえそうである(10)。

五葉マツ発疹さび病の現時点での最前線は、ストローブマツの仲間が最も多いアメリカ合衆国西部とカナダである。宿主のひとつはモンティコラマツ *Pinus monticola* だが、その材木はこの地域の重要産物で、経済的価値も高いとされている。また、ホワイトバークパイン *Pinus albicaulis* もこの病気にかかりやすく、マツの仲間では最も抵抗力が弱い樹種である。何十年も病気が発生し続けた地域では消滅してしまい、イエローストーン国立公園内のある地域では、この木の半数が枯れたという。ホワイトバークパインの森が、国立公園の約四分の一を覆っているのだから、マツの枯死が野生生物に与える影響も深刻である。というのも、このマツは、森林生態系全体の健全さを維持し、その生存を保障する、いわば要とも傘ともいえる存在だったからである[11]。

この木は人手が入らない標高の高いところや奥地に育つ樹種で、その脂肪分たっぷりの種子はグリズリーベアー（灰色熊）の大切な餌になっている[12]。実際、年によってカロリーの大部分をこの種子からとっているともいわれるほどだが、こんな話を聞いたからといって、さび病菌がクマの生活に深刻な影響を与えているなどと、オーバーに考える必要はないが……。

調査したところ、灰色熊にも、我々にもあまりいいことではないが、マツの種子が少ない年にはクマが人間の居住地に近い低地に移って餌をあさるそうである。ナチュラリストのジョン・ムーアはかつて生物間の相互依存性について、「我々が自分のために何かを選び取ろうとすれば、必ず他のものの邪魔をすることになる」と言ったことがある[13]。山の中のさび病菌とあなたの家のドアを壊す腹をすかせたクマとの関係は、そのいい例かもしれない。

このさび病菌はほかにも問題を抱えている。五針葉のヒッコリーマツやシュガーパイン（サトウマツ）はこの病気にかかりやすい。ヒッコリーマツ *Pinus longaeva* は寿命の長い樹種で、メトセラと呼ばれている五〇〇〇年近くたった木が、カリフォルニア州のホワイトマウンテンに生えている[14]。

何年か前、接種実験によってヒッコリーマツがクロナルチウムに感染することがわかり、二〇〇三年には自然感染した木がコロラド州のグレイトサンドデューン国立公園で初めて見つかった[15]。罹病した木はさび病にひどくやられたロッキーマツ *Pinus flexilis* に取り巻かれていたという。また、シュガーパインは北米一の高木だが、カスケード山脈中央やシエラネバダ山脈で、さび病菌によるひどい被害を受けている。

十分時間をかければ、西部のストローブマツの病気のひどさも、北東部の場合と同じように、いずれは収まるのかもしれない。自然淘汰によって抵抗性を獲得した系統が残り、森林の遺伝子地図が書き換えられると、さび病菌も稀にしか感染できない状態に追いやられることだろう、もちろん、進化する過程で突然変異し、より病原性の強い状態になって暴れなければという条件付きだが……。メトセラのような古木に生き続けてほしいと願うほどセンチメンタルな我々には、さび病菌がいると聞くだけでも背筋が寒くなる話である。

カシ・ナラの突然死

アメリカの林業にとって、五葉マツ発疹さび病は依然として重大問題のひとつだが、最近浮上してきたもっと大きな植物病理学に関わる事件のせいで、影が薄くなりだしている。それは、ＳＯＤ（Sudden Oak Death/オーク突然死病）――広い宿主範囲を持つと予想される新しい病原菌による病気である。この病気は不治の病で、クリ胴枯病以来見られなかったことだが、アメリカの景観を変えてしまいそうな勢いである。

一九九〇年代の半ばごろ、アメリカの西海岸地方でカシ・ナラの類に異変が認められた。この地方の在来樹種の幹に、厚い樹皮を破って黒色、または赤褐色の樹液が流れ出す潰瘍のような大きな死んだ組織が見つかった（図8−2）。葉は一、二週間のうちに茶色に変色し、次いで木全体が枯死してしまった。植物の病気でこれほど劇的な変化が起こるのを見たためしがない。

図8-2 カシの樹皮を剥ぐと見えるオーク突然死病の症状。
腐った篩管部と形成層の組織が斑点上に出ている。写真はディヴィッド・リッツォ提供。

カリフォルニア州の高速道路沿いの大木が次々と枯れだし、樹皮のかけらが通勤する車の上に降ってきたのだから、報道の種を探していたジャーナリストには、格好のテーマだった。オーク突然死病の原因については、人間との関わりも含めて多くのことが報道されてきたが、二〇〇二年になって、植物病理学者のディヴィッド・リッツォやマテオ・ガルベロットらがその病原菌を同定した[16]。

幹にできた潰瘍から薄片を切り取り、色が抜けた組織をシャーレに入れた寒天培地に載せ、一定期間培養すると、オーク突然死病の原因になった病原体が分離できた。培養後しばらくすると、組織の塊から透明な菌糸が寒天の上に伸びてきた。これが本当に病原菌かどうか確かめるため、研究者たちは培養した菌糸体の一部をカシの苗に接種してみた。まだ名前のない菌を接種された植物体は、いずれも病徴を表わしたが、寒天だけを植えつけたものは健全なままだった。最後に、リッツォたちは実験的に感染させた植物体から、同じ菌を分離することにも成功した。この菌はジャガイモ疫病菌と同じフィトフトラの一種だった。

以前はこの実験の後で、病原菌を同定するための基本的な手続き、たとえば、第二章に書いたニレ立枯病の場合にマリー・シュワルツがやったのと同じ手法に従って同定作業が行われていた。専門家であれば、遊走子を作る胞子嚢や生殖器官の造精器や造卵器、卵胞子、厚壁胞子という膜の厚い胞子などを顕微鏡の下で観察して、いくつかのグループに分けることができるが、寒天の上に伸びる菌糸はどれも同じように見える。

分子生物学的手法による同定

しかし、オーク突然死病の研究者たちは、自分たちが取り出したフィトフトラの種名を決めるのに、分子生物学的手法を採用することにした。フィトフトラ属の六〇以上ある種を、顕微鏡を覗いていちいち違いを見つけてゆくのは大変な仕事だったので、新しい方法を使うことにしたのである。この方法を簡単に説明すると、以下のようになる。まず、培養菌糸か、罹病組織からＤＮＡを取り出し、ＰＣＲ（ポリメラーゼ連鎖反応）を使って病原菌のゲノムの特定領域を増幅させる。次にサーモサイクラーという機械を使って、二、三時間の間に何百万、時には何十億ものＤＮＡシーケンスのコピーを作る。これが終わると、自動シーケンサーを使って、ＤＮＡ配列を読み取る。コンピューター上でアデニン、チミン、グアニン、シトシンの配列がわかるので、これを近縁種のものと比較して種を同定するのである。

まず、最初に研究者たちはジーンバンクにある利用できるデーターベースを使って、四四種のフィトフトラのDNA配列とオーク突然死病の病原菌のDNAを比べてみた。古典的な顕微鏡による同定作業をする研究者はどんどん減ってしまい、料理の手引書よろしく、いとも簡単に微生物を同定するこのやり方は恐ろしいほどだが、生物工学の威力には確かに抗いがたいものがある。

オーク突然死病の病原体の形態は、記録されているフィトフトラ属の種のどれにも当てはまらず、DNA配列を見ても既知のものと一致しなかった。アメリカの研究者には知られていない菌だったが、そのころヨーロッパの植物病理学者たちはドイツやオランダの庭園や苗畑でシャクナゲやガマズミなどの仲間を枯らすフィトフトラの新種について、かなり詳しく研究していた[17]。これに気づいたリッツォらが、フィトフトラ　ラモラム *Phytophthora ramorum* の顕微鏡的特徴とそのDNA配列を、オーク突然死病の菌のそれと比べてみると、両者は完全に一致した[18]。フィトフトラのまったく同じ種が九〇〇〇キロも離れたところで、ナラ・カシの類と庭木を殺していたのである。

広がる宿主範囲と防除

カリフォルニア州北部の森林は、オーク突然死病の病原菌が同定される以前に、広範囲にわたってひどく衰弱し始めていた。サンフランシスコの北と南で、このフィトフトラが蔓延し、タンカワ

カシ *Lithocarpus densiflorus* やバージニアガシ *Quercus agrifolia*、カリフォルニアクロガシ *Q. kelloggii* などを含むいくつかの種を食い殺し、アメリカで最も美しい田舎の風景を台無しにしていた。二〇〇一年に出された報告書によると、ある地域では樹木のおよそ半分がすでにこの病気に感染していたという[19]。

研究者たちは、この病原菌がツタウルシの一種やオオバカエデ、ハシバミの一種などを枯らすのを知って、ますますうろたえることになった。この菌は顕花植物に限らず、アメリカオオモミやダグラスファー、イチイの一種など、いくつかの針葉樹にも感染するが、中でも最も危ないのはアメリカスギ *Sequoia sempervirens* だといわれている。アメリカスギでは葉が枯れるだけで、潰瘍のようなものは見られないが、宿主範囲が広がっているというのは恐ろしいことである[20]。

ヨーロッパで苗畑の植物に病原菌がついていたという事実から、カリフォルニア州では植木の販売センターで売られている潅木類が感染源として疑われることになった。その後、フィトフトラがサンタクルスの苗圃で育てられていたシャクナゲから分離されて、この勘が当たっていたことがわかった。

カリフォルニア州食糧・農業局は直ちに緊急指令を出して、感染が広がっている地域のあらゆる宿主植物の移動を制限し、オレゴン州とカナダはカリフォルニア産の植物を検疫の対象にした。しかし、この対策もすでに手遅れだった。あっという間にオレゴン州で病気が発生し、二〇〇一年七月、カリフォルニア州との州境に近いカレー郡でタンカワカシと潅木にこの病気が現われ、その被害面積は一六ヘクタールに及んだ。

タンカワカシはダグラスファーと一緒に生えており、ダグラスファーはこの菌の宿主のひとつなので、枯死の恐れが大きかった。しかも、ダグラスファーは年間何十億ドルもの売り上げを誇る木材産業の大黒柱で、この地域における経済的価値はきわめて高かった。そのため、連邦農務省林野部とオレゴン州森林局は直ちに行動を起こし、病気が発生した地域にあるすべての罹病植物と感染の恐れがある宿主植物を伐採して焼却した。(21) そのおかげで、オレゴン州での最初の大発生は何とか抑えられた。

一方、カリフォルニア州では病原体が同定されるまで、連邦政府と州当局が病気の撲滅作戦よりも、もっぱら調査と監視に経費を使っていたため、伐採・焼却処分を開始したころには、すでに感染地域が広くなりすぎていた。そのため、二〇〇五年夏までに一四郡にまたがる六〇〇〇平方キロの森林地帯から、オーク突然死病によって何万本ものナラ・カシの類が消えてしまった。(22)

気がかりな病気の蔓延

このフィトフトラが植物の間を渡り歩いた経路は不明だが、おそらく、土壌中を遊走子が泳いだ短距離移動と、胞子嚢による長距離移動が同時に起こったと思われる。胞子嚢はハイカーの靴についた泥や自動車のタイヤ、動物などについて移動し、ジャガイモ疫病菌の場合同様、葉などから飛び出して風に乗り、広がることもできたはずである。

この病気の影響がどこにどう出てくるか、まだ不確かだが、ナラ・カシ類などの樹木の枯死は野生生物の生活圏を破壊することにつながり、ひどくなると、洪水や土砂流出の原因にもなりかねない。感染が広がっている地域では、今も森林火災が頻発しているため、病気によって木が枯れると、ますます火災が発生しやすくなる恐れがある。

林業関係者の話によると、火災発生が抑えられているところで、オーク突然死病が最もひどいというのだから、皮肉な話である[23]。火災がない成熟した森林では、樹齢とともに病気に対する抵抗力が衰えていくようだから、病気の拡散を止めるために、計画的に火をつけるというのもいい考えかもしれない。

悲観的な見方をする人は、いずれアメリカ西海岸一帯から森林が消えてしまうだろうといっている。カリフォルニア北部の地中海性気候は病原菌の繁殖に適しており、ここでは冬に多量の雨が降り、年間を通じて海岸に発生する霧が樹木をいつも濡らしているのだから、病気の巣窟になりやすい条件が整っている。アメリカ北西部の太平洋沿岸地帯は、地球上でも稀に見る菌類の天国だが、残念ながらキノコに好都合な気候は病原菌にも具合がいいというわけである。逆に、内陸の乾燥気候は病気から植物を守るのには好都合だが、オレゴンやワシントン、ブリティッシュコロンビア州などの林業関係者が享受するキノコの楽しみは望めない。

この病気の発見以来、研究者たちはアメリカ東海岸地帯の針広混交樹林での病気の出方に強い関心を示している。フィトフトラ　ラモラムを温室内で接種すると、東部のナラ・カシ類やカエデには感染するが、自然状態での感染はまだ知られていない。二〇〇四年にロングアイランド州でアカガシワがフィトフトラに対する感受性が高いことがわかると、にわかに関心が高まった[24]。ただし、この病気は*Ceratocystis fagacearum*という菌によって起こるナラ・カシ類萎ちょう病[25]や、乾燥、害虫、ナラタケなどの菌類による根の障害などで起こるナラ枯れなどと紛らわしいので、オーク突然死病の調査は慎重に行うのが望ましい。

もし、オーク突然死病が合衆国東部で蔓延したら、感染した苗木を扱った業者が大被害の責めを負うことになるだろう。アメリカ合衆国農務省動植物健康管理局は、この菌が検出された苗圃を持っているカリフォルニア州の苗木業者が、植物検疫が実施された後も、何千本もの苗木を国中に販売していたと報告している。ロサンゼルス郡のある業者は三九の州にある七八三カ所の苗木販売センターへ、感染の恐れがあるシャクナゲなどの苗木を送っていたという[26]。同局の調査によると、二〇〇四年末までに、カリフォルニア州以外の一二一カ所で、苗木からフィトフトラ　ラモラムが検出されたと報告している[27]。

一方、フィトフトラ　ラモラムはヨーロッパでも動き回っているため、アメリカ同様、病気の蔓延が懸念されている。ヨーロッパでは多くの場合、シャクナゲなどの庭園木に感染が見られるが、イギリスやオランダで野生の樹木に病原菌が見つかった例はまだ少ない。イギリスのコーンウォールでは病気にかかったシャクナゲの近くにあるヨーロッパブナとセイヨウトチノキの幹で同じ症状が見つかったという。イギリスのナラの在来種、ヨーロッパナラ *Quercus robur* とコナラ属の一種、*Q. petraea* は、いずれもアメリカ東部のアカガシワよりもこの病気に対する抵抗力が強いとされているが、林学者たちはイギリスのブナにこの菌が感染するのではないかと心配している[28]。

フィトフトラ　ラモラムの交配型

オーク突然死病菌には遺伝子に関する重要な問題がある。前の章でジャガイモ疫病菌の場合、明瞭に異なる交配型がヨーロッパ型とメキシコ型に限定されていたと話したが、同じような隔離がフィトフトラ　ラモラムの場合にも見られる。この場合、Ａ1をヨーロッパ型、Ａ2をカリフォルニア型としよう。病原菌の起源は謎のままだが、交配型がこれほど隔離されているということは、この菌が二つの大陸へ別々に入っていったとする仮説と矛盾しない[29]。あるいは、フィトフトラ　ラモラムは長い間別の場所に隔離されて暮らし、違った進化の道筋をたどったとも考えられる。交配型が隔離されていることから、有性生殖の機会がなかったため、遺伝子の組み換えが起こらず、病原菌の毒性が抑えられる結果になったともいえそうである。

ジャガイモ疫病菌の場合は、Ａ1とＡ2との交配が、この菌に新たな毒性を与える結果になったので、将来、この菌の場合もアメリカ系統とヨーロッパ系統との間に雑種強勢が起こる可能性を否定できない。ただし、実際にはフィトフトラ　ラモラムの場合、ほとんど交配せず、できたとしても、おそらく、大したことにはならないように思える。

フィトフトラ属の菌は微生物の世界でも稀に見る自由奔放なグループで、同じコロニーの上に雄と雌の器官を作り、いつでも他の種と交配している。たとえば、フィトフトラ　インフェスタンスのＡ1系統は他の種のＡ2系統と交配して、異種間雑種を作ることができる。このような習性のせいで、病原性を持った水生菌の新種を進化の途上で作り出す途方もない可能性が生まれたのだろう[30]。

フィトフトラ　ラモラムは同一種の中ではダンスの相手がいない壁の花だが、別の種に出会うと、貧弱な生殖器官を作ることができる。ただし、この結合はめったにうまくいかない。この菌の場合は、アメリカ系統とヨーロッパ系統を一緒にしてもうまくいかないので、これが海を超えた結婚が不発に終わった理由のひとつかもしれない[31]。

少なくとも私にとって、もっと気になる問題はその生態的性質の複雑さである。カリフォルニア州の罹病したカシの潰瘍の中には、他の二種類のフィトフトラ、*Phytophthora nemorosa* と *P. pseudosyringae* が潜んでいる。これらの菌はフィトフトラ　ラモラムよりはおとなしいが、新しい劇的な変化をもたらす病気が発生する予兆のように思える。水生菌に感染すると、カシやナラは昆虫や子嚢菌などによる二次感染に見舞われる場合が多い。タクソンCと呼ばれている、もう一種類の未同定のフィトフトラが、イギリスのヨーロッパブナの潰瘍やシャクナゲ類の葉や枝の疫病の原因になるといわれており[32]、現在、この新手の病原菌がつく宿主の調査が進められている。

オーストラリアのユーカリ、ジャラの枝枯れ

オーストラリアの林学者たちもここ数十年来、水生菌に頭を悩ませているが、今のところ軍配は菌の側に上がっているように見える。最初の報告は一九二〇年に出ているが、それによると西オーストラリア州の森林地帯の優占樹種だったジャラ *Eucalyptus marginata* が枯れ、それに随伴する植物の五〇～七五パーセントが同じ病気にかかって消えたという[33]。また、名前のわからない微生物

図8-3　何百種もの植物をやっつけるスーパー病原菌、水生菌のフィトフトラ　シンナモミ *Phytophthra cinnamomi* によって衰退したオーストラリアのジャラ林。この写真には枯死しかかったものや枯れたユーカリが写っている。
P.B.Hamm; *Selected Plant Pathogenic Lower Fungi*, 1990. から採録したもの

が、グレビレア、バンクシア、プロテア、アカシア、ブロンニアスなど、多くのユーカリを枯らしてしまい、病気が通過した跡はスゲやイグサの類だけが残る荒地に変わってしまったと報告している。

この病気はジャラの枝枯れ（Jarrah dieback、以下枝枯れ病）として知られるようになり、生物ブルドーザーとも呼ばれたが、まさにぴったりの表現だ。天然林の消滅は当然動物の死滅を招き、生物学者たちはジャラ林の生態系全体が崩壊するのを目の当たりにした。

西オーストラリア州で発見されて以後、この枝枯れ病はヴィクトリア州やニューサウスウェールズ州でも蔓延し、クインズランド州の熱帯雨林にも広がった。さらに、タスマニアにも伝染して何千ヘクタールもの森林が破壊された。

ある種の水生菌がユーカリの主要樹種を殺し、絶滅の恐れがある顕花植物の在来種を消し去ろうとしているのである。それだけでなく、球果をつける樹種も攻撃の対象になっている。一九九四年にニューサウスウェールズ州で発見された有名な生きた化石、ウォーレミパインを調べている研究者たちは、病原菌のフィトフトラ　シンナモミ *Phytophthora cinnamomi* がその生存を脅かすのではないかと心配している[34]。二〇〇一年に出された政府の公式見解によると、「この病気はまだ流行している最中で、何百万ヘクタールにわたってモザイク状に発生している」そうである[35]。

北半球でほぼ同時に発生したクリ胴枯病やニレ立枯病の病原菌が、素早く同定されたのに比べて、オーストラリアの菌は一九六〇年代に入るまで、なかなかつかまらなかった[36]。オーストラリアの植物病理学が遅れていたといえなくもないが、この病原菌は何年もの間、土砂の中で休眠し、その隠れ家から誘い出すのがきわめて難しい菌だった。この菌はインドネシアのスマトラ島のシナモンの木から分離されたので、フィトフトラ　シンナモミと呼ばれている。

菌は植物の根に侵入し、栄養物を送る篩部と成長のもとになる形成層の組織を破壊する。菌に感染した植物は乾燥で萎れたときのように、急速に枯れてしまう。枝枯れというのは、地下にある根が死んだために樹冠、特に梢端が枯れる症状である。一般に大きな木がフィトフトラ　シンナモミにやられて死に至るまでには、三年かかるとされている。

この病気には謎が多いが、そのひとつは遊走子で移動する水生菌が、なぜ乾燥型常緑樹林として知られるジャラ林の乾いた土の中でこれほどの感染力を発揮するのかという点である。ただし、オーストラリアのこの地域が地中海性気候だということに気づけば、その理由が見えてくる。オーク突然死病菌と同じように、フィトフトラ　シンナモミは乾燥状態にも耐えられるが、水生菌だから雨の多い天候を好むのは当然である。この地方も夏になると、時たま激しい豪雨に見舞われるが、そんな年には決まって枝枯れ病が大発生するという。

この病気の場合、殺菌剤はあまり当てにならない。まず、この病原菌は真菌類とまったく違う性質を持っているので、さび病菌や黒穂病菌を殺した殺菌剤が、この水生の卵菌類には効かない。孤立木の場合は、卵菌類に効くメタラクシルやフォセチルアルミなどで守ることができる。通常、葉や木の周りの土がびしょ濡れになるほど薬剤を散布するが、もっと効果があるのは植物体に直接注入する方法である。しかし、森林全体をこんなやり方で処理するのはとても無理な話で、実効性に乏しい。

そこで、オーストラリアの研究者たちは、植物体の組織内でフィトフトラの成長を抑えるのに効果がありそうな亜リン酸の広域散布を考え出した。亜リン酸はごく安く手に入るので、対象樹種が生えている地域で空中散布することができるというわけである。また、亜リン酸は土壌中ですぐ分解されるので、地下水汚染の心配も少ない[37]。

亜リン酸の研究は続いているが、最近のジャラの枝枯れ病防除対策は、オーク突然死病の場合同様、病気が蔓延した地域から植物や土壌が入ってくるのを止める方向に主力を移している。この対策を実施するには、病気が流行した地域を正確にマッピングする必要があるが、それには植生の変化を高度に解析できる人工衛星データが利用されているそうである[38]。

暴れるフィトフトラ　シンナモミ

禾穀類につく多くのさび病菌同様、フィトフトラ　シンナモミは地球規模のスーパー病原菌である。この菌は人工林の樹木や栽培されているクリスマスツリーの根を腐らせ、苗畑のいろんな苗木やアボカドを枯らすなど、毎年何億ドルもの損害を与え続けている。

オーストラリアでは交配型の双方が見つかっているが、A2のほうがずっと多い。二つの系統はパプアニューギニアや南アフリカでも発見されており、A1は森林や潅木地帯にいても病気をひき起こすことはないが、A2は標高の低いところで栽培植物に感染し、被害を与えている[39]。

ここで、ちょっとゴンドワナ大陸のことを思い出してみよう。この大陸は南アフリカやオーストラリア、パプアニューギニアなど、南半球の大陸が一体になってできた巨大大陸だった。だから、これらの国々に同じ微生物がいまだに住んでいるというのも当然かもしれない。しかし、それにしてもオーストラリアの在来植物が、この水生菌に無抵抗だというのはおかしな話である。この救いようのない状態は、侵入してきたか、持ち込まれた病原菌によると思われるが、証拠はまだ不十分である。

多くの場合、枝枯れ病の大発生が道路の近くで起こっていることから、自動車のタイヤが胞子嚢をつけて運んだと思われる。また、道路工事によって土壌中の排水が影響を受け、水を含んだ土の筋ができた恐れもある。もうひとつの可能性は、南オーストラリアの痩せた自然土壌が農地から流出する肥料によって肥沃化し、大昔から住んでいた菌を刺激したという説である。

火災が病気の抑制に効果があるとされているが、証明された例は少ない。ある場所では森林火災が、熱で病原菌を殺すのに役立って、枝枯れ病を抑えたというが、反対にフィトフトラ　シンナモミは火災跡に生き残れる数少ない微生物のひとつで、次第に病原性を増しているという説もある。このことはオーク突然死病を森林火災で防ごうと考えているカリフォルニアの人々には、いい教訓になるだろう。

スペインやポルトガルでは、コルクガシ *Quercus suber* やセイヨウヒイラギガシ *Q. ilex* などの常緑広葉樹の衰弱にフィトフトラ　シンナモミが関わっているとされている。[40] また、アメリカ合衆国では、同じ水生菌が南カリフォルニアで栽培されているアボカドの重要な病原菌になり、ほかにもいろいろな樹種を枯らしているという。

ただし、根腐れ症状の流行はオーストラリアに限られており、北半球ではフィトフトラ　ラモラムによる被害が騒がれているので、どこにでもいるこの菌は忘れられがちである。しかし、これは大間違い、油断大敵である。

クリ胴枯病がアメリカへやってくるずっと前に、フィトフトラ　シンナモミはアパラチア山脈の南の山麓でアメリカグリを枯らしていた。[41] 一八二〇年代には、クリの大木の枝枯れ病の流行が、すでに報告されていた。[42] 雨が降り続いた後に病気の大発生が見られたというが、病原菌のほうはもっと以前に入っていたものと思われる。ともかく、南北戦争のころまでに、南部のほとんどの地域からアメリカグリが一掃されてしまうほどの大被害だったそうである。第一章で見たように、その後何十年かたって、クリ胴枯病菌が入り、至るところでアメリカグリの大木を殺してしまったというわけである。

病原菌と農業

菌類は農業分野でかなり点数を稼いでおり、新たに発生し、拡大する作物病害の数は圧倒されるほど多い。もし、あなたのお気に入りの植物の病気を抜かしていたらお許しいただきたいが、あと少し、二、三の重要なものについて話しておこう。

さび病菌の一種（Asian soybean rust）、*Phakospora pachyrhizi* が合衆国南東部に入ってきたのは二〇〇四年のことだった[43]。この菌の病原性はきわめて強く、わずか二週間ほどのうちに、農場全体のダイズの葉を落とさせてしまうほどだった。農場単位では殺菌剤で防ぐこともできたが、ダイズ以外に一〇〇種類もの植物に感染するので、そのままずっと居座ってしまうことになった。アメリカのダイズ生産高は、金額にして一八〇億ドルにのぼっているのだから、心配である。

イネいもち病菌、マグナポルテ　グリセア *Magnaporthe grisea* は、イネの栽培地域ではどこでも最も大きな問題である[44]。この病気は十七世紀に中国で記載されたが、それ以来地球上を動き回り、六〇〇〇万人分の米をダメにしている[45]。菌類の中のダークホースともいえるイネいもち病菌は、コムギ、オオムギ、キビ、トウモロコシ、サトウキビなど、多くの植物にも感染する。育種の専門家たちは新しいイネいもち病菌耐性品種を作ろうと懸命だが、この菌が植物の防御反応を破る系統を生み出すのに長けているため、常に新品種の有効期間がきわめて短くなるという難問を抱えている。さび病菌と違って、この病原菌の新しい系統は、通常の有性生殖を経ないで擬似有性結合という過程を経て進化している。この自慰的ともいえる行動が、殺菌剤を避けるのに効果的に働いているらしい。

楽観的な見方によると、最近完成したイネいもち病菌の網羅的なゲノム解析は科学史上画期的な成果で、他の病原体についても同様の詳細な検討によって、その本質が明らかにされるべきだとしている。(46) 研究者たちはこの百科全書的なデータを公開すれば、流行病をコントロールできるものと信じているらしい。

遺伝子解析から得られる成果の中でおもしろいのは、ある種の植物を殺す特定の菌の遺伝子群が見つかることである。それは、病気を起こす菌のゲノムと土壌中で植物の残骸を食べている近縁種のそれを比較してみれば、わかることである。ただし、ある遺伝子群が、アジア産の菌にイネの葉へ侵入する性質を与えていることは確かかもしれないが、アメリカのイネにその胞子がつくかどうかという問題は、分子遺伝学ではどうにもならないことなのである。分子遺伝学的研究も地球規模の食糧問題にはほとんど役立っていないのだ。

生物兵器にされる植物病原菌

この本で紹介した多くの病原菌同様、イネいもち病菌も技術的に見ると、きわめて危険な微生物である。実際、この菌は一九四〇年代にアメリカ合衆国政府が生物兵器として開発しようとしたほど、強力な破壊力を持つ菌である[47]。イネいもち病菌の胞子や、もうひとつの重要なイネの病気、イネごま葉枯れ病の病原菌、コクリオボーラス　ミヤベアヌス *Cochliobolus miyabeanus* を生物兵器にする実験はうまくいかなかったが、菌を兵器として利用するための研究は、その後一九五〇年代から六〇年代にかけて続けられた[48]。

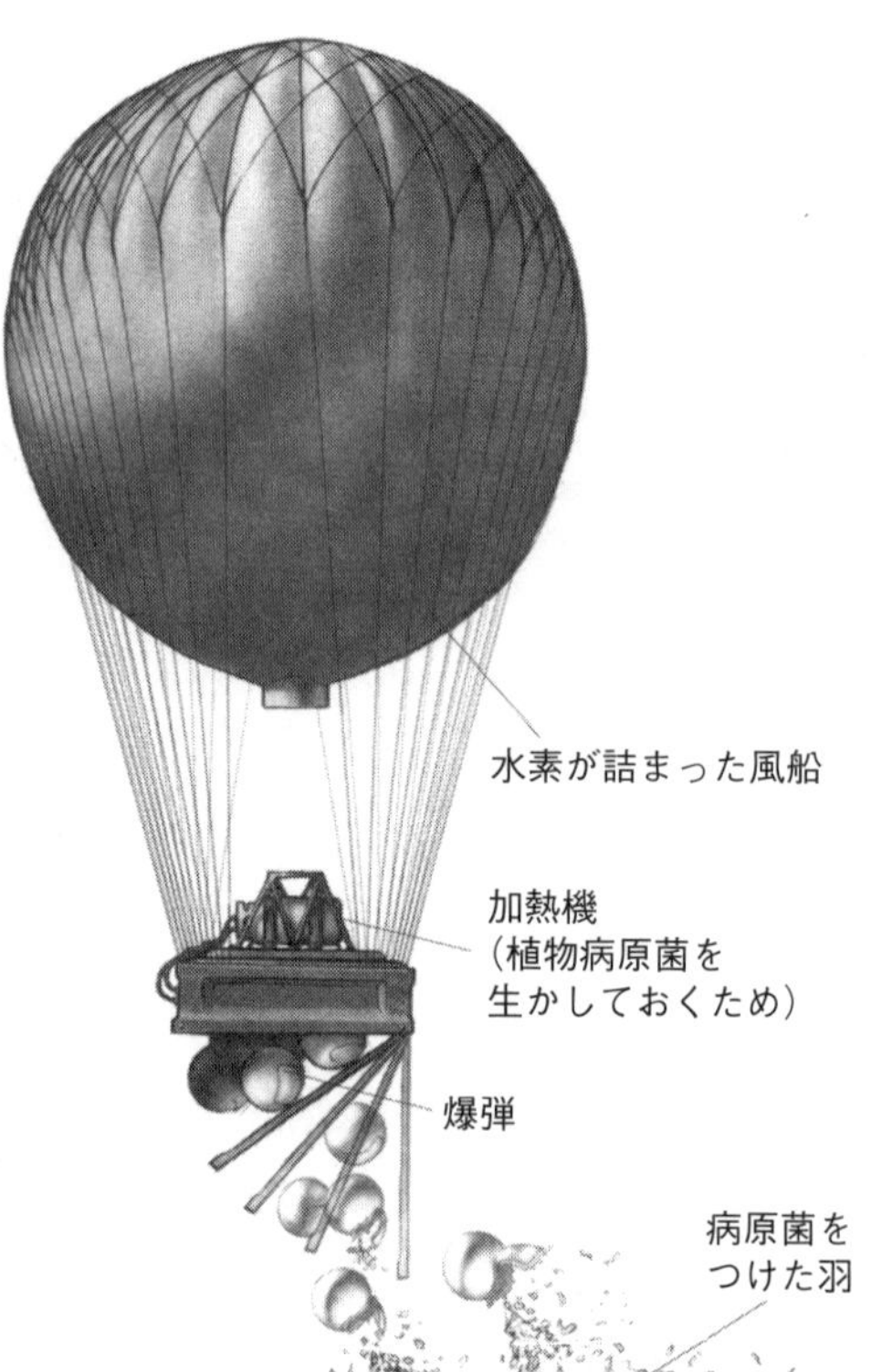

図8-4　作物用の病原菌を散布するためにアメリカ軍が開発した、生物兵器を搭載した水素風船の図。
この爆弾には病原菌の胞子をつけた鳥の羽が詰められていた。
P. Rogers, S. Whitby, and M. Dando, *Scientific American* 280, 70-75（1999）

イネいもち病に対する興味は、アメリカが朝鮮半島やベトナムなど、東南アジア諸国に介入するにつれて高まり、研究者たちは生物兵器として使える可能性が高いコムギ黒さび病菌やジャガイモ疫病菌などにも手を染めるようになった。

さまざまな輸送手段が工夫されたが、最も奇妙なのは、胞子をまぶしたダチョウの羽をいっぱい詰めた円筒形の爆弾、いわゆる羽爆弾だった[49]。空中で爆弾が破裂すると、胞子をつけた羽がまき散らされ、広い範囲にゆっくりと降りていって、病気を蔓延させるというわけである。第二次世界大戦中に日本軍が行った秘密兵器作戦（訳注：風船爆弾作戦）を真似て、アメリカの研究者たちは、目的地に円筒爆弾を送り込むために水素を詰めた風船を飛ばす実験をしていた（図8－4）[50]。

コムギ黒さび病菌やイネいもち病菌の胞子が備蓄され、生存力を確保するための試験が行われた。コムギ黒さび病菌の胞子は三〇トン以上も生産されたが、これは地球上のすべてのコムギをさび病にしてしまうほどの量だった。ソ連も同じ病気に興味を示したが、彼らは胞子を備蓄するよりも短期間で胞子を作り、それを大陸間弾道ミサイルでばらまくことを考えていた。

アメリカでは核兵器によるホロコーストに生き残った人々を、さらに兵糧攻めにする武器として作物の病原菌を使おうと、ロビー活動する連中もいたほどだが、生物兵器開発計画はニクソン大統領の命令で一九六九年に中止された。このアメリカの一方的な生物兵器開発の中止宣言は、政府の公式見解によると、こうした生物兵器は軍事利用に向かないというものだったが、ごまかしもいいところだ。ニクソンが恐れたのは、アメリカ軍によるさらなる生物兵器の開発が、他の国の同様の研究を助長しかねないということだった。なぜなら、核兵器を製造できる技術を持っている国はわずかだが、樽の中で細菌やカビを飼うことはどんなに貧しい国でもできる。ソ連軍はアメリカのこうした考えには同調せず、生物兵器開発のために、一九八〇年代まで植物病理学に資金を投入していた。

イラクの生物化学兵器開発

生物化学兵器のことなら、イラクのサダム・フセインにも触れざるをえないだろう。彼がイラン北部のクルド人に対して毒ガスを使ったことはよく知られているが、同じ場所で菌の毒素が使われたという証拠がある。一九九一年の湾岸戦争後、イラクの生物化学兵器開発の実態がアメリカ合衆国の調査機関によって公にされた。それによると、一九九〇年代にイラクがバグダッドの東にあるフダリヤサイトとして知られている農業・水資源研究所で、アフラトキシン類を製造していたのは事実だという[51]。アスペルギルスが作るアフラトキシンはピーナッツなどの食品を汚染する毒素、タンパクカルシノーゲンのグループで、実験動物に肝臓癌をひき起こすとされている。しかし、その効果が表われるのに数カ月から数年もかかるため、戦場に配備するのは理屈に合わない話である。

ニューヨーカー誌のジェフリー・ゴールドバーグによると、生物化学兵器調査官たちは「アフラトキシンは中尉が大佐に昇進するのを邪魔することはできるが、戦場で兵隊が攻めてくるのを防ぐことはできないだろう」と冗談を飛ばしていたという[52]。にもかかわらず、イラクは二二二〇リットルもの材料を備蓄し、Ａ1サダム・フセイン・ミサイルや他の兵器の弾頭に装着して、前線に配備していたそうである(53)。

また、イラクは作物につく病原菌の価値も認めて、黒穂病のもとになるムギ網なまぐさ黒穂病菌についても研究開発を進めていたとされている。狙った先はイランだったが、証言によると、黒穂病爆弾を作るところまではいかなかったらしい。誰でも知っているように、二〇〇三年のイラク侵攻以後、菌類などの生物兵器が使用されたという痕跡はない。

アメリカの菌を使った対麻薬戦略

アメリカ合衆国政府は、コカや大麻、阿片用のケシなどの栽培を抑えるために、植物病原菌の利用開発を活発に進めている。フザリウム　オキシスポーラム *Fusarium oxysporum* はこの三つの麻薬植物に効果がある。また、プレオスポーラ　パパヴェラーケア *Pleospora papaveracea* というもう一種類の菌もケシを退治するために研究されている。当然のことながら、コカを栽培している南米の国々やケシを作っているアフガニスタンなどでは、政治的ハードルが高く、アメリカ製の微生物除草剤を実際に使うのは難しい。しかも、麻薬の撲滅に効果のある菌が、同時に主要作物にも有害であるというのだから、困った話である。

これに関連して、合衆国自身の安全対策にも問題が生じている。二〇〇一年九月一一日のニューヨーク貿易センタービル爆破事件は、アメリカの農業がテロリストの攻撃対象になるかもしれないという恐怖心を煽り立てることになった。植物病理学者たちはさび病菌や黒穂病菌、疫病菌など、多くの植物病原菌に関心を寄せ、警戒しているが、世界各国で同じ病原菌が農作物に被害を与えており、それぞれの国が感受性の高い作物を栽培し、その防除対策に頭を悩ませているのも事実である。

この本のはじめのほうで、病気にかからない西アフリカのカカオノキやアジアのゴムノキの例を見てきたが、菌は適当な運び屋が見つかれば、いつでも、たちまちのうちに単一栽培された敏感な作物に襲いかかる準備を整えているのだ。

話を終えるに当たって、二〇〇二年のセミナーで、それまで耳にしたこともない気のめいるような話を聞かせてくれたオーク突然死病の専門家、ディヴィッド・リッツォにお礼を言わせてほしい。フィトフトラ　ラモラムやフィトフトラ　シンナモミとその近縁種は今もその生息範囲を広げており、従来よりも、より多くの植物種の生命を奪い続けている。オーク突然死病の病原菌やジャラの病原菌で見たように、拡大し続ける宿主範囲とフィトフトラの新しい雑種の出現は、おそらく植物病理学者だけでなく我々自身にとっても、ひどく厄介な出来事になる恐れがある。

実際、きわめて幅広い植物群や重要な植物種に対する、微生物のとどまるところを知らない攻撃を見ていると、それが文明の終末を暗示しているように思えてしかたがない。もう少し踏み込むと、フィトフトラ　ラモラムのような性質を持った菌が、もし作物を襲うようになったら、我々はそれこそ自分の墓穴を覗き込むことになるだろう。さほど遠くない過去に、同じようなことが主要な動物の仲間で起こった可能性は高いのである。

動植物の大絶滅で繁栄した菌類

遠い過去に生物の大量絶滅はたびたび起こっている。二畳紀の終わりごろには地球上の生物の大半が消滅し、白亜紀の終わりには少なくとも生物の半数が生命の危機に瀕した。いずれの場合も、小惑星の衝突か、火山爆発が一連の出来事の引き金になったと思われる。もし、小惑星が衝突し、火山が爆発したら、しばらくの間、地球をほぼ暗黒状態にするほどの塵埃が大気中に放出されたはずで、植物は急速に強い影響を受け、光合成による物質生産は止まってしまったことだろう。そのため、陸上でも海中でも食物連鎖が崩れ、あらゆる種類の動物が絶滅の危機に瀕したはずである。

地質学者たちは、いわゆるK‐T境界（白亜紀―第三紀境界）といわれる白亜紀の末に起こった、植物の大絶滅の動かぬ証拠を発見したが、それは植物と菌類の化石の中に大異変が起こったことを示すものだった。ニュージーランドのK‐T境界層の直前にできたとされる石炭層には、八〇種以上の植物の花粉や胞子が含まれており、そのすぐ上に、菌の胞子と菌糸の断片が詰まった沈殿物の薄い層があって、そこには植物の花粉がまったく見られない(54)。この菌の層はわずか厚さ四ミリで、地質学的には瞬時の出来事だが、数年以上続いたものらしい。もちろん、どうしてこんなことが起こったのかはわからないが、おそらくK‐T境界層を形成した出来事で死滅した植物遺体の山が腐り、それを分解する菌類が異常に増えたことを暗示しているように思える。この後の層にはシダ植物の胞子が大量に含まれているので、絶滅によって荒れ果てた風景も、すぐまた緑に変わったのだろう(55)。

この一連の出来事は、K-T事件が地球上の食物連鎖を支えていた植物を滅ぼし、それが恐竜をはじめとする多数の動物を飢え死にさせたとする仮説と、実にうまく符合している。ところが、他のシナリオを描いている人もいる。私の友人のアルトゥーロ・カサデバルは恐竜の絶滅に関して、菌類学から見たちょっと風変わりな説を唱えている[56]。

菌類の中でもごくわずかな種だけが、動物組織の中で成長できる適応能力を持っている。菌が動物組織に侵入するためには、動物の体に備わっている温度調節機能によって保たれる少し高い温度に合わせて成長しなければならない。だから、低温環境に適応できる一般の菌類は医学書の対象外になっている[57]。微生物の感染症、特に菌類による病気から身を守る手段は、恒温動物もしくは温血動物の進化にとって強い刺激になったかもしれない。

アルトゥーロ・カサデバルは、陸上植物が死滅した後に自然の均衡が崩れ、異常増殖した菌類から前代未聞の量の胞子が生産され、それが恐竜の肺に入って、免疫機構を損なわせたというのである[58]。もし、恐竜の体温が哺乳動物より低かったとしたら、菌類の感染に対してずっと高い感受性を持っていたかもしれない。温血動物の組織の温度は胞子の発芽には高すぎるので、菌の胞子を大量に浴びても、哺乳類は生理的に強かったように思える。この説に対して、さまざまな反論が出ているが、要するに恐竜が冷血動物だったのか、温血動物だったのかわからなければ、お話にならない。それにしても、恐竜の絶滅が飢餓よりもむしろ菌の感染によるという考えは、かなりおもしろい。

白亜紀には球果植物やシダ種子植物が繁茂していた。K-T事件の後、球果植物が減少し、顕花植物が多様化し、シダ種子植物は消えた。顕花植物は、恐竜と同時代の化石にあるソテツ目などの種子植物の仲間から分かれて進化したと考えられている[59]。

植物の死に方がどうであれ、菌類は白亜紀の終わりごろにたまった植物遺体の組織を分解していたはずで、植物の絶滅と菌類の急増との関係はカサデバルの筋書きよりも、もっと直接的だったように思える。K-T事件の薄暗がりで勢いづいたスーパー病原菌が植物を絶滅に追い込んだとは考えられないだろうか[60]。

射す光の量が減って、大昔の植物の菌に対する防御反応が弱まり、葉に降り積もる塵埃のせいでストレスが増していった。草食性の恐竜がどんな植物を食べていたか、誰も知らないが、現存のフィトフトラやさび病菌がかなり幅広い宿主範囲を持っていることから見て、少なくとも基本的には、ある特定の菌が餌になる植物の大半をやっつけてしまったとも考えられる。

病害の増加は人類絶滅の予兆か

オーストラリア大陸で生き延びた動物たちのようには、恐竜は食物連鎖を断ち切る伝染病に耐えて生き残ることができなかったのだろう。もし、恐竜の絶滅が哺乳類に生態学的チャンスを与え、それを繁栄に導いたとするなら、また、この菌類仮説をとるなら、今繁栄している我々人類も白亜紀の森林を破壊した病原菌のおかげを被っているといえるのかもしれない。多分、病原菌もさほど悪い奴ではないのだ。

生物の歴史を通してみると、植物と菌類との間に何度も破滅的な衝突が起こったのは事実である。

しかし、だからといって植物病理学にある底抜けに楽観的な見方を肯定するわけではない。薬剤の使用も含めて、我々が生物圏に加え続けている攻撃は、菌類の流行病をますます悪化させ、その頻度を急速に増加させているのである。

もう一度、本書に取り上げた多くの物語を思い出していただきたい。コーヒーのさび病からカカオノキの天狗巣病、ゴムノキの胴枯病、ジャガイモ疫病、禾穀類の病害などに至るまで、すべての病気の流行は、我々人類が無理やり単一栽培を拡大したことに根ざしている。

オークの突然死病やジャラの枝枯れ病のように、病原菌が遺伝的多様性の高い宿主を襲う例が増えているのも事実である。それは我々人間が、植物を地球規模で移動させたり、その生育地を攪乱したりするなど、自然に対して激しい干渉を加えた結果にほかならない。

現在、地球の人口は六〇億を超え、最近の予想によると、今世紀半ばには九〇億人に近づこうとしている。必然的に食糧確保のために単一栽培に頼らざるをえなくなり、その結果、自然生態系の破壊が加速度的に広がることも避けられないだろう。ヒトという種が滅んでいく道筋を考えると、そこには必ず疫病菌やさび病菌、腐朽菌などが顔を覗かせる。菌類はどこにでもいて、我々よりもずっと長く、おそらく永遠に生き続けることだろう。

原註

第1章

(1) H. W. Merkel, *Annual Report of the New York Zoological Society* 10, 97-103 (1905), 102-103.

(2) W. A. Murrill, *Autobiography* (W. A. Murrill, 1945), p.70.

(3) W. A. Murrill, *Journal of the New York Botanical Garden* 7, 143-153 (1906); W. A. Murrill, *Torreya* 6, 186-189 (1906).

(4) W. A. Murrill, *Torreya* 8, 111-112 (1908).

(5) W. A. Murrill, *Journal of the New York Botanical Garden* 9, 23-31 (1908).

(6) エマーソンによるマサチューセッツ州の巨大なアメリカグリの測定値は、アメリカの森林について記述したフランソワ・アンドレ・ミショーの古典の英訳本最新版に加えられた資料に出ている。F. A. Michaux, *The North American Sylva*, vol. 3 (Philadelphia: D. Rice and A. N. Hart, 1857). ミショーはイタリアのエトナ山にあるヨーロッパグリは幹回りが四九メートルあって、「馬に乗った男が一〇〇人枝の下に入れるほど、樹冠が大きかった」と伝えている（p.12）。

(7) G. H. Hepting, *Journal of Forest History* 18, 60-67 (1974).

(8) S. Anagnostakis, *Biological Invasions* 3, 245-254 (2001).

(9) イタリアでは、まだセイヨウグリの樹皮が皮なめしに使われている。

(10) *The Conference Called by the Governor of Pennsylvania to Consider Ways and Means for Preventing the Spread of the Chestnut Tree Bark Disease*（Harrisburg, PA: C. E. Aughinbaugh, 1912）はフィラデルフィアのギルバートとルイスによって報告されたもの。

(11) クリ胴枯病調査委員会は木材とアメリカグリの実の価格を合計して、七〇〇〇万ドルとした。アメリカグリの本数の推定値については、一九〇九年度のペンシルベニア州会計検査官報告書から森林の被覆率を求め、その四分の一がアメリカグリで覆われていたものとみなして算出した。

(12) この病気はクリの分布域全体に広がり、結局、被害はメイン州からアラバマ州に及んだ。

(13) Conference Called by Governor (10), p.17.

(14) Conference Called by Governor (10), pp.116, 223.

(15) Conference Called by Governor (10), p.40.

(16) Conference Called by Governor (10), pp.20, 41, 108. Hepting (7). 会議が開かれた時点で充当された経費はわずか二万一四三ドルに過ぎなかった。

(17) *Report of the Pennsylvania Chestnut Tree Blight Commission, July 1 to December 31, 1912* (Harrisburg, PA: C. E. Aughinbaugh, 1913).

(18) Hepting (7).

(19) *American Forestry* 19, 556-558 (1913).

(20) J. S. Holmes, in *Chestnut and Chestnut Blight in North Carolina*, North Carolina Geological and Economic Survey Economic Paper 56 (Raleigh, NC; 1925), p. 6.

(21) この菌は辺材に侵入するが、通導組織の中で増殖して水の流れを止めることはない。ただし、木にチロースという栓を作らせて、間接的に水を止める。W. C. Bramble, *American Journal of Botany* 25, 61-65 (1923). いわば、ひどいアレルギー反応と同じように、木は感染に反応して、自分で自分の首を絞めているようなものだといえる。

(22) Canker という用語は、十七世紀まで癌に使われていたが、その後、潰瘍状の傷口ができる樹木や馬の病気などにも使われるようになった。

(23) Merkel (1), p.97.

(24) クリ胴枯病の流行が広がった速度を、どのようにして推計したか、ここで説明しておく。この病気は一九〇四年にニューヨーク市で初めて発見され、その後北方と西方へ広がったが、南西方向の距離が最も長かった。

一九四〇年までに、アラバマ州とミシシッピー州の北部に達し、一九五〇年にはミシシッピー州南部に現われた。ニューヨーク市からミシシッピー州のジャクソンまではおよそ一八〇〇キロで胞子を体につけた鳥が運んだと思われるが、この距離を四六年で割ると、一年に三九キロ、月にして三・二キロ、日に一〇七メートル移動したことになる。

(25) F. D. Heald and R. A. Studhalter, *Journal of Agricultural Research* 2, 405-422 (1914).

(26) 一九一四年に捕獲できなかったのはリョコウバトだった。後にボタンと名づけられたこの鳥は、一九〇〇年にオハイオ州、サージェントにいた当時一四歳のプレス・クレイ・サウスウォースによって撃ち落された。ボタンという名は、製造業者が剥製の眼にボタンをはめ込んだからという。ボタンは今も、コロンバスにあるオハイオ州立歴史博物館に展示されている。

(27) 三つの親が関わる交配は、S. Anagnostakis, *Genetics* 100, 413-416 (1982)に出ている。*Cryphonectria* は自家受精もできるため、適合性を持った相手がいない場合でも、子嚢胞子という有性胞子を作ることができる。これは実験室ではめったに見られないが、野外では普通のことのようである。

(28) I. S. Cunningham, *Frank N. Mayer, Plant Hunter in Asia* (Ames: The Iowa State University Press, 1984).

(29) D. Fairchild, *Science* 38, 297-299 (1913), 297-298.

(30) C. L. Shear and N. E. Stevens, *Science* 43, 173-176 (1916).

(31) S. Anagnostakis, *Chestnuts and the Introduction of Chestnut Blight*, Fact Sheet PP008 (New Haven, CT: The Connecticut Agricultural Experiment Station, 1997).

(32) アナグノスタキス31は中国のクリ、アマグリの苗がメリーランド州の苗圃から船で積み出され、それが後に南部の州で病気が広がるもとになったのではないかという。

(33) アメリカグリの場合は、根株の地際にある突起から新芽が出てくる。エレン・メイソンはクリのことを「眠っている木」という。E. Mason, *American Forests*, November/December 1992, 20-25, 59-60.

(34) C. Maynard et al., *The Journal of the American Chestnut Foundation* 12, 2, 40-56 (1998).

(35) カエルは、菌や細菌、ウイルスなどの感染に対して強い抵抗力のもとになるマゲイニンというペプチドを、皮膚や腸の中で作ることができる。およそ縁遠いようにも思えるが、このような高度な抗微生物ペプチドが、クリ胴枯病を防ぐのにも役立つと考えられなくもない。カエルの遺伝子以外に、似た働きを示すコムギやアマランサスの遺伝子に注目している人もいる。

(36) ロシアのコーカサスの自然保護地域には、まだ病気にかかっていないセイヨウグリの林があるという。F. Paillet, *The Journal of the American Chestnut Foundation* 9, 48-59 (1995-1996).

(37) S. Anagnostakis, *Mycologia* 79, 23-37 (1987).

(38) A. L. Dawe and D. L. Nuss, *Annual Review of Genetics* 35, 1-29 (2001).

(39) M. G. Milgroom and P. Cortesi, *Annual Review of Phytopathology* 42, 311-338 (2004).

(40) 弱毒性ウイルスも、アメリカグリにはさほど効かなかったが、セイヨウグリは一回目の被害が通り過ぎた後、病気に対する抵抗力を維持し続けている。この違いの原因は明らかでないが、アナグノスタキスはイタリアではマローンというクリの品種にセイヨウグリを接木して抵抗力を持たせているという。また、マローンという品種は十二世紀にトルコの僧によって選抜されたものだが、アナグノスタキスは、ヨーロッパの種とアジアの種から生まれた雑種にアジアの系統を入れたのが、この僧だったのかどうかはわからないといっている。S. Anagnostakis, *The Journal of the American Chestnut Foundation* 8, 10-11 (1994).

(41) 一九八三年に設立されたアメリカグリ財団の参加メンバーは現在、五〇〇〇名を超え、名誉会長に元大統領のジミー・カーターやノーベル平和賞受賞者のノーマン・ボーラグなどが就任している。

(42) C. E. Little, *The dying of the Tree Pandemic in American Forests* (New York: Viking, 1995).

第二章

(1) *Drayton St. Leonard: Our Village* (Drayton St. Leonard, Oxfordshire: Drayton St. Leonard Historical Society, 2000).

(2) C. M. Brasier, *Plant Pathology* 39, 5-16 (1990).

(3) 病気の最初の記録は、一九一二年までさかのぼれるが、この記録がその後の流行病の進展とつながっていると断言できないのは、戦争で記録が中断しているからである。

(4) F. W. Holms and H. M. Heybroek, *Dutch Elm Disease–The Early Papers. Selected Works of Seven Dutch Women Plantpathologists* (St. Paul, MN: The American Phytopathological Society, 1990).

(5) この記述は一九二二年に刊行されたシュワルツの学位論文から引用したもの。Holmes & Heybroek p.53。

(6) ビスマンは有性世代を *Ceratostomella ulmi* と名づけたが、分類学のルールに従って、これが病原菌の優先名になり、*Graphium ulmi* に取って代わった。C. J. Buisman, *Tijdschrift over Plantenziekten* 38, 1-5, plates I-III (1932).

(7) ビスマンに病気の出た枝を送ったのは、林務官だったチャールズ・F・イリッシュである。一九三〇年に彼の同僚が罹病木の画をポスターに描き、カーティス・メイがクリーブランドとシンシナティで感染した木を検査して、その結果を、*Science* 72, 142-143 (1930) に報告している。

(8) リチャード・J・カンパナがその著書の中でニレ立枯病の研究史を取り上げている。Richard J. Campana, *Arboriculture: History and Development in North America* (East Lansing, MI: Michigan State University Press, 1999).

(9) B. Clouston and K. Stansfield, *After the Elm* (London: William Heinemann, 1979)

(10) J. A. Byers, P. Svhira, and C. S. Koehler, Journal of Arboriculture 6, 245-246 (1980).この臭いに関する記述は http://www.thegoodscentscompany.com/rawmatex.html. による。

(11) T. J. Cobbeの未発表論文。(Turrell Herbarium, Miami University, Oxford, OH)

(12) 一九三三年にクリーブランドで病気にかかったニレが一本、一九三四年にはさらに二本が見つかり、一九三五年には全滅したため、結局伐採・焼却された。

(13) Campana (8).

(14) 一九三〇年一一月三日付のハミルトン・イブニング・ニュースに出ているジョージ・キーリーに関する記事の間違いがおもしろい。「オックスフォードの町が緑にあふれている背景には、縫い子（なぜ、間違えたのかわからないが先覚者 seer の綴りを sower としている）のジョージ・キーリー氏の魂がこもっている。同氏は南北戦争のかなり前に、だだっ広い街路を歩き、何世代も続く緑あふれる街を作る計画を立てた」という。
(15) R. Wolkomir and C. Davidson, *Smithsonian* 29(3) (1998), p.43.
(16) アメリカでは、*Platanus occidentalis* の通称は sycamore（アメリカスズカケノキ）だが、ヨーロッパではプラタナスとして知られている。
(17) W. C. Bramble, *American Journal of Botany* 25, 61-65 (1923).
(18) C. G. Bowden et al., *Molecular Plant-Microbe Interactions* 9, 556-564 (1996). その後の研究によると、酵母の出芽細胞がケラトウルミンで覆われると、乾燥耐性が増すという。これは菌の細胞がニレキクイムシによって運ばれるときには有利。
(19) A. Solla and L. Gil, *Forest Pathology* 32, 123-134 (2002). 導管は膜で仕切られた短い管が端と端でつながったもので、この膜と細胞壁には小さな孔が並んでいる。孔の大きさは導管を通る水の流量と空洞化の程度に大きく影響する。チロースがこの孔をふさぐ。
(20) Clouston and Stansfield (9), p.66.
(21) G. Wilkinson, *Epitaph for the Elm* (London: Hutchinson, 1978), p. 66. 三〇年間に及ぶニレ立枯病の流行が終わった後の、イギリスにおける被害木総本数はおよそ二五〇〇万本にのぼった。
(22) C. M. Brasier and J. N. Gibbs, *Nature* 242, 607-609 (1973).
(23) 関連文献はすべてBrasier (2) に引用されている。
(24) Brasier はユーラシアに広がった病原性の強い系統は、最初一九四〇年代にルーマニアに現われたという。病原性の強い系統は、*Ophiostoma novo-ulmi* と名づけられた *Ophiostoma ulmi* の亜種と考えられる。
(25) Edwin J. Butler (1874-1943) はインドで大英帝国の菌類専門官として働き、後にキュー植物園の菌類研究所長に就任した。バトラーは一九三四年に出した手紙の中で、いわゆる「柳行李」説を披露したが、これは後に記事として公表された。G. P. Clinton and F. A. McCormick, *Connecticut Agricultural Experiment Station Bulletin* 389, 701-752 (1936).

(26) J. G. Horsfall and E. B. Cowling, in *Plant Disease: An Advanced Treatise*, vol.2, edited by J. G. Horsfall and E. B. Cowling (New York: Academic Press, 1978), p.22.

(27) J. N. Gibbs, *Phytopathology* 70 (1980), p.699.

(28) W. A. Watts, *Proceedings of the Linnean Society of London* 172, 33-38 (1961).

(29) Dendrophilus, *Philosophical Magazine* 62, 252-254 (1823).

(30) R. Mabey, *Flora Britanica. The Concise Edition* (London: Chatto and Windus, 1998).

(31) D. W. French, *History of Dutch Elm Disease in Minnesota*, Minnesota Report 229 (St. Paul: Minnesota Agricultural Experiment Station, University of Minnesota, 1993).

(32) ニレの防御反応を促すタンパク質をワクチン接種する新しい方法がある。この菌が通常生成しているある種のタンパク質を木に注入すると、木が反応して導管の中でマンソノンという物質を作る。マンソノンは菌のミトコンドリアの働きを阻害して、菌を殺すという。トロント大学のマーティン・ハッブズが開発したものが、エルムガードという商品名で市販されている。A. Coghlan, *New Scientist* 160, 7 (1998).

(33) 統計資料によると、アメリカ合衆国にあったニレの成木の七〇パーセントがニレ立枯病で枯死したとされている。残っている七〇〇万本の木の価値は、一本三〇〇〇ドルとすると、総額二一〇億ドルになるのだから、十分研究する価値がある。この数値は、D. Sawyer, *The Forestry Chronicle* 77, 961 (2001) によった。

(34) A. DePalma, *New York Times* (May 7, 2004), pp. A1, C16.

(35) L. Gil et al., *Nature* 431, 1053 (2004).

(36) *Lucius Junius Moderatus Columella: On Agriculture* X-XII, *On Trees*, trans. E. S. Forster and E. Heffner (Cambridge, MA: Harvard University Press, 1955). コルメラの著作、*On Trees* X-XIIの中にアテネのニレのこと

が出ている。大プリニウスはアテネのニレにはあまり関心がなかったらしく、（おそらく、ニレが陽の光をさえぎってブドウの邪魔になるので）葉が多すぎるといっている。ただし、コルメラの意見を取り入れて、園地では他のニレ類同様、アテネのニレもまばらに植えてもよいといっていた。*Pliny, Natural History*, vol.V, trans. H. Rackham (Cambridge, MA: Harvard University Press, 1950), Book XVII, XXXV, 200.

（37）*Ophiostoma* を弱毒性に変える二重螺旋のＲＮＡ、d－ファクターは多くのウイルスが持っているタンパク質の皮膜を欠いており、このような抗菌性を持ったものは「ウイルス様生物」とされている。S. Pain, *New Scientist* 153, 26-30 (1997).

（38）M. Arnord, *Rugby Chapel*, November 1857 (1867).

第三章

（1）M. Pendergrast, *Uncommon Grounds. The History of Coffee and How It Transformed Our World* (New York: Basic Books, 1999).

（2）D. Lorenzetti and L. R. Lorenzetti, *The Birth of Coffee* (New York: Clarkson Potter, 2000).

（3）国際コーヒー協会の資料 www.ico.org から引用した六〇〇万～七〇〇万トンという数字には、西アフリカ原産のロブスタコーヒー、*Coffea canephora* も含まれている。この数字は世界最大級の客船、一五万トンのクイーンメリー号、四〇隻分に相当するほどの量である。

（4）www.lankalibrary.com

（5）十九世紀のセイロンにおけるコーヒー生産量は、現在のベネズエラの年生産量に相当し、世界の総生産量の約一パーセントに当たる（www.ico.org）。

（6）スリランカの顕花植物、三〇〇〇種のうち八三〇種は固有種だが、永い間森林破壊が続いたにもかかわらず、その九三パーセントは国土面積のわずか二パーセントに過ぎない残された熱帯雨林の中で見つかっている。M. Collins, J. A. Sayer, and T. C. Whitmone, edo., *The Conservation Atras of Tropical Forests of Asia and the Pacific,*

New York: Simon and Shuster 1991.

（7）W. Knighton, *Forest Life in Ceylon*, 2 vols. (London: Hurst and Blackett, 1854), vol.I, 120-121, 283-285.

（8）E. L. Arnold, *Coffee: Its Cultivation and Profit* (London: W. B. Whittingham & Co., 1886), p.48. アーノルドはその著書の中で、労働者を見下したことを償うかのように、平等主義者のふりをして「労働者の利益は栽培業者の利益でもある。労働者はいい家に住んで、穀物の値段がどうであれ、十分に食事をとり、親切に扱われるべきである」といっている。

（9）大英帝国の植民地における奴隷制度は一八三三年の奴隷制度廃止法によって、終わりを告げたことになっているが、この法律の六四項が撤廃されるまで、セイロンとセントヘレナおよび英領インドは除外されていた。

（10）S. Baker, *The Rifle and the Hound in Ceylon. Stories from the Field, 1845 to 1853* (London: Longmans, 1854). この本は私のような女々しい人間には向かない。ベーカーはゾウ狩りについて、「私は頭と肩を撃って確実にしとめているが、この国ではゾウにあと一〇歩のところまで近づいて、脳天と耳の後ろを狙う。このほうが私の好みに合っている」と書いている。彼の次の本、*Eight Year's Wanderings in Ceylon* (1855) の主題は狩猟ではないが、本の見開きには、ハンターと猟犬が牡鹿を断崖まで追い詰めている銅版画が載っている。

（11）ベーカーは農場経営の難しさをよく知っていたはずだが、セイロンのコーヒー栽培には驚くほど楽観的だった。*Eight Year's Wanderings in Ceylon* の第二版（一八八四年）はコーヒー栽培が危機に瀕している最中に出版されたが、ベーカーは何十年にもわたる開発でこの島国の森林はほとんど消えたが、どこでも間もなくコーヒーが育つようになると書いている。引退後に菌学に興味を持ったといっているが、このベーカーの無知、無学ぶりにはあきれてしまう。

（12）ジョージ・ヘンリー・ケンドリック・スウェイツ（一八一一—一八八二）は会計士だったが、植物学に造詣が深く、珪藻が動物（当時はそう信じられていた）よりも、光合成能を持つ藻類に近いことを発見した人物だった。彼はブリストル大学で三〇年間講師を務めた後、ペラデニア植物園の管理官になり、園長を務めた。また、スウェイツはダーウィンが『種の起源』を著した後、文通した何人かの一人だった。彼はまた、珪藻の殻の精巧な形の進化についても論じている。F. Darwin (Editor), *More Letters of Charles Darwin*, vol. 1, letter 97, March 21, 1860 (London: John Murray, 1903).

（13）コーヒー葉さび病の最初の報告に関する文献については異論がある。レスター・アーノルド（8）は、セイロンでは一八四〇年以前に知られていたというが、おそらく、彼は湿ったところならどこにでもいる葉につくカビを、そう思ったのだろう。ある文献によると、セイロンでは一八六一年に病気が発生したというが、他のものでは、名前不詳のイギリス人探検家が同じ年、アフリカのヴィクトリア湖周辺でこの病気を見たと記録しているともいう。ジョン・スペックとジェームズ・グラントは一八六二年にナイル川源流を探検していたとき、ケニアの東部に野生のコーヒーノキが茂っており、原住民が未熟な実を日に干して、覚醒剤として食べていたと書いている。このコーヒーノキは *Coffea arabica* と同定されているが、*Coffea arabica* はケニアにはないので、おそらくさび病菌に抵抗性のある *Coffea canephora* だったと思われる。このことは、F. L. Wellman の *Coffee: Botany, Cultivation, and Utilization* (London: Leonard Hill; New York: Interscience, 1961) の中で導き出された結論である。ところが、文献を詳細に検討したにもかかわらず、ウェルマンはスペックが探検中に見た、さび病菌のコーヒーノキへの感染を、一八六一年のことと取り違えたらしい (e.g., F. L. Wellman, *Foreign Agriculture* 17, 47-52 [1952])。アフリカでこの病気が発生したというウェルマンの記述がもとになって、その後しばしば引用され、多くの人があまり当てにならないこの見聞を、セイロンの農園のことに置き換えて、また誤りを増幅させたらしい。もっとおもしろいのは、スペックとグラントが疑いもなく、一八六二年にナイル川がウガンダのリポン滝でヴィクトリア湖から流れ出しているという重要な発見をしていることである。一八六三年に彼らはベーカーやフォン・サスと一緒に南スーダンに出かけ、ベーカー探検隊がアルバート湖を発見する手がかりになる情報を提供した。

（14）M.J. Berkeley, *The Gardeners' Chronicle and Agricultural Gazette* November 6, 1869, p.1157.

（15）J. Nietner, *The Coffee Tree and Its Enemies: Being Observations on the Natural History of the Enemies of the Coffee Tree in Ceylon*, 2nd edition (Colombo, Ceylon: A. M. & J. Ferguson, Ceylon Observer Press, 1880).

（16）Arnold (8), p.119.

（17）Nietner (15), p.20.

（18）E. C. Large, *The Advance of the Fungi* (New York: Henry Holt & Company, 1940), p.198.

（19）P. Ayres, *Harry Marshall Ward and the Fungal Thread of Death* (St. Paul, MN: The American Phytopathological Society, 2005). これはきわめて優れた、かつ詳細な科学者の伝記である。また、ウォードの経歴については、G・C・エインズワースの *Annual Review of Phytopathology* 32, 21-25 (1994) にある見事な紹介を参照されたい。

（20）H. M. Ward, *Journal of the Linnean Society. Botany* XIX, 299-335 (1882).

（21）R. W. Rayner, *Nature* 191, 725 (1961).

（22）コーヒーノキの若木は二〇〇～四〇〇枚の葉をつけている。

（23）Large (18), p.203.

（24）H. M. Ward, *Quarterly Journal of Microscopical Science* XXII, 1-11 (1882). バークレイは一八六九年に書いた記載の中で、最初にこの菌の冬胞子を描いているが、それが別のタイプの胞子だとはっきり認めていない。

（25）N. P. Money, *Mr. Bloomfield's Orchard: The Mysterious World of Mushrooms, Molds, and Mycologists* (New York: Oxford University Press, 2002).

（26）ウォードの前任者、ダニエル・モリスはコーヒー葉さび病菌も葉の表面にくもの巣のような菌糸体を作るホップのうどんこ病菌と同じようなものと信じていた。

（27）*Ceylon Observer* (December 15, 1880) への投稿文からの抜粋が、F. B. Thurber, *Coffee: From Plantation to Cup. A Brief History of Coffee Production and Consumption* (New York: American Grocer Publishing Association, 1881), p.95 に引用されている。

（28）J. Eriksson, *Comptes Rendus* 124, 475-477 (1897). エリクソンはこの論文には自分の *Copuscules speciaux* の図を載せず、一九〇二年の別の論文に掲載した。

（29）同じ考えは、人間の感染症を考える際にも通じる。ウイルスのあるものは、人間、またはその祖先のゲノムに組み込まれて長い間潜んでおり、時に我々の細胞の中から出てくるので、ちょっとした例外といえるかもしれない。これは癌遺伝子の場合に当てはまることだが、ヤコブ・エリクソンの考えがなぜ馬鹿げていたのか、ここで説明して、物事を煩雑にしてしまう必要はないと思う。

(30) 当時、エリクソンは自然発生説を信じていたわけではないが (Nicanderからの引用)、彼の説は実証によるというよりも、不安感を煽る信仰にも似た中世的な考えだった。菌類の性質に関する古典的な考え方の発達を紹介したものとしては、少し古いが、ブラーが書いた、おもしろくてためになる文章がある。A. H. Buller, *Transactions of the Royal Society of Canada* (Series III) 9, 1-25, & plates I-IV (1915).

(31) エリクソンは途方もなく頑固な科学者で、ウォードに間違いを指摘されてからもずっと自分のマイコプラズマ説にしがみついていた。その考えは、まだ揺籃期にあった植物病理学に大きな影響を与えたエリクソンの著書、*Fungous Diseases of Plants* (London: Baillier , Tindall and Cox, 1930) にも出ている。また、長ったらしい本の中で、コーヒー葉さび病菌とウォードのことを無視し、ド・バリーの論文を少し引用してコメントしただけで、自分の不安をごまかそうとした。ド・バリーの素晴らしい業績を軽んじ、コーヒー葉さび病菌に関するウォードの研究成果を取り上げなかったのは、アメリカの歴史教科書でジョージ・ワシントンとトーマス・ジェファーソンのことを書き漏らしたのにも等しい愚行である。このような判断ミスはあったが、エリクソンはさび病菌の単一種の中に遺伝的に明瞭に異なる系統があることを発見した点で、植物病理学上優れた研究者として記憶されている。

(32) H. M. Ward, *Philosophical Transactions of the Royal Society, London*, B 196, 29-46 (1903).

(33) F. L. Wellman, *Plant Disease Reporter* 54, 539-541 (1970), p.539.

(34) W. H. Ukers, *All About Tea*, 2 vols. (New York: The Tea and Coffee Trade Journal Company, 1935), vol.I, 177.

(35) www.teamuse.com

(36) Pendergrast (1).

(37) E. Schieber, *Annual Review of Phytopathology* 10, 491-510 (1972).

(38) J. K. M. Brown and M. S. Hovmoller, *Science* 297, 537-541 (2002); E. A. Shinn, D. W. Griffin, and D. B. Seba, *Archives of Environmental Health* 58, 498-504 (2003).

(39) E. Schieber (37), p.493.

(40) J. Bowden et al., *Nature* 229, 500-501 (1971).

(41) R. P. Scheffer, *The Nature of Disease in Plants* (Cambridge: Cambridge University Press, 1997).

(42) F. Anthony et al., *Theoretical and Applied Genetics* 104, 894-900 (2002).

(43) F. L. Wellman (13). ウェルマンは一九六一年に著した本の中で、コーヒー栽培の起源をたどる詳しい調査結果を紹介している。ただし、彼自身、過去の物語にはあいまいな点が多いことを認めている。たとえば、ポルトガル人か、オランダ人がセイロンへ持ち込んだコーヒーノキから、イギリス人が自分たちの単一栽培による大規模農園を作り上げたのか、パリで育てられていた木からとったものを持ってきて栽培を始めたのかなど、おもしろい話が多い。

(44) ロブスタ系統のコーヒーノキはアフリカの赤道直下の熱帯雨林に自生する種類で、世界の総生産量の約四分の一を占めている(www. Coffeeresearch.com)。いくつかの国はもっぱらロブスタ系統を栽培している。たとえば、ウガンダではロブスタが九一パーセントを占め、ベトナムではこれだけである。

(45) アフリカのある国では、さび病菌によるロスを避けるため、七、八年ごとに木を植え替えるローテーション栽培を行っており、これによって農薬の散布量を減らしている。

(46) 熱帯の照りつける太陽の下で繁茂するコーヒーノキの系統を育種する試みが盛んになり、一九七〇年代以降、被陰樹のない状態で栽培する方法が広がっている。

(47) E. Fawole, *Nigerian journal of Tree Crop Research* 3, 64-70 (1999).

(48) 毎秒三三〇〇杯のコーヒーが飲まれているという推定値は、ウエブサイトによく出ているが、根拠ははっきりしない。毎秒三三〇〇杯というのは、年にすると約一〇〇〇億杯になる。消費者が払う金額が七〇〇億ドルというのだから、平均してコーヒー一杯の値段は七〇セントになる。もっとも、アメリカなどでコーヒーを自分で淹れている人や、貧しい国で安いコーヒーを飲んでいる人などは、そんなに金をかけていないはずである。おそらく平均七〇セントという値段には、スターバックスの店で出すようなトッピングや、コーヒーを淹れるのに必要な道具などにかかるコストが、かなり含まれているのだろう。

第四章

（1） www.scharffenberger.com

（2） J. H. Hart, *Cacao: A Treatise on the Cultivation and Curing of Cacao*, 2nd ed. (Port-of-Spain, Trinidad: Mirror Office, 1900), p. 61.

（3） J. H. Hart, *Cacao: A Manual on the Cultivation and Curing of Cacao* (London: Duckworth & Co., 1911).

（4） 同じ年スリナムで天狗巣病が発生したという報告がある。

（5） Hart (3), p.76; L. A. A. De Verteuil, *Trinidad: Its Geography, Natural Resources, Administration, Present condition, and Prospects*, 2nd ed. (London: Cassell & Co., 1884) からの引用。

（6） 何人かの研究者たちは、カカオノキは中米原産で、南へ移動した原住民がアマゾン川流域へ持ち込んだと見ている。P. Sanchez and K. Jaffe, *Interciencia* 17, 28-34 (1992).

（7） A. M. Young, *The Chocolate Tree. A Natural History of Cacao* (Washington, D. C.: Smithsonian Institution Press, 1994), p.83.

（8） 受粉の頻度が低いと、実になる花の数は減るが、一本の木が養えるポッドの数は平均三〇~四〇個に限られているので、ちょうどうまくできている。これは自然に起こる摘果のようなもので、未熟のポッドは萎れて落ちる。人工的に受粉させても、やはりこの自然摘果によって、ポッドの数が制限されるという。Young (7) による。

（9） R. A. Rice and R. Greenburg, *Ambio* 29, 167-173 (2000) およびR. A. Rice and R. Greenburg, *Natural History*, July/August 2003, 36-43 のエッセイを参照。

（10）コートジボワールでは、カカオ農園が森林面積の一〇パーセント以上を占める。

（11）国際ココア協会の資料から。www.icco.org

（12）現在のカカオ生産国を上位から挙げると、コートジボワール、ガーナ、インドネシア、ナイジェリア、ブラジル、カメルーンの順になる。これらの国々が世界の総生産量の八五パーセントを占めている。

（13）Young (7).

（14）R. E. D. Baker and P. Holliday, *Witch's broom disease of cacao (Marasmius perniciosus Stahel)*, Phytopathological Paper No.2 (Kew, UK: The Commonwealth Mycological Institute, 1957).

（15）J. Orchard et al., *Plant Pathology* 43, 65-72 (1994).

（16）コーヒー葉さび病菌も同じタイプの胞子を作るが、コーヒーノキでどのような働きをしているのかわかっていない（第三章参照）。カカオノキとコーヒーノキにつく菌がいずれも担子胞子を作るのは、両者が一億年以上も前に暮らしていた共通の祖先にたどり着く同じ進化系列に乗っていることの証である。なお、これらの種は二つとも担子菌類に属している。

（17）この菌を初めて科学的に記載し、*Marasmius perniciosus* と命名したのはジェロルド・スタールだった。G. Stahel, *Bulletin Department van den Landouw in Suriname* 33, 1-26 (1915). 属名を変えた理由は、D. N. Pegler, *Kew Bulletin* 32, 731-736 (1977)に出ている。

（18）近縁種のシロヒメホウライタケ、*Marasmius rotula* もオチバタケによく似ており、イギリスではカザグルマタケとか、ヒダツキラッカサン、ヒダツキウマノケ、ハンドルキノコなどと呼ばれている。ところが、もうひとつの *Marasmius equicrinus* はカカオノキの苗圃で問題になる菌で、若木に感染してウマノケ病という病気の原因になる（Hart (3)）。また、この菌はチャノキやナツメグにも感染するという。ウマの尻尾の毛のように見えるものは、葉の表面を這う黒い糸状の根状菌糸束である。根状菌糸束というのは、菌糸が束になって糸か、針金のように太くなったもので、ナラタケ属やホウライタケ属の菌の場合は、表面が硬いエナメル質の皮で覆われている。

(19) G. W. Griffiths et al., *New Zealand Journal of Botany* 41, 423-435 (2003). つる性植物で見つかったクリニペリスは、カカオノキを襲う菌と遺伝的にまったく別物であることがわかった。植物病理学者たちはつる性植物につくものをLタイプ、カカオノキにつくものをCタイプとして区別している。他の植物には別のタイプの菌がついているらしい。

(20) この木の種子はコスタリカのタラマンカ・インディアンが飲み物を作るのに使っていたという。

(21) Griffiths et al. (19). カカオノキはタンパク質のほかに、ファイトアレクシンという有機物を作り、植物体を菌から守っている。この物質は植物の抗生物質ともいわれている。

(22) S. Silva, *Cacao e lagartão ou vassoura-de-bruxa: registros efetuados por Alexandre Rodorigues Ferreira nos anos de 1785 a 1787 na Amazônia*, Boletim Técnico 146 (Bahia, Brazil: Centro de Pesquisas do Caccau, Bahia, Brazil, 1987).

(23) C. J. J. van Hall, *Cocoa* (London: MacMillan and Co., 1914).

(24) G. W. Padwick, *Losses caused by plant diseases in the colonies*, Phytopathological Papers No.1 (Kew, UK: The Commonwealth Mycological Institute, 1956).

(25) N. Asheshov, www.gci275.com/lives/country02.shtml

(26) H. C. Evans, in *Tropical Mycology*, vol.2, *Micromycetes*, edited by R. Watling et al. (UK: CAB International, 2002), 83-112.

(27) H. A. Laker and J. W. de Silva e Mota, Cocoa Growers' Bulletin 43, 45-57 (1990).

(28) アマゾナス州のマナウスと天狗巣病が現われたバイーア州の場所とは、二六〇〇キロ離れている。

(29) R. E. D. Baker and S. H. Crowdy, *Memoirs of the Imperial College of Tropical Agriculture* 7, 1-28 (1943). Baker and Holliday (14), p.21から引用。

(30) H. C. Evans and R. W. Barreto, *Mycologist* 10, 58-61 (1996).

(31) H. C. Evans, *Cocoa Growers' Bulletin* 32, 5-19 (1981).

（32）J. L. Pereira et al., *Turrialba* 39, 459-461 (1989).
（33）J. L. Pereira, L. C. C. de Almeida, and S. M. Santos, *Crop Protection* 15, 743-752 (1996).
（34）T. Andebrhan et al., *European Journal of Plant Pathology* 105, 167-175 (1999).
（35）P. Gadsby, *Discover*, August 2002, 64-71.
（36）A. Bellos and G. Neale, *The Sunday Telegraph* (May 10, 1998), p.25.
（37）サー・ウィリアムはサントメ島からカカオノキの導入を試みたが、父を賞賛したい息子にとって気の毒なことに、ここでは一八八六年に至るまで育たなかった。
（38）M. Rosenblum, *Chocolate: A Bittersweet Saga of Dark and Light* (New York: North Point Press, 2005).
（39）ICCOの統計によると（11）、コートジボワールは二〇〇二年から二〇〇三年にかけて、カカオを一三〇万トン、ガーナは四七万五〇〇〇トン生産している。
（40）コートジボワールにおける二〇〇四年の生産量は、カカオ生産地域で政府と革命勢力との間に紛争が始まったために減少し、輸出量が一〇〇万トン以下に減ってしまった。ガーナが六〇万トンに達する予定外の大豊作だったため、値崩れを起こしたと、ローゼンブラムは語っている（38）。
（41）Rosenblum (38).
（42）ヘッジャーの意見はアシェショブ（25）に出ている。
（43）C. A. Thorold, *Diseases of Cocoa* (Oxford: Oxford University Press, 1975).
（44）アメリカ植物病理学会が出している二〇〇一年度の統計資料によると、カカオノキの病害による損失は以下のとおりである。フィトフトラによるブラックポッド病でアフリカ、ブラジル、アジアなどのカカオ生産量が四五万トン減少し、価格にして四億二三〇〇万ドルの損失になった（トン当たり九四〇ドルとして算出）。天狗巣病による被害でラテンアメリカの生産量は二五万トン減少し、二億三五〇〇万ドルの損失になった。*Crinipellis roreri* によるモニリア　フロスティー　ポッド病でラテンアメリカの生産量が三万トン減り、四七〇〇万ドルの損失になった。*Oncobasidium theobromae* による枝枯れでアジアでの生産量が三万トン減り、金額にして二八〇〇万ドルの損害が出た。ウイルスによる梢端が膨れる病気でアフリカでの生産量が五万トン減り、二八〇〇万ドルの損失になった。

(45) N. P. Money, *Mr. Bloomfield's Orchard: The Mysterious World of Mushrooms, Molds, and Mycologists* (New York: Oxford University Press, 2002).

(46) ブラックポッド病の病原菌は剥かれたポッドの殻の中で生き残り、そこから植物体に感染する。

(47) M. C. Coffey, in *Phytophthora*, edited by J. A. Lucas et al. (Cambridge, UK: Cambridge University Press, 1991), 411-432.

(48) S. A. Rudgard, A. C. Maddison and T. Andebrhan, eds., *Disease Management in Cocoa. Comparative Epidemiology of Witches' Broom* (London: Chapman and Hall, 1993).

(49) L. H. Purdy and R. A. Schmidt, *Annual Review of Phytopathology* 34, 573-594 (1996).

(50) U. Krauss and W. Soberanis, *Biological Control* 22, 149-158 (2001).

(51) S. Sanogo et al., *Phytopathology* 92, 1032-1037 (2002).

(52) A. E. Arnold et al., *Proceedings of the National Academy of Sciences* USA 100, 15649-15654 (2003). この研究領域についてはK. Clay, *Nature* 427, 401-402 (2004)にうまくまとめられている。

(53) H. C. Evans et al., *Mycologist* 16, 148-152.

(54) これが正しいかどうか確かめるには、クリニペリス　ロレリが担子柄になる細胞を作り出す前に、有性生殖をしているかどうか知らなければならない。この問題はH.C. Evans, K. Holmes, and A. P. Reid, *Plant Pathology* 52, 476-485 (2003) の中で論じられている。

(55) H. C. Evans et al., *Cocoa Growers' Bulletin* 51, 7-22 (1998).

第五章

(1) ロンドンに本部のある国際ゴム研究グループという政府間協議団体、www.rubberstudy.com が出している二〇〇五年度資料による。

（2）H. Evans, G. Buckland, and D. Lefer, *They Made America: Two Centuries of Innovators from the Steam Engine to the Search Engine* (New York: Little Brown, 2004).

（3）W. Dean, *Brazil and the Struggle for Rubber. A Study in Environmental History* (Cambridge, UK: Cambridge University Press, 1987).

（4）V. Thomas et al., *Annals of Botany* 75, 421-426 (1995).

（5）マッド・リドリのやり方は、きれいな矢はず模様を作るように、樹皮にYの字型の切れ込みを入れる方法である。ゴムの採取をしてみたい人は国際ゴム研究開発会議のウエブサイト、www.irrdb.net を見ると、樹液採取の方法などが出ている。

（6）R. M. Klein, *The green World. An Introduction to Plants and People* (New York: Harper & Row, 1987).

（7）H. A. Wickham, *Rough Notes of a Journey through the Wilderness: From Trinidad to Para, Brazil, By Way of the Great Cataracts of the Orinoco, Atabapo and Rio Negro* (London: W. H. J. Carter, 1872).

（8）H. A. Wickham, *On the Plantation, Cultivation, and Curing of Para Indian Rubber (Hevea brasiliensis): With an Account of Its Introduction from the West to the Eastern Tropics* (London: Kegan Paul, Trench, Trübner, 1908).

（9）ウィッカム（8）は「私が森林から持ち出したのは、せいぜい七〇〇〇本ばかりだった」という。ディーン（3）は当時のいろんな資料から六万～七万四〇〇〇個の種子をとったとしている。ディーンは発芽した種子が三〇〇〇個もなかったので、ウイッカムが記憶にあった数字を少なくしたのだろうと見ている。七四〇ポンドという支払い金額は、一〇〇〇個につき労賃が一〇ポンドとすると、うまく一致する。

（10）J. Loadman, *Tears of the Tree. The Story of Rubber—A modern marvel* (Oxford: Oxford University Press, 2005).
ディーンの著書（3）もウィッカムの事績に詳しい。

（11）Wickham (8), p.54.

（12）Dean (3), p.18.

(13) Dean (3), p.21.

(14) この空想で問題なのは、もし、私がヴィクトリア朝時代に暮らしていたら、疑いもなくウィッカムにブランデーを注ぐか、もっと悪くすると、便所掃除をしていたかもしれないということだ。

(15) N. B. Ward, *On the Growth of Plants in Closely Glazed Cases*, 2nd ed. (London: John Van Voorst, 1852). ウォードは自分のガラス箱が植物の成長によい影響を与える例として、大麻の分泌物に強い光と暖かさが与える効果を挙げている。

(16) マレーシアのゴム栽培はシンガポールを経て、セイロンから送られた一つかみの種子から出発した。ところが、ウィッカムが集めた種子のほかに、一八七七年には植物学者のロバート・クロスがアマゾン川流域で採集した苗もセイロンに送られていた。セイロンからシンガポールに搬出された苗の由来が不確かだったため、マレーシアのゴムノキはウィッカムのものか、クロスのものかという議論が歴史家の間で持ち上がった。これについては、ロードマン(10)を参照。

(17) ゴムノキの栽培が過熱気味だった十九世紀の終わりごろ、ベルギー国王、レオポルド二世がコンゴの熱帯林からゴムを採取するよう、数百万人のコンゴ人に強要した。この不当な搾取行為にまつわる話は、この章の主題からはずれるが、コンゴのゴムは *Hevea* 属とまったく関係のない *Landolphia* というラテックスを作るつる性植物からとれる。ちなみに、*Landolphia* はキョウチクトウ科に、*Hevea* はトウダイグサ科に属している。

(18) この引用文はブラジルのジャーナリスト、ユークリデス・ダ・クーナが書いたもので、Dean (3) に出ている。

(19) R. Collier, *The River That God Forgot. The Story of the Amazon Rubber Boom* (New York: E. P. Dutton, 1968), p. 203.

(20) V. W. von Hagen. R. S. Koeser, www.brazzil.com の引用による。

(21) Collier (19), 257-258.

(22) www.amazonlink.org/biopiracy/biopiracy_history.htm.

(23) W. Davis, *One River. Exploration and Discoveries in the Amazon Rain Forest* (New York: Simon and Shuster,

1996).

(24) W. F. C. Asimont, *Hevea Braziliensis or Para Rubber in the Malay Peninsula* (London: L. Upcott Gill, n.d., [after 1908]), p.7.

(25) T. Petch, *Tropical Agriculturalist* 42, 268-269 (1914), p.269. この論文が出た後、*The Journal of Agricultural Board of British Guiana* や *Bulletin Department van den Landouw, Suriname*、*India Rubber World* などの定期刊行物に、この病気を幅広く扱った初期の優れた論文が数多く載るようになった。植物病理学の古典ともいえるC. K. Bancroftによって書かれた二つの論文が、C. G. Bancroft, *Journal of the Agricultural Board of British Guiana* 10, 13-33 (1916), 10, 93-103 (1917)に掲載された。

(26) G. Stahel, *Bulletin Department van den Landouw, Suriname* 34, 1-111 (1917).

(27) H. C. Evans, in *Tropical Mycology*, vol.2, *Micromycetes*, edited by R. Watling et al. (Wallingford, UK: CAB International, 2002), 83-112.

(28) T. T. Edathil, *Tropical Pest Management* 32, 296-303 (1986).

(29) 胞子の寿命は葉から飛ばされるか否かによって変わり、温湿度など環境条件や紫外線によっても変化するので、一概に生存力が弱いともいえない。はじめのころは数時間で寿命が尽きるとされていたが、最近の研究では二週間は生きているという。

(30) K. H. Chee, *Planter, Kuala Lumpur* 56, 445-454 (1980).

(31) トリニダードにはヘベア属の在来種がないので、病気はおそらく罹病した苗について持ち込まれたのだろう。

(32) P. le Cointe, *L'Amazonie bréilienne* 1, 353 (1922).

(33) W. N. C. Belgrave, *Journal of the Agricultural Board of British Guiana* 15, 132-138 (1922), p.138.

(34) W. Davis, *Fortune* (August 4, 1997), 87-88.

(35) 最近の研究の中でかなりおもしろいのは、ヘベア属の植物が自分で病原菌を排除するやり方や他の菌でミクロシクルスを抑え込むことができるかどうかといったテーマである。

(36) 国際ゴム研究開発会議、www.irrdb.net は企業の支援による研究活動について有益な情報を流している。

(37) T. Petch, *The Physiology and Diseases of Hevea brasiliensis: The Premier Plantation Tree* (London: Dulau & Co., 1911); T. Petch, *The diseases and Pests of Rubber Tree* (London: MacMillan, 1921); A. B. Steinmann, *Diseases and Pests of Hevea brasiliensis in the Netherlands Indies* (Buitenzorg: Archipel Drukkerij, 1927); A. Sharples, *Diseases and Pests of the Rubber Tree* (London: MacMillan, 1936).

(38) M. R. Nicole and N. Benhamau, *Phytopathology* 81, 1412-1420 (1991).

(39) P. Holliday, *Mycologist* 10, 66-68 (1996).

(40) N. P. Money, *Carpet Monsters and Killer Spores: A Natural History of Toxic Mold* (New York: Oxford University Press, 2004), 128-133.

(41) 最も大きな子実体を作るのは、マクロシーベ　タイタンス *Macrocybe titans* という熱帯にいる菌で、ハキリアリが地中に作った巣穴の中で菌糸が成長し、アリが巣を捨てるとキノコが出てくる。この怪物のようなキノコは傘の直径が一メートルを超え、重さは八キログラムもあるという。子実体は一週間ほどもつが、その間に巨大なヒダから胞子を飛ばすので、あたりの木立が胞子の煙でかすむほどだそうである。

(42) A. H. Buller, *Research on Fungi*, vol.2 (Longmans, Green & Co., London, 1922).

第六章

(1) N. P. Money, *Carpet Monsters and Killer Spores: A Natural History of Toxic Mold* (New York: Oxford University Press, 2004), 145 (4).

(2) L. Kavaler, *Mushrooms, Molds and Miracles: The Strange Realm of Fungi* (New York: John Day Co., 1965).

(3) 現代の農民はロビグスのことを、子嚢菌の *Septoria* sp. によるうどんこ病や *Puccinia triticum* によるコムギ褐色さび病 (brown rust) には強いが、*Puccinia striiformis* によるコムギ黄さび病には弱い冬まきコムギの品種名だと思っている。

(4) 国連のＦＡＯ（食糧農業機関）の資料による(www.fao.org)。二〇〇四年度の世界の米を除く穀物総生産量は、コムギ五億九五九〇万トン、その他の穀物（トウモロコシ、オオムギ、キビ、エンバク、ライムギ、アワ）九億二二二〇万トンで合計一五億トンにのぼるが、そのすべてがさび病菌にやられている。

(5) J. Tull, *The Horse-Hoing Husbandry: Or, An Essay on the Principles of Tillage and Vegetation* (London, 1733), p. 65.

(6) M. Tillet, *Dissertation on the Cause of the Corruption and Smutting of the Kernels of Wheat in the Head and on the Means of Preventing These Untoward Circumstances*, trans. H. B. Humphrey (Ithaca, NY: The American Phytopathological Society, 1937).

(7) Voltaire, *Letters on England*, trans. L. Tancock (London: Penguin, 1980).

(8) Tillet (6), p.14. Ｊ・タルは食塩と石灰を混ぜたものが黒穂病に効くことを、偶然発見していたが、この処理の効果は検証されていなかった。

(9) B. Prévost, *Memoir on the Immediate Cause of Bunt or Smut of Wheat, and of Several Other Diseases of Plants, and on Preventives of Bunt,* trans. G. W. Keitt (Menasha, WI: The American Phytopathological Society, 1939).

(10) E. C. Large, *The Advance of the Fungi* (New York: Henry Holt & Company, 1940).

(11) A. H. R. Buller, *Transactions of the Royal Society of Canada,* series 3, vol.9, 1-25, plates I-IV (1915).

(12) G. C. Ainthworth, *An Introduction to the History of Mycology* (Cambridge, UK: Cambridge University Press, 1976), p. 18. フレンツェルの流星起源説は、長い歴史を持つ菌類地球外生物説のひとつである。A. M. Nieves-Rivera and D. A. White, *Mycologist* 20, 22-25 (2006). フレンツェルは人のあざけりに慣れていたのか、TournfortやMicheliがこの考えを改めさせた後も、まだ変な考えを主張し続けていた。

(13) M. K. Matossian, *Poisons of the Past: Molds, Epidemics, and History* (New Haven CT: Yale University Press, 1989).

(14) L. -R. Tulasne and C. Tulasne, *Annales des Sciences naturelles Paris*, sér.3, 7, 12-127 (1847); L. -R. Tulasne,

Annales des Sciences naturelles Paris, sér.4, 2, 77-196 (1854).
(15) なまぐさ黒穂病はクロボキン属の二種類の菌、*Tilletia caries* と *Tilletia foetida* によって起こる。
(16) 海産物が腐敗すると、アンモニアやヂメチルアミン、トリメチルアミンが発生する。この魚が腐ったときのような悪臭が黒穂病の生臭い臭いに似ているというわけである。
(17) www.pewagbiotech.org
(18) J. Ruiz-Herrera and A. D. Martinez-Espinoza, *International Microbiology* 1, 149-158 (1988).
(19) 農産物の品質基準は合衆国農務省のGIPSA (Grain Inspection, Packers and Stockyards Administration) によって管理されている。一級品と認定されるには、農家から引き渡される穀粒のうち、損傷のあるものの割合が二パーセント以下でなければならない。損傷の原因は多くの場合、黒穂病である。
(20) www.tolweb.org
(21) J. F. Hennen and J. W. McCain, *Mycologia* 85, 970-986 (1993).
(22) 担子胞子は発芽した冬胞子の茎から出てくる。これは冬胞子がコムギの葉や茎の上にpustule（突起）の状態で残っている間か、収穫後コムギが刈られて刈り株になったときに起こる。大事なことは、夏胞子や冬胞子と違って、担子胞子は植物体から直接生じるのではないという点である。
(23) G. Targioni Tozzetti, *True Nature, Causes and Sad Effects of the Rust, the Bunt, the Smut, and Other Maladies of Wheat, and of Oats in the Field. Part 5 of Alimurgia or Means of Rendering Less Serious the Dearth, Proposed for the Relief of the Poor,* trans. L. R. Tehon, *Phytopathological Classics* 9 (1952). 引用した結論は Ainthworth(12), p.150の翻訳による。
(24) F. Fontana, *Observation on the Rust of Grain*, trans. P. P. Pirone, *Phytopathological Classics* 2 (1932).
(25) J. Banks, *A Short Account of the Cause of the Disease in Corn, Called by the Farmers the Blight, the Mildew, and the Rust* (London: W. Bulmer & Co., 1805), p.10. 他の人々もヘビノボラズとコムギの病気との関係に気づいていた。一九〇六年のバンクスへの手紙(The Pamphleteer 6, 415-419 [1815])の中で、イギリスの園芸家、トーマ

ス・ナイトは「私は……この病原菌が同じ種類の寄生植物に思えてしかたがない。種を入れているもの（黒さび病菌の胞子を作っているもの）の形や大きさは、コムギからとる栄養物とヘビノボラズのすっぱい汁からとる栄養物の違いによっていると思える」と述べている（p.496）。また、ナイトはさび病をコムギに感染させる簡単な実験を行った。後に、彼は禾穀類の病害抵抗性品種という概念を発展させ、モモの巻葉(peach leaf curl)などの菌類による果樹の病気に、石灰と硫黄の混合剤を散布すると効果があると報告している。一八一六年には、デンマークの教師、ニールス・ショラーが、ヘビノボラズからとったさび胞子をライムギにつけて、さび病を起こさせている。詳しくはAinthworth (12) 参照。

（26）D. Isley, *One Hundred and One Botanists* (Ames: Iowa State University Press, 1994).

（27）コーヒーのさび病で有名なハリー・マーシャル・ウォードが*Nature* 37, 297-299 (1888)に、故人となったアントン・ド・バリーの略歴を実に見事な文章で綴っている。それによると、ド・バリーは顔面の一部を切除する手術を受けて、亡くなったという痛ましい事実を伝えている。もっと新しいド・バリーへの賛辞については、J. G. Horsfall and S. Wilhelm, *Annual Review of Phytopathology* 20, 27-32 (1982) 参照。

（28）A. de Bary, *Untersuchungen über die Brandpilze und die durch sie verursachten Krankheiten der Pflanzen mit Rucksicht auf das Getreide und andere Nutzpflanzen* (Berlin: G. W. F. Muller, 1853).

（29）Tulasne and Tulasne 前註（14）; Tulasne. (14)

（30）L.-R. Tulasne, and C. Tulasne, *Selecta Fungorum Carpologia*, 3 vols., trans. W. B. Grove, edited by A. H. Buller & C. I. Shear (Oxford: Clarendon Press, 1931).

（31）Large (10), p.131.

（32）ラージ(10)は、ド・バリーが行った*Puccinia graminis*の生活環に関する研究成果と残された問題点について詳しく述べている。一九二〇年代のジョン・クレイギやブラーによる精子の役割に関する研究については、N. P. Money, *Mr. Bloomfield's Orchard: The Mysterious World of Mushrooms, Molds and Mycologists* (New York: Oxford University Press, 2002), 103-104, 176-180の中で述べた。

(33) Large (10).

(34) A. de Bary, *Comparative Morphology of the Fungi Mycetozoa and Bacteria*, trans. H. F. Garnsey, revised by I. B. Balfour (Oxford: Clarendon Press, 1887).

(35) ド・バリーのいう共生の概念には、地衣類のように菌と藻類の間に見られる相補的な関係（相利共生という語はド・バリー以前から使われていた）や、偏利共生（ある生物が相手に何のメリットも与えず、一方的に利益を受ける関係）、寄生（相手を損なうことによって利益を受ける関係）がすべて含まれていた。

(36) heteroecious、異種寄生性（ひとつ以上の宿主につく場合）とautoecious、同種寄生性（コーヒーさび病菌に見られたように、単一の宿主につく場合）という用語は、ド・バリーの造語である。この用語は複雑すぎると思うが、ラージも「この言葉は英語とドイツ語の日常語から作り上げた合成語で、まるで、牧場の中に置かれたコンクリートの塊のようだ。これは単純な事柄を煩雑にするだけで、科学論文の中で権威を振り回すために、ド・バリーがもったいぶって難しい言葉をわざわざ提案したのだろう」といっている。

(37) M. Lutz et al., *Mycologia* 96, 614-626 (2004). R. Bauer, M. Lutz, and F. Oberwinkler, *Mycologia* 96, 960-967 (2004).

(38) A. P. Roelfs, *Plant Disease* 66, 177-181 (1982).

(39) E. C. Stakman, F. E. Kempton, and L. D. Hutton, *The Common Barberry and Black Stem Rust*, USDA Farmers' Bulletin 1544 (Washington, DC: U. S. Government Printing Office, 1927), 3, 28.

(40) A. P. Roelfs, *Canadian Journal of Plant Pathology* 11, 86-90 (1989).

(41) 殺菌剤はいわば必要悪である。人間や他の動物に降りかかる危険の度合いは、殺菌剤それぞれの化学成分や地下水に浸透する量などによって異なる。いくつかの殺菌剤は植物の表面から洗い流されると土壌粒子に吸着され、地下水汚染の原因にはならないともいう。また、あるものは土壌中で急速に溶解するが、殺菌剤の生物分解の程度は多くの要因によって決まるとされており、不明な点も多い。

第七章

（1）M. J. Berkeley, *Journal of the Horticultural Society of London* 1, 9-34, plates I-IV (1846), p. 9. M. J. Berkeley, *Observations, Botanical and Physiological, on the Potato Murrain* (East Lansing, MI: The American Phytopathological Society, 1948) に再録されている。

（2）S. Buczacki, *Mycological Research* 105, 1283-1294 (2001).

（3）一八四〇年代には、他の人もジャガイモ疫病の原因が菌であることに気づいていた。ベルギーの聖職者、エドワルド・ヴァン・デン・ヘック修道院長は菌が病気の原因で、胞子が飛ぶことを示唆していた。バークレイはその先見性のある報告の中で、遊走子には言及せず、ド・バリーが一八六〇年代になって発見したとされている。リエージュのシャルル・モランは菌類説を推した有力な支持者だった。ボストンのジェームス・テシェマッハーは北アメリカでの初期の大流行を経験して、一八四四年に同じ結論に達していた。バークレイは一八四五年の論文の中でモランやテシェマッハーなどの仕事を認めているが、エドワルド・ヴァン・デン・ヘックの業績は見落としている。

（4）A. de Bary, *Journal of the Royal Agricultural Society of England*, 2nd ser., 12, 239-269, 8 figures (1876).

（5）G. N. Agrios, *Plant Pathology*, 4th edition (San Diego, CA: Academic Press, 1997).

（6）M. J. Carlisle, in *Water, Fungi and Plants*, edited by P. G. Ayres and L. Boddy (Cambridge, UK: Cambridge University Press, 1986), 105-118.

（7）P. van West et al., *Molecular Plant-Microbe Interactions* 15, 790-798 (2002).

（8）S. Kamoun and C. D. Smart, *Plant Disease* 89, 692-699 (2005). なお、イネいもち病菌、*Magnaporthe grisea* には一万一一〇九の遺伝子があると報告されている。

（9）エフェクターは病原菌の病毒性遺伝子にコードされている。病原菌の非病原性遺伝子群（Avr）は宿主によって認識される分子をコードし（それらは植物の病害抵抗性［R］遺伝子によって作られたタンパク質で認識される）、過敏感反応をひき起こす。詳しくはB. M. Tyler, *Annual Review of Phytopathology* 40, 137-167 (2002) および

P. R. J. Birch et al., *Trends in Microbiology* 14, 8-11 (2006) 参照。

(10) T. A. Randall et al., *Molecular Plant-Microbe Interactions* 18, 229-243 (2005). *Phytophthora infestans* のゲノム解析によって、この病原菌が植物の細胞壁を壊すのに使う酵素をコードしている遺伝子は、菌界にあるものと同じだということがわかった。卵菌類はキチンを合成する遺伝子も持っているが、キチンは菌界に属している種の細胞壁に特徴的な構成物質で、水生卵菌類にはないので、これは興味深い事実である。ただし、いくつかの卵菌類の細胞壁にも少量のキチンが認められるので、決定的なことはいえない。植物の細胞壁を攻撃し、病原菌の細胞壁を作っている、いわゆる菌類らしく見せる遺伝子は収斂進化の過程で出てきたものかもしれない。あるいは、この遺伝子は異なる微生物グループの間を平行移動していたかもしれない。もし、これで菌類と水生卵菌類との間に見られる遺伝的類似性が説明できるなら、移動の方向について考えてみるのもおもしろい。たとえば、植物の細胞壁の中でペクチンの消化に働く酵素をコードする遺伝子が菌類の祖先から水生菌の祖先へ移ったなど、いろんなことが想像できる。

(11) J. O. Anderson and A. J. Roger, *Current Biology* 12, 115-119 (2002).

(12) N. P. Money, C. M. Davis, and J. P. Ravishankar, *Fungal Genetics and Biology* 41, 872-876 (2004).

(13) S. Kamoun, *Eukaryotic Cell* 2, 191-199 (2003); M. Latijnhouwers, P. J. G. M. de Wit, and F. Govers, *Trends in Microbiology* 11, 462-469 (2003).

(14) アメリカ、カナダ、ヨーロッパ各国の研究者はフィトフトラ・ゲノム・コンソーシアムとシンジェンタ・フィトフトラ・コンソーシアムを通じて情報交換を行っている。シンジェンタ社は多数の病原菌のゲノム解析を手がけている、スイスのバーゼルに本社を置くアグリビジネス会社である。これらの組織から出されているデータには、http://www.pfgd.org からアクセスできる。

(15) Buczacki (2).

(16) E. Large, *The Advance of the Fungi* (New York: Henry Holt & Company, 1940), 31. ラージはフィトフトラのことを「無色の針金のような海藻」といったが、この表現は、水生卵菌類の起源が藻類であるとする今日の説によく符合している。

(17) B. Prévost, *Memoir on the Immediate Cause of Bunt or Smut of Wheat, and of Several Other Diseases of Plants, and on Preventives of Bunt*, trans. G. W. Keitt (Menasha, WI: The American Phytopathological Society, 1939).

(18) バークレイは、チャールズ・ダーウィンがビーグル号の航海（一八三一―一八三六）で採集した菌類を同定した。一八七〇年代にキュー王立植物園に寄贈された彼個人の標本は一万点を超える。

(19) ティレやプレヴォーの実験同様、パスツールの研究も賞金付きのものだった。パスツールの場合は、フランス科学アカデミーが自然発生説問題に決着をつけた科学者に賞金を出すというもので、パスツールが一八六四年にその賞金を獲得した。

(20) 聞く耳を持たない人を非難攻撃するよりも、与えられた知識に注意を払わない人は侮辱するに限るということ。

(21) Berkeley (1), p. 24.

(22) N. E. Stevens, *Journal of the Washington Academy of Science* 23, 435-446 (1933). スティーブンズの報告には、一八四三年から一八四五年にかけてアメリカを襲ったジャガイモ疫病に関する解説が載っており、当時ボストン自然史博物館の館員だったジェームズ・テシェマッハーの業績が詳しく紹介されている。

(23) P. M. A. Bourke, *Nature* 203, 805-808 (1964).

(24) C. Fogarty, *Irish People*, New York (October 26, November 2, 1996).

(25) T. Woods and R. Kavana, "*Young Ned of the Hill*" (Stiff America/Happy Valley Music [BMI], 1989).

(26) L. Zuckerman, *The Potato: How the Humble Spud Rescued the Western World* (Boston: Faber and Faber, 1998).

(27) De Bary (4). ド・バリーはこの論文の中で、一八六一年と一八六三年にドイツで公刊された自分の初期の研究成果を紹介している。一八七二年に新たにこの病気が蔓延し、アイルランドの二の舞になるかと心配した王立農業協会がド・バリーにジャガイモ疫病菌の研究を再度取り上げてくれるように要請し、この論文はその勧めに応じて書かれたものである。

(28) リエージュのシャルル・モランは感染した茎や葉を見つけ次第取り除くと、イモは救われるという事実を知っていた。モランは早い時期から病原菌原因説を支持していた。

(29) P. G. Ayres, *Mycologist* 18, 23-26 (2004).

(30) P. M. Millardet, *The Discovery of the Bordeaux Mixture*, trans. By F. J. Schneiderhan (Ithaca, NY: The American Phytopathological Society, 1933).

(31) 菌学者たちはブドウの疫病に二つのタイプがあることを認めている。いわゆる疫病は水生菌の卵菌類によるもので、もうひとつは小さな球形の子実体を作る子嚢菌によるうどんこ病である。ブドウはこの二種類の病原菌に侵されるが、疫病は *Plasmopara viticolani* が、うどんこ病は *Uncinula necator* が原因である。

(32) H. H. Whetzel, *An Outline of the History of Phytopathology* (Philadelphia: W. B. Saunders Company, 1918). ウェッツェルは、ミラルデ時代というのは植物病害の研究が経済的重要性を持つと認識されるようになった時期だと書いている。

(33) 硫黄や銅、水銀などの無機物の殺菌剤は、ミトコンドリアで進むエネルギー発生のための電子伝達系をブロックするとされている。また、銅は細胞膜に傷害を与え、核酸やタンパクを破壊する。以下を参照のこと。G. Borkow and J. Gabbay, *Current Medicinal Chemistry* 12, 2163-2175 (2005).

(34) F. J. Schwinn, in *Phytophthora: Its Biology, Taxonomy, Ecology, and Pathology*, edited by D. S. Erwin, S. Bartnicki-Garcia, and P. H. Tsao (St. Paul, MN: The American Phytopathological Society, 1983), 327-334.

(35) Bourke (23).

(36) N. P. Money, *Mr. Bloomfield's Orchard: The Mysterious World of Mushrooms, Molds and Mycologists* (New York: Oxford University Press, 2002), 129-138.

(37) W. G. Smith, *Nature* 12, 234 (1875). ワージントン・ジョージ・スミス（一八三五―一九一七）は、シンシナティの変わった菌学者、カーチス・ロイドが槍玉に上げた一人だった。スミスが書いた *Synopsis of the British Basidiomycetes: A Descriptive Catalogue of the Drawing and Specimens in the Department of Botany, British*

Museum (London: Trustees of the British Museum, 1908) を引き合いに出して、ロイドは「サハラ砂漠に住んでいる人物が熱帯雨林について本を書こうとしたようなものだ」とこき下ろしている。

(38) De Bary (4).

(39) G. P. Clinton, *Report of Connecticut Agricultural Experiment Station* 33-34, 753-754 (1911); G. Clinton, *Science* 33, 744-747 (1911).

(40) G. H. Pethybridge, *Scientific Proceedings of the Royal Dublin Society*, n.s., 13, 529-565 (1913).

(41) J. B. Ristaino, *Microbes and Infection* 4, 1369-1377 (2002).

(42) S. B. Goodwin, B. A. Cohen, and W. E. Fry, *Proceedings of the National Academy of Sciences USA* 91, 11591-11595 (1994).

(43) W. E. Fry and S. B. Goodwin, *Bioscience* 47, 363-371 (1997).

(44) Q. Schiermeier, *Nature* 410, 1011 (2001). ロシアのジャガイモ生産量は中国に次いで世界第二位。

(45) http://138.23.152.128/JudelsonHome.html.

(46) J. B. Ristaino, *Phytopathology* 88, 1120-1130 (1998).

(47) J. B. Ristaino, C. T. Groves, and G. R. Parra, *Nature* 411, 695-697 (2001); K. J. May and J. B. Ristaino, *Mycological Research* 108, 471-479 (2004).

(48) この数値はCarlisle (6)のデータに基づいて算出した。遊走子が泳ぐと、一時間当たり一ピコグラムのタンパク質や脂質、グリコーゲンなどが消費される。

(49) Bourke (23).

(50) S. Heaney "At a Potato Digging" in *Poems 1965-1975* (New York: Farrar, Straus and Giroux, 1980). 許可を得て転載。

第八章

（1）T. N. Taylor et al., *Transactions of the Royal Society of Edinburgh: Earth Sciences* 94, 457-473 (2004).

（2）T. N. Taylor, H. Hass, and W. Remy, *Mycologia* 84, 901-910 (1992).

（3）B. B. Kinloch, *Phytopathology* 93, 1044-1047 (2003).

（4）R. P. Scheffer, *The Nature of Disease in Plants* (Cambridge, UK: Cambridge University Press, 1997).

（5）W. V. Benedict, *History of White Pine Blister Rust Control-A Personal Account*, USDA Forest Service FS-355 (Washington, DC: U. S. Government Printing Office, 1981).

（6）O. C. Maloy, *Annual Review of Phytopathology* 35, 87-109 (1997).

（7）サックスターは「ボルドー液は考えうるものの中で最も恥ずべき代物だが、背中からコケが生えるまでコネチカット州の農民が、そいつを散布するなら、それはまた、いささか満足すべきことである」と書いている（p. 33）。この文章は、J. G. Horsfall, *Annual Review of Phytopathology* 17, 29-35 (1979) にあるサックスターの伝記から引用した。サックスターが植物病理学に携わった期間は短かかったが、ハーバード大学で教育を受け、その間にLaboulbenialesというグループに属する変わった菌類のリストを作り上げた。サックスターの菌学に対する貢献については、W. H. Weston, *Mycologia* 25, 69-89 (1933) に詳しい。

（8）植物病理学者と菌学者の間の激しい争いの様子は、植物病理学者、アーノルド・シャープルズの *Diseases and Pest of the Rubber Tree* (London: MacMillan and Company, 1936) にも出ている。

（9）G. S. Gilbert, *Annual Review of Phytopathology* 40, 13-43 (2002).

（10）このような見方は、マツ類に病気を起こさせるもうひとつのさび病菌、*Cronartium quercuum* の場合にも当てはまる。R. A. Schmidt, *Phytopathology* 93, 1048-1051 (2003). マツの老齢林ではさび病の発生が低く抑えられているが、一九六〇年代以降、造林地では流行病といえる規模になっている。さび病抵抗性マツを植林し、間伐や枝打ちなど、きめ細かな手入れをすることで、ある程度病気を抑えることが可能である。

（11）J. Krakowski, S. N. Aitken, and Y. A. El-Kassaby, *Conservation Genetics* 4, 581-593 (2003).

（12）D. P. Reinhart et al., *Western North American Naturalist* 61, 277-288 (2001).

（13）J. Muir, *My First Summer in the Sierra* (Boston: Houghton Mifflin, 1911), p.211.

（14）もっと古い植物には、モハヴェ砂漠のガイルサキアやペンシルベニア州のメキシコハマビシ、オーストラリアの「アイスエージガム」と呼ばれている木などがある。これらの植物の推定年齢は一万一〇〇〇～一万三〇〇〇年とされている。

（15）J. T. Blodgett, *Plant Disease* 88, 311 (2004).

（16）M. D. Rizzo et al., *Plant Disease* 86, 205-214 (2002). この論文は著者たちがＳＯＤについて病気の原因を究明した最初の重要な報告である。

（17）S. Werres et al., *Mycological Research* 105, 1151-1165 (2001).

（18）ニレ立枯病について研究したイギリスの植物病理学者、クライブ・ブレイジャーのことは二章で触れたが、彼はアメリカの病原菌とヨーロッパのものとの関係を初めて明らかにした人物である。

（19）M. Garbelotto, P. Svihra, and D. M. Rizzo, *California Agriculture* 55, 9-19 (2001).

（20）P. E. Maloney et al., *Plant Disease* 86, 1274 (2002); J. Knight, *Nature* 415, 251 (2002).

（21）E. M. Goheen et al., *Phytopathology* 92, S30 (2002).

（22）California Oak Mortality Task Forceのウエブサイト、www.suddenoakdeath.orgを見ると、オーク突然死病の現状がよくわかる。

（23）J. Withgott, *Science* 305, 1101 (2004).

（24）P. Healey, *The New York Times* (July 29, 2004), p.A20. この記事が書かれたころ、研究者たちは病原体の存在を確認するための研究を進めていた。

（25）ナラ・カシ類萎ちょう病は多くの深刻な菌類病のひとつだが、ここでは詳しく述べなかった。病原菌の *Ceratocystis fagacearum* はニレ立枯病菌に近い種で、どちらもキクイムシによって運ばれ、通導組織を破壊する菌である。このいわゆるナラ枯れで毎年何千本もの木が枯死しているが、ナラ類全体から見れば、わずかなものである。

(26) E. Stokstad, *Science* 203, 1959 (2004).

(27) www.suddenoakdeath.org

(28) B. Henricot and C. Prior, *Mycologist* 18, 151-156 (2004).

(29) C. Brasier, *Mycological Research* 107, 258-259 (2004).

(30) C. L. Schardl and K. D. Craven, *Molecular Ecology* 12, 2861-2873 (2003).

(31) C. Brasier and S. Kirk, *Mycological Research* 108, 823-827 (2004).

(32) Henricot and Prior . (28)

(33) G. Weste and G. C. Marks, *Annual Review of Phytopathology* 25, 207-229 (1987).

(34) シドニーから西へ二〇〇キロほど行ったところにある雨林に、一〇〇本足らずのウォレミアパイン *Wollemia nobilis* の成木が生えている。*Phytophthora cinnamomi* はこの木が生えている場所の土壌からは分離されていない。

(35) *Threat Abatement Plan for Dieback Caused by the Root-Rot Fungus Phytophthora cinnamomi* (Canberra: Commonwealth for Australia, 2001), p.12.

(36) F. D. Podger, *Phytopathology* 62, 972-981 (1972).

(37) www.calm.wa.gov.au/projects/dieback_phosphite.html

(38) 人工衛星データによる分布図については政府発行の *Threat Abatement Plan* (35) に出ている。オーク突然死病を追跡するこの技術の使い方については、M. Kelly, K. Tuxen, F. Kearns, *Photogrammetric Engineering and Remote Sensing* 70, 1001-1004 (2004) を参照。

(39) Weste and Marks (33).

(40) www.apsnet.org/online/SOD/Papers/Brasier/default.htm

(41) S. Anagnostakis, *Biological Invasions* 3, 245-254 (2001). アメリカグリの近縁種、アリゲイニーチンカピンとオ

ザークチンカピンもこの病気で枯れる。

（42） B. S. Crandall, G. F. Gravatt, and M. M. Ryan, *Phytopathology* 35, 162-180 (1944). B. S. Crandall, *Plant Disease Reporter* 34, 194-196 (1950). *Phytophthora cinnamomi* がクリに感染すると、根が腐ってインクのような青い分泌物が出る。一八七〇年代に同じ病気がヨーロッパのクリ園に蔓延したとき、フランスではこの症状からインク病と称した。ヨーロッパでは、今もこのインク病がクリ栽培業者の間で問題になっている。

（43） E. Stokstad, *Science* 306, 1672-1673 (2004).

（44） Scheffer (4).

（45） R. S. Ziegler, S. A. Leong, and P. S. Teeng, *Rice Blast Disease* (Wallingford, UK: CAB International, 1994).

（46） R. A. Dean et al., *Nature* 434, 980-986 (2005).

（47） S. M. Whitby, *Biological Warfare Against Crops* (New York: Palgrave, 2002). L. V. Madden and M. Wheelis, *Annual Review of Phytopathology* 41, 155-176 (2003).

（48） 一九四〇年代のインドでは、イネのゴマ葉枯病が飢饉の原因になり、二〇〇万人以上が飢餓に陥った。

（49） P. Rogers, S. Whitby, and M. Dando, *Scientific American* 280, 70-75 (1999).

（50） R. C. Mikesh, *Japan's World War II Balloon Bomb Attacks on North America* (Washington DC: Smithsonian Institution Press, 1973).

（51） イラクが行った生物化学兵器の開発に関する情報は、Center for Nonproliferation Studies (http://www.nti.org) および Stockholm International Peace Research Institute (http://editors.sipri.se/pubs/Factsheet/unscom.html) によってまとめられている。

（52） http://www.slate.msn.com 二〇〇二年一〇月三日の情報。

（53） 家につくカビが生産するトリコテセンを含む毒物を、イラクが研究開発していたという証拠がある。N. P. Money, *Carpet Monsters and Killer Spores: A Natural History of Toxic Mold* (New York: Oxford University Press, 2004).

(54) V. Vajda and S. McLoughlin, *Science* 303, 1489 (2004).

(55) 二畳紀と三畳紀の境界からも、植物が死んで菌が増え、また植物が再生したという化石の証拠が出ている。M. J. Benton and R. J. Twitchett, *Trends in Ecology and Evolution* 18, 358-365 (2003).

(56) A. Casadevall, *Fungal Genetics and Biology* 42, 98-106 (2005).

(57) キノコを作る菌が免疫機構の損なわれた患者の組織に侵入した例がある。テキサス州からの最近の報告によると、木材腐朽菌とされている *Phellinus* 属の菌が若い男性に感染したという。D. A. Sutton et al., *Journal of Clinical Microbiology* 43, 982-987 (2005).

(58) 誰もティラノサウルスの口から吸い込まれた胞子の化石を発見してはいないが、おそらく恐竜は大量のカビの胞子を吸ってアレルギー反応を起こし、やられたのだろう。

(59) K. C. Nixon et al., *Annals of the Missouri Botanical Garden* 81, 484-533 (1994).

(60) このアイデアは同僚のロジャー・マイセンハイマーによる。

訳者あとがき

ニコラス・マネーさんは『ふしぎな生きものカビ・キノコ——菌学入門』として翻訳出版した"*Mr. Bloomfield's Orchard: The Mysterious World of Mushrooms, Molds, and Mycologists*"(2002)に続いて、二年後には"*Carpet Monsters and Killer Spores: A Natural History of Toxic Mold*"(2004)を著し、二〇〇六年にはこの"*The Triumph of the Fungi: Rotten History*"をいずれもOxford University Pressから出版しました。

二作目はアメリカで最近問題になっている建物に住み着くようになった黒いカビの話です。アレルギーの人やアトピー性皮膚炎に関係する話題ですが、日本では、まださほど話題になっていないので、少し先送りすることにしました。ご希望があれば、なかなかおもしろいものですから、再度挑戦します。

この本はその三作目の翻訳です。先の『ふしぎな生きものカビ・キノコ』(築地書館、二〇〇七)に続いて翻訳することにしたのは、内容がおもしろいだけでなく、植物病理学の入門書としても、大変優れた著作だと思ったからです。この本では樹木や作物を襲う菌類に振り回される人間の姿や、病気を研究した人々の逸話などが、数多くの文献を引用しながら、上手に描かれています。

「菌の勝利」という原題名に、その意図がよく表われていますが、マネーさんは、菌類は人類よりも地球上の先輩で、少なくとも細胞としては私たちよりもずっと偉い、もしくは賢い生き物だと信じているようです。内容は「菌類は強い」もしくは「最後に笑うカビ・キノコ」とでもいったところでしょうか。

ここにも描かれているように、最近、世界中で森林衰退や樹木の枯死、作物の病気などが増えています。ヨーロッパやアメリカでも一九〇〇年代のはじめごろからクリやニレが大規模に枯れ、今も、マツなどの針葉樹やブナ、ナラ、カシなどの広葉樹が枯れ続けています。マツノザイセンチュウ病によるヨーロッパアカマツやニグラマツの枯死も、東アジア諸国やアメリカなどで広がり始めたようです。

二十世紀に入ってから日本でもマツ枯れから始まって、スギの衰退、亜高山帯の針葉樹の枯れ、ナラ枯れ、サクラの枯れなど、樹木の枯死現象が目立ってきました。いずれも直接原因は昆虫が運ぶ線虫や菌類によるものが多く、手の打ちようがありません。最近は庭園の名木や神社仏閣の巨木も衰弱しているので、知り合いの樹木医さんたちも大忙しのようです。

私は植物の根や菌根、根粒、土壌微生物などに関わる仕事を長い間続けてきたため、頼まれて樹木の枯死に立ち会うことが多く、その誘因を探る疫学的調査に携わってきました。また海外で働くことが多く、すさまじいばかりの森林破壊とそれに続く大規模農業開発やひどい病虫害の発生、異常乾燥による山火事などを目の当たりにする機会がありました。

そんな体験を通して、この本を読むと、人為的な撹乱も含めて、地球環境が変化するのをじっと待ちながら、自分の出番を窺っている微生物の怖さがよく理解できます。人間の愚行が寝た子、つまり地球の先住民である菌類や細菌、ウイルスなどを起こすことになりかねません。原始的な生き物と思って侮っていると、ひどいしっぺ返しを食らうかもしれないのです。

歴史上も樹木が集団枯死することはあったようですが、最近の枯れ方は異常で、不気味にさえ見えるほどです。最後の章に書かれているように、生物の絶滅は小惑星の衝突や地殻変動によって急激に起こるとされています。生物の進化と絶滅の様子をよく見ると、ある定まった環境条件に適応した生物が長い時間をかけて、ある一定の方向へ進化し、それが極限状態まで行き着くと、破滅への道をたどりだすように思えます。特に菌類は絶滅した植物の遺体を分解して繁栄したといえるようです。マネーさんも長い間菌類を見てきた研究者として、植物と菌が進化の過程でたどってきた競争から共生への道のりを知っているからこそ、そのように見えるといいたいのでしょう。

マネーさんもどうやら私と同じようなことを考えているようですが、アメリカでは地球温暖化問題や軍事、政治問題に踏み込むのはかなり勇気がいることで、ことに九・一一以後は難しくなったといいます。それで、第八章では多少奥歯にものが挟まったような言い方をしているのかもしれません。

とにかく彼は、人間自身の愚かな行為は棚上げして、菌類が悪者扱いされ、果ては生物兵器にまでされることに我慢がならないのでしょう。そんなところも読み取っていただければ、著者も訳者も満足です。マネーさんは平和主義者なのです。

私も五〇年近く菌類に付き合ってきましたが、病気や病原菌にはなんとなく陰湿なイメージが付きまとうので、敬遠してきました。しかし、植物を枯死に追い込む菌類は生物進化のうえで忘れてはならない大きな役割を担っています。

たとえば、普段は腐ったものを食べているおとなしいナラタケのような菌が、餌切れになると突然暴れだし、樹木や作物に襲いかかることがよくあります。この働きは人間から見れば、困ったことですが、自然から見れば、歪んでしまった生態系のバランスをとるために菌類が調節者として働いたことになるのです。

若いころ『菌を通して森を見る』という本を出したとき、今関六也先生に「小川君、今度は病原菌のことも考えてよね」と言われましたが、先生はいつも生態系の中での病原菌の役割を考えておられました。病原菌を視野に入れて考えないと、菌類をよく理解したとはいえないと思います。この本を訳すために植物病理学や樹病学の本をひもとき、勉強のしなおしをさせていただきました。七〇の手習いですが、ようやく今関先生とのお約束にとりかかることができました。いい機会を与えてくださったマネーさんに改めてお礼申し上げます。

読者の皆さんにお断りしなければならないことが、いくつかあります。登場してくる菌類の大部分に和名がないため、カタカナで書き、間違いがないようにラテン名を書いておきました。そのため大変わずらわしい形になりました。また、ラテン語読みと英語読みが混じるために、名称の発音に間違いがあるかもしれません。動植物についても日本にないものが多く、病名についても日本名のないものがあります。できるだけ手に入る文献を調べ、文中に断り書きを入れておきましたが、それでも不安です。お気づきの点がありましたら、御面倒でも是非お教えくださいますよう、お願い申し上げます。なお、次ページに参考にさせていただいた書物をあげておきました。著者の方々にお礼申し上げます。

本書の出版を快くお引き受けいただき、いつも売れない本でご迷惑をかけている築地書館社長の土井二郎さん、佐々木琢哉さんをはじめ社員の皆さんに厚くお礼申し上げます。なお、ラテン名の読みや人名の読みをチェックし、校正を手伝ってくれた小川洋子さんにも感謝します。

二〇〇八年　春

小川　真

参考にした文献
杉山純多編集　岩槻邦男・馬渡峻輔監修：バイオディバーシティ・シリーズ　4　菌類・細菌・ウイルスの多様性と系統、裳華房、二〇〇五
今関六也・本郷次雄著：原色日本菌類図鑑、保育社、一九五七
奥田誠一他著：最新植物病理学、朝倉書店、二〇〇四
農文協編：新版　原色野菜の病害虫診断、農山漁村文化協会、一九九八
上住泰・西村十郎著：原色　庭木・花木の病害虫、農山漁村文化協会、一九九二
小林享夫他著：新編樹病学概論、養賢堂、一九九二
岩槻邦男他監修：植物の世界、朝日新聞社、一九九七
林弥栄他監修：原色樹木大図鑑、北隆館、一九八七
大塚高信他著：固有名詞英語発音辞典、三省堂、一九六九

学名・病名索引（ABC順）

【マ行】

【ヤ・ラ行】

【ナ行】

【ハ行】

【サ行】

【タ行】

学名・病名および病気に関する事項索引（50音順）

和名があるもの、かな表記したものについては、50音順索引に載せ、本文中にラテン名、英文のみで表記したものは、ABC順の索引とした。和文、欧文両記の語については、両方の索引に載せてある。

【ナ・ハ行】

【マ行】

【ヤ・ラ行】

人名索引

【ナ行】

【ハ行】

【サ行】

【タ行】

事項索引

著者紹介

ニコラス・マネー（Nicholas P. Money）

イギリス生まれ。

イギリス　ブリストル大学卒　生物学専攻　菌学を志す。

1986年 エクセター大学　博士課程修了（Ph. D）

アメリカ、マイアミ大学（オハイオ州、オックスフォード）植物学教授。

カビからキノコまで、広い範囲にわたって菌類の形態や生理について研究し、多数のユニークな業績を発表。菌学の普及にも努め、本書のほかに、『ふしぎな生きものカビ・キノコ——菌学入門』（築地書館, 2007年）“Mr. Bloomfield's Orchard”（2002）“Carpet Monsters and Killer Spores”（2004）を Oxford University Press から出版している。

訳者紹介

小川　真（おがわ・まこと）

京都府生まれ。

京都大学農学部卒。同大学院博士課程修了。農学博士。

森林総合研究所土壌微生物研究室長、（株）環境総合テクノス生物環境研究所長などを経て、大阪工業大学工学部環境工学科客員教授。日本菌学会名誉会員、白砂青松再生の会会長

日本林学賞、ユフロ（国際林業研究機関連合）学術賞、日経地球環境技術賞、日本菌学教育文化賞、愛・地球賞（愛知万博）などを受賞。

著書に『マツタケの生物学』『マツタケの話』『キノコの自然誌』『炭と菌根でよみがえる松』（築地書館）、『菌を通して森を見る』『マツタケ山のつくり方』（監修）（創文）、『作物と土をつなぐ共生微生物』（農山漁村文化協会）など。

チョコレートを滅ぼしたカビ・キノコの話
植物病理学入門

2008年8月25日　初刷発行

著者　ニコラス・マネー
訳者　小川　真
発行者　土井二郎
発行所　築地書館株式会社
〒104-0045
東京都中央区築地7-4-4-201
03-3542-3731　FAX 03-3541-5799
http://www.tsukiji-shokan.co.jp/
振替00110-5-19057
組版　ジャヌア3
印刷　株式会社平河工業社
製本　井上製本所
装丁　吉野　愛

 Printed in Japan ISBN978-4-8067-1372-2